「イルカは特別な動物である」はどこまで本当か

動物の知能という難題

Are Dolphins
Really Smart?
THE MAMMAL
BEHIND THE MYTH
Justin Gregg

ジャスティン・グレッグ 著
芦屋 雄高 訳

九夏社

Are Dolphins Really Smart? The Mammal Behaind The Myth
by Justin Gregg

はじめに

本書のハードカバー版が出版されてから、イルカの認知に関する多くの科学的発見があった（訳注：本書のハードカバー版の出版は二〇一三年。邦訳版は二〇一五年に出版されたペーパーバック版を底本としている）。

たとえば、イルカがお互いのシグネチャーホイッスルをどのようにコピーしているかを示した多数の論文が出た。(1) これらは、既存の研究にさらなる理解をもたらすものであった。また、イルカが磁場を感知する能力を持つという発見もあった。(2) この発見は、イルカの生物学や行動に関する我々の考え方を変える、新たな知見を示したものであった。

本書で取り上げた論点のなかには、場合によっては新たなエビデンスに照らし合わせ、再検証する必要が出るものもあるだろう。長期記憶に関する最新の研究からは、イルカは仲間のシグネチャーホイッスルを二〇年以上も覚えていられることが示唆されている。(3) これは非常に重要な発見であり、第4章で書いた「イルカの長期記憶に関する研究にしても、さらなる考察を与えてくれるものではない」という私の評価は、もはや適切なものではなくなっている。イルカの記憶研究は、多くを教えてくれる重要な分野である。第2章で取り上げたフォン・エコノモ・ニューロンに関する議論に関しても、最近の発見によって大きく理解が進んだ。このニューロンは一時期、複雑な社会性を持ち、大きな脳を備える、ヒトやイルカのような動物に固有のものだと考えられていたが、実際には動物界に広くみられることが確認された。加えて、脳のサイズや複雑性とは関係していないようでもある。(4) 最近の別の発見では、視認できない置換を伴う「物の永続性」に関するテスト（詳しくは第4章参照）にイルカがパスできることが示された。これは、ハードカバー版の出版当時にはイルカが失敗していたテストである（この失敗自体がむしろミステリーであったのだが）(5)。

今後にしても、ペーパーバック版の出版までにまた新たな発見が論文として出ていることは確実だろう。それは本書で取り上げた議論を補強するものかもしれないし、相反するものになるかもしれない。これは科学の常であって、同時に、我々の努力を促すものでもある。一〇年後か二〇年後にはほぼ間違いなく、今後新たに積み上げられていく発見によって、本書は完全に書き直す必要が出ているだろう。イルカの精神は複雑で、理解の難しい研究対象である。その氷山の一角を数センチでも削り取るためには、何世代にもわたる研究が必要になるかもしれない。

科学はイルカの精神について非常に多くの事実を明らかにしてきた。しかし、我々はまだ、イルカの頭の中で何が起こっているのかに関し、確信をもって断言できるほどのことを知らない。これが、本書の中心にあるメッセージである。差しあたって当面は、読者には本書によって何らかの知的刺激を受け、イルカの心という大きな謎のより奥深くに興味をもっていただけることを望んでいる。

目次

目次

第 1 章

地球上で二番目に頭のいい動物

ある意見が広く支持されてきたということは、それがまったく不合理なものではないという、なんの証拠にもならない。事実、大多数の人間が愚かであることを考えれば、広く行き渡った信念は、賢明であるよりも愚劣であるほうが多いのである。(1)

バートランド・ラッセル『ラッセル結婚論』安藤貞雄訳、岩波文庫

これから、驚くべき動物についての話をしよう。その動物と人間との関係は、数千年とまではいかなくともずっと昔まで遡ることができ、最も旧い神話や伝説にも姿を現す。最近の科学的な調査によって、洗練された社会的行動や、驚くべき認知能力を持つことも明らかになった。このような発見により、人間の知性の明確な優越性を語っていた多くの人たちは沈黙せざるを得なくなった。さらに、この特筆すべき生物がヒトや他の霊長類とは進化的に遠縁であったという事実により、その動物が以下のような高い知的能力を持つという発見はさらに印象的なものとなった。

・その動物は、個体数が数百にも達する群れの中で生活する。そして群れの中の個体を認識し、覚えることができ、複雑な社会的ヒエラルキーをつくる。(2)
・その動物は、群れの中の他の個体から、特定の行動を学習しているようである。これは行動の社会的な伝達で、以前は霊長類だけにみられるものと考えられていた。そしてこれは、科学者が動物の「文化」と呼ぶものへの最初の一歩である。(3)

・共感の徴候を示すことがわかっている。友達や家族が苦しんでいるのを見ると、心拍数の上昇や不安を表す行動が観測される。(4)

・食べ物を見つけると、複雑な一連の鳴き声を使って群れのメンバーにそれを知らせる。この鳴き声は食べ物の種類によって変化する。さらに、この鳴き声は食べ物と一対一の対応を持っているようである（人間の言葉のように）。(5)

・周囲に迫る危険の種類によって異なると考えられる、何種類もの鳴き声がある。この鳴き声によって群れに危険の接近を知らせる。それぞれの個体は、聞こえた鳴き声の種類に応じて異なった回避行動をとる。(6)

・実験環境では、未来の事象を予測する能力、そして自制行動を示す。待機することによってさらに大きな食物報酬が得られると気づいたときには、目先の報酬の獲得を遅らせる。つまりその動物は、人間と同じように未来へ向けて計画を立てる能力をもつ可能性がある。(7)

ところで、右に挙げた驚くべき複雑さを持つ認知能力のリストは、イルカのものではない。本のタイトルからイルカを思い描いていた人には申し訳ないが、これはどこにでもいるニワトリに関する知見である。驚いたかもしれないが、まあ安心してほしい。すべてではないにしても、このような複雑な行動はイルカでも観察されている。ただ、私がここで言いたかったのは、ニワトリは一般的に考えられがちなほど愚かな動物ではないということだ。動物の知性に関して我々が長いこと抱いてきた考え方は、動物の心という謎を解き明かしていく最新科学とは急速に整合性がとれなくなってきている。もし、冒頭に挙げた人間の愚かさについてのバートランド・ラッセルの皮肉を込めた箴言が、おかしさと同時に一定の真実を含むものだとしたら、広く受け入れられている常識というものを慎重に再考してみる十分な理由があることになる。

一般的には、イルカ[※]はきわめて知能の高い動物だと考えられている。これからみていくように、この考えを支持する十分な科学的エビデンスがある。しかし、ここで「きわめて知能の高い動物」という言葉の意味するところを慎重に考えていこうとすると、次の三つの作業を行う必要があるだろう。

① 知能（intelligence）を適切に定義する。

② イルカの知能について書かれた科学的な論文が我々に教えてくれること（そして教えてくれないこと）を検証する。

③ 他の動物種の知能を検証することで、右のような知見を適切な場所に位置付ける。

先ほどの一見複雑なニワトリの行動が意味することについても、しっかりと検証していく必要がある。あるいは、イルカの眼よりも小さな脳しか持たないメジロダコは、イルカに匹敵するような高度さで道具を使うことが知られているが、[8]この事実は何を意味するのだろうか。ここ最近、以前は知性とは縁遠いと考えられていた種も含めたあらゆる分類群の動物において、複雑な行動に関する驚くべき発見が相次いでいる。科学は、「すべての動物種は単一の尺度で表される知能の連続体のどこかに位置づけられるはずだ」という旧来の考え方に疑問を投げかけている。そもそも、動物を知能という一つの物差しの上に当てはめるというのは有用な分析法なのだろうか。イルカは確かに頭がいい動物かもしれない。しかし、「地球上で二番目に頭がいい動物」[9]といった類の、イルカを特別な玉座に置く見解は考え直してみる必要がある。ここで、「君も話はもう少し複雑なことに気付くだろう」[10]というベン・ゴールドエイカーの言葉を思い起こそう。「イルカは賢く、ニワトリはバカだ」という言説はいいところ過剰な単純化で、悪くすると完全な間違い、まったく無意味な見解と私は考える。

知的なイルカという神話

「知的なイルカ」という神話は、半世紀以上にもわたって大衆文化に浸透してきた。そのなかには、無害なもの（例：イルカの社会はとても複雑である）から突飛なもの（例：イルカは人間を火星までテレポートさせられる）まで、幅がある。[11]私はそれらの神話を、五つの核となる主張にまとめてみた。本書では、これらの主張を注意深く吟味していくことになる。

※イルカは、クジラ類（cetacea）のなかでも歯を持つ（ハクジラ）比較的小型の種を指す便宜的な分類である。以下、簡単な補足は文章中に加えたが、訳注は※で示した。

1　イルカは、特別に大きく洗練された脳を持つ。
2　自己覚知、意識、情動（感情）に関し、イルカの精神は非常に高い複雑性を有する。
3　野生でも実験環境でも、イルカはきわめて高度で洗練された行動をとる。
4　イルカは「イルカ語」を話す。イルカ語は人間の言語と同じくらいの複雑性を備える音声コミュニケーションシステムで、科学者がいつの日かそれを解読するだろう。
5　イルカはふつう複雑な社会生活を営んでおり、お互いに、そして環境と調和を保ちながら平和に暮らしている。

本書の狙いは、イルカ神話を解体あるいは脱構築することである。そして、これら五つの主張の基盤となっている見解が、どの程度ＳＦではなく科学的な事実に基づいているのかを検証してみたい。イルカの行動についての公平な、懐疑主義的で批判的な科学実験と観察結果をみていくことで、この愛すべき動物の真の姿を描き出すことができる。本書では、巷間にみられるイルカに関するすべての主張を取り上げるわけではない。それは単に、一巻にまとめろと言われている本の常として紙面が足りないという理由もあるが、大洋ではなくサイバースペースを泳ぐイルカについては、多分もっと妙な話が出てくるだろう。批判的思考や懐疑主義に共感し、そして自然について考える際の科学の重要性を理解できる賢明な読者に対し、「イルカがあなたを火星へテレポートさせることがなぜ無理そうなのか」などといった話を詳しく検証する必要などないと考えるからである。

伝説の男リリー

本書を書くにあたって調べ物を始め、イルカの一般的なイメージの発展を追っていくうちに、私は驚くべきことを知った。先の五つの主張の基礎となったほとんどすべての概念が、ある一人の男に端を発していたのである。その男の名は、ジョン・カニンガム・リリー。もちろん私もイルカの研究者として、この分野におけるリリーの大きな影響については認識していた。多くのイルカ学者も同意すると思うが、彼はイルカの知能研究の父である。一九六〇年代、彼の見解と著作はほとんど独力で、イルカを動物の認知研究という新しい分野の最前線に持ちだした。しかし私が驚いたのは、「イルカは音響的ホログラフィック像を使ってコミュニケーションしている」といった、もっと最近の科学者（あるいは科学者以外）によるものだと思っていた多くの見解が、実際にはリリーによって最初に提示されていたことだった。

本書の狙いがリリーの見解それ自体を批判しようとするものでないことは、はっきりさせておきたい。リリーに由来するイルカの知能神話は数十年かけて発展してきたもので、新たな科学的発見や非現実的な憶測が、イルカに関する流動的な知識をかき回し続けている。また、私が「神話」という言葉を使う際、イルカに関する一般的なイメージのすべてが間違いだと言っているわけではないことも明確にしておく。すべての近代的神話、そしてリリーの著作物にも当てはまることだが、中身を詳しくみていくと、真実と間違いとが複雑に絡み合っている。そこでは不確実さと臆測が、糊のように真実と嘘をつないでいる。本書で扱う見解の一部は、リリー自身が関与したものではない。しかし、イルカ研究におけるリリーの間接的な影響を無視するわけにはいかない。二〇世紀初頭には「空気呼吸する奇妙な魚」でしかなかったイルカは、「人と同じような法的保護に値する、高度な知能を持つ動物」へと立場を変えた。リリーがこの変化にどう寄与したのかは、簡単に再考してみる必要がある。[12]

リリーは、国立精神衛生研究所（National Institute of Mental Health）に所属する医師であり神経生理学者だった。初期には脳の侵襲的な生体解剖を専門にしており、中枢神経系の観察や刺激のために霊長類の脳へ電極を埋め込むなどの研究を行っていた。[13] リリーが最初にクジラ類の脳と出会ったのは一九四九年のことだった。このとき彼は、ウッズホール海洋学研究所（ＷＨＯＩ）の生理学者ピート・ショランダーと、浜に打ち上げられたゴンドウクジラの脳を調べるための出張に参加していた。ゴンドウクジラの脳は状態が悪く調査には適さなかったが、リリーはクジラ類の脳に興味を持った。ショランダーのアドバイスを受け、リリーはフロリダにある「マリンスタジオ（現マリンランド）」のフォレスト・G・ウッドに連絡を取った。そして一九五五年にチームを率いてここを訪ね、霊長類に用いていたのと同じ方法を使って、イルカの脳皮質のマッピングを行おうとした。しかし、イルカでは麻酔がうまくいかなかった。イルカは意識呼吸をしている。つまり、イルカを完全な麻酔状態におくと、脳と横隔膜の連絡が絶たれてしまうため、あっという間に窒息してしまうのである。結果、リリーはこの最初の研究出張で、五匹のイルカを安楽死させることになってしまった。しかしリリーは一九五七年、そしてさらに一九五八年、マリンスタジオに戻ってきた。これにイルカを殺すことなく、完全な覚醒／意識状態のまま脳へ電極を挿入できる技術を携えて。これにより彼の脳皮質のマッピング研究は前に進んだ。[14] この技術によって、必要に応じて脳の快楽および苦痛中枢を刺激できるようになった。海洋哺乳類に対するこのような侵襲的手段はアメリカを含む多くの国ではもう行われていないことを考えると、この実験は現在の読者には残酷なものに思えるかもしれない。しかし、現在のアメリカの実験室でも多くの動物種（ショウジョウバエから霊長類まで）に対して生体実験が行われているという事実は覚えておいてほしい。したがって、リリーのとった方法は一見するほど時代錯誤的なものというわけではない。

このような生体解剖の実験中、リリーはあるひらめきを得た。このひらめきは、リリー（に加えて全世界の人々）とイルカの関係を、根本的に変えることになる。死の直前に脳刺激を受けた被検イルカの一匹が非常に多くの音を発しており、リリーはこの鳴き声の録音をスロー再生して検証していた。そして彼は、人間の発声音を真似ることによって、イルカが実験を行っている人間とコミュニケーションをとろうとしているのだと確信するようになった。彼はまた、傷ついたイルカが同じ水槽で飼われていた仲間と再会する際、イルカが仲間たちに「呼びかけ」、すぐに助けを受けていることに気づいた(リリーはこれをイルカが言語を使っている証拠だと主張した)。リリーはさらに、霊長類と異なり、イルカは脳に電極を刺されても攻撃的にならないという観察を行った（リリーはこれを感情を制御できる高度な能力のおかげだとした)。これらの観察からリリーは、魚と誤認されてきたイルカの体の中には、知られざる知性と、人類にも匹敵しうる言語能力が潜んでいるという結論を引き出した。

リリーはこれらの考察を、一九五八年にサンフランシスコで開かれた二つの科学会議で即座に発表した。この発表は、『ニューヨーク・ヘラルド・トリビューン』紙の科学担当だったアール・ウベルの興味を引いた。ウベルはリリーのために記者会見の場を用意し、リリーの新たな見解（最終的に『*American Journal of Psychiatry*』誌に掲載された[15]）を世界中に広めることに貢献した。そして、人類と水域生態系との関係を永遠に変えてしまった。一九七二年の米国海洋哺乳類保護法——海洋哺乳類の狩猟、殺傷、捕獲、嫌がらせを禁止した画期的な規制——の成立には、イルカの心に関するリリーの研究が少なからず手伝っているし、彼の意見は世論に大きな影響力を持った。次の文章は、一九五八年の記者会見のすぐ後に発表されたウベルの記事からの抜粋である。これはおそらく、イルカの突出した知能とイルカ語の存在について書かれた最初の一般向け報告である‥

リリー博士は、イルカがある種の会話を通して複雑な概念を伝達できる、人類以外の唯一の生物であろうと信じている。実際、イルカは人間の発話を学習できる唯一の生物かもしれない。動物界全体を見渡しても、イルカは人間の次に複雑な神経系を持っている。[16]

このような発表によってメディアの嵐のような注目を浴びた後、リリーはイルカの行動研究に関して、米国国立科学財団、米国海軍研究所、NASAから研究助成金を獲得した。電極の埋め込みによってイルカ（さらにはヒト）の行動をコントロールできるのではないかというリリーの研究の潜在的な利用法は、FBI、CIA、国防省、そしてジョン・エドガー・フーバーの注意を引いた。一九五〇年代後半は、『影なき狙撃者（*Manchurian Candidate*）[※1]』で扱われた洗脳の恐怖が騒がれていた時期である。彼の研究が洗脳やマインドコントロールへ応用できるかもしれないと考えた人たちからの招きにより、リリーは機密安全会議にも関与するようになっていた。多くの科学者は当初から、イルカの言語や知能に関するリリーの推測は行き過ぎだと批判していた。しかし、いずれは機雷除去を含む軍事用途にイルカを利用できるようになるのではないかと期待した米国海軍海洋哺乳類プログラムの下（リリーも正確にこのことを予想していた）、米国政府が彼の研究に興味を示しているという単純な事実は、世間的にはリリーに大きな正当性を与えた。そして三年後、リリーの科学的名声はさらに確かなものになった。カール・セーガン、フランク・ドレイク、その他一〇人を超えるトップ科学者や思索家とともに、ウェストバージニア州グリーンバンク市の国立電波天文台で開かれたある会議の出席者に名を連ねたのである。この歴史的な会議では、地球外知的生命体探査（Search for ExtraTerrestrial Intelligence：SETI）という新分野が打ち立てられ、ドレイクの方程式[※2]が発表された。会議の参加メンバーは「イルカ騎士団」として知られるようになったが、この名称はおそらく、異なる生物種（イルカあるいはエイリアン）と意思疎通するというリリーの魅力的なアイデアに敬意を表したものだろう[17]。

一九六〇年になるころには、リリーはアメリカ領ヴァージン諸島のセント・トーマス島でイルカ

※１：一九五九年出版のリチャード・コンドンによるスパイ小説。冷戦構造を背景に、満州で洗脳を受けて帰国した暗殺者が登場する。後に映画化もされた。以下書籍名は邦訳が確認できたものは『日本語（原題）』、邦訳が出ていないものは『原題（日本語）』で表記している。

※２：我々の銀河系の中に接触可能な地球外生命体はどれくらい存在するか、を算出する公式。

の研究施設（Communication Research Institute：CRI）を立ち上げていた。そして、世界（と金銭的な支援者たち）に向けて、「動物種の垣根を越えたコミュニケーションへの突破口は間近に迫っている」と請け合った。しかし、このブレイクスルーは起きなかった。続いて出版されたリリーの査読付き論文の内容は乏しく、インパクトに欠けるものであった。一九六七年ごろには資金提供者たちはリリーの見解や研究法を信用しなくなっており、金銭的支援は枯渇した。大きな影響力を持ったリリーの一九六一年の著作『人間とイルカ（*Man and Dolphin*）』[18]を、「科学研究ではない方法論の見本」[19]と呼び、「この本には厳密な精査に耐えられる観察あるいは考察はただの一つもない」[20]とした科学界の批判者たちは、リリーの研究が辿った軌跡と最終的な評価によって、その正しさをいくぶん証明されたことになる。

イルカの心を理解しようとCRIで研究を続けるうちに、リリーの実験方法は次第に奇妙なものになっていった。彼はLSDの影響下、感覚を遮断するためのアイソレーション・タンクに何時間も浮かび、さらには何が起こるか確認しようとイルカにLSDを投与した。これは現在の読者にはバカげたことに思えるかもしれないが、おそらく一九六五年当時の時代精神からすれば、ほんの少し型破りなだけだったのだろう。イルカのピーターに英語を教えるという有名な実験では、「性的欲求」を満足させ、より協力的にするために、ピーターは用手的に性的快感を与えられた[21]。これは一九六〇年代においてでさえ、動物行動研究では基準外とみなされていた方法であった。

科学のメインストリームからのリリーの退場は、三匹のイルカを海に返し（他に五匹が飼育放棄により死んだという話もある）、セント・トーマス島の研究施設を閉鎖し、アメリカ西海岸に引っ込んだことにみてとれる。西海岸で彼はティモシー・リアリーとともに、六〇〜七〇年代カウンターカルチャーにおけるスピリチュアル運動のリーダーの一人となった。リリーはその後も人間とイルカのコミュニケーション研究にかかわり続けた（特に、七〇〜八〇年代初頭に行われたＪＡＮＵＳ計画など）。しかし、これらの計画は研究者の反響を呼ぶことはなく、目だった科学的発見も得られなかった。それでも彼は、イルカ学とニューエイジ思想をいっしょくたに織り込んだ一般向け書籍を精力的に執筆した。そうして、「大きな脳を持つこれらのクジラ類はどんな人間より頭がいいや、「クジラ類は感受性が強く、思いやりがあり、倫理的かつ哲学的で、若い個体が学ばなければならない古代からの口承の歴史がある」(22)といった、耳目こそひくがまったく根拠のない言葉を社会に投げかけ続けた。リリーは多くの人から希代の神話創造者、つまりは「イルカとクジラの知能に関する精神的爆弾」(23)を植え付ける人物だとみなされていた。本書でこれから検証していく概念のすべてではないにしても、その多くの登場と厄介な拡大に、彼はかなりの責任を有している。

リリーの遺産

イルカは言語を使う天才動物だという主張がリリーによってなされてから、半世紀以上が経過した。彼は自身を反体制派・異端者として位置づけ、イルカの精神が人間より優れているという立場を守ることに伴うリスクを進んで引き受けていた。(24)イルカの知能について仰々しく、時にまったく根拠のない主張を行う彼を苦々しく思っていた科学者に対しては、「僕を批判するのは偏狭な人だけだ」(25)とやり返していた。ただし、彼の態度に怒りを感じるにしろ、通説に敢然と立ち向かう態度に感銘を受けるにしろ、リリーが優れた旗振り役だったことは誰にも否定できない。イルカを人の目の届かない水中から引っ張り出し、まばゆい光の当たる世界へと押し出したのは、彼なのである。

リリーの影響力の全盛期（一九七〇年代）に活動し、彼の著作に批判的だった著名なクジラ学者ケネス・ノリスとカレン・プライアは、イルカのことを大胆にも「水に浮かぶホビット」と呼んだ。(26)トールキンの描いた神話に登場するホビットは、行動の複雑さと知能の高さに関しては人間とほとんど区別がつかない（リリーによるイルカの描写と同じように）。ホビットもイルカもポップカルチャーのアイコンになり、銀幕のスターとなった。リリーが『人間とイルカ』を出版してから五〇年後の現在でも、この本が出現を促した超知性をもつイルカの原型は、大衆文化に広くみられる。映画『JM』でキアヌ・リーヴスと共演したジョーンズは、人間以上の暗号解読能力を持つ元海軍のサイバーイルカである。テレビドラマ『シークエスト』に登場するダーウィンという名のイルカは、船のコンピューターを使って自分の鳴き声を人間の言葉へと翻訳する。こうしてダーウィンは人間の乗組員と当意即妙の会話を行う。小説やメディアでイルカがどのように描かれているかを確かめた調査がある。そのなかで最も一般的とされた四つのイルカのイメージの二つは、ジョーンズとダーウィンという架空のキャラクターによく当てはまる。そしてこれらのイメージは、直接的にリリーの著作に由来するようである：

① イルカは人間と同等、あるいは少なくとも人とコミュニケーションをとったり人を助けたりするだけの知能を持つ、人間と対等な存在である。

②　イルカは我々よりも高い能力と知能を持つ、人間より優れた存在である。[27]

この調査によって明らかになったもう一つの主要なイメージが、「イルカは平和、無条件の愛、自然秩序と調和する理想的な自由を体現する存在である」[28]だったと聞いて驚く人は少ないだろう。これもまた、脳に電極が打ち込まれた際にも攻撃的にならず、おとなしいままだったイルカを観察したリリーの初期の研究に端を発している。

リリーの考えに影響を受けたのはポップカルチャーだけではない。リリーと同世代、さらには後の世代の若き科学者たちも、リリーのアイデアをイルカの知能に関する仮説を検証する際の基準点として使った。結果として、比較心理学実験に使われるおなじみの顔ぶれ（ラット、マウス、霊長類など）を除けば、知能を調べるためにハンドウイルカ（バンドウイルカとも呼ばれる）と同じくらいさまざまな研究手法が使用された人間以外の動物種はおそらく見当たらない。彼を批判するにせよ支持するにせよ、イルカの認知能力を扱った最近の文献の大部分がジョン・リリーの肩の上で（時には危なっかしく）バランスをとっていることを否定するイルカ学者はいない。

ここのところ、すべてではないにしても多くのイルカ学者が、イルカが「高度に知的」であるとか、「洗練された」あるいは「複雑な」知能を持っていると主張することに心地よさを感じているようにみえる。[29]最近では「イルカの知能はおそらく我々に匹敵する」[30]といった、リリーの初期の主張のような文言さえ書いてしまう研究者もいる。たとえば以下のような文章である：

他の動物種が脳や精神をどのように使用しているか、完全に評価することは決してできない。そのような議論は、陸上で生きるヒトの知能に根ざした、単一方向への進化を前提とする知識に基づいたもので、ヒトに似た近縁種のみにしか適さない傾向がある。それでもなお、このような懸念に照らしてでさえ、イルカは我々と対等なコミュニティーの一員として考えるべきと思われる。(31)

ただし、右の言説はリリー自身の主張とは異なり、イルカの知能という概念が存在する可能性を示すここ数十年の科学的エビデンスを挙げるとともに、知能を実証的に研究することの困難さも完全に認めている。イルカの認知能力に関する最近の科学は、初期のリリーの熱狂を思い起こさせるようなメディアに踊る見出しを多く生み出している。ディスカバリー・ニュースは「最新研究からは、イルカが人類の次に賢い動物であることが示唆されている」(32)と報道したし、ABCニュースには、「イルカはヒトに最も近い知能を持つ動物である」(33)という見出しが躍った。他にもデイリーメールには、「イルカは我々を超えるほどのきわめて高い知能と心の知能指数（EQ）をもっていることが明らかとなった」(34)といった記事が出た。なお、これらはすべて二〇一二年のものである。『人間とイルカ』の出版直後に掲載された半世紀前の記事とほとんど区別がつかない。

イルカの認知能力や行動に関する最新研究は、誇張たっぷりなメディアの見出しとなるだけではない。それ以上の新たな動きを、一般社会や科学界において生み出そうとしている。イルカがきわめて高い知能をもつという考え方は、イルカの権利を拡張し、保護を進めるために世界的に法律を変えていこうとする多くの法的取り組みの基盤となった。イルカは狭い水槽に閉じ込めておくには知能が高すぎるとして、捕獲をやめさせるキャンペーンを行う保護団体（その一部は海洋哺乳類学者に率いられている）が次々に結成されている。このような団体にはたとえば、「動物の権利保護のためのキンメラセンター（Kimmela Center for Animal Advocacy）」や「ノンヒューマン・ライツ・プロジェクト（Nonhuman Rights Project）」がある。[35] 彼らは、ハンドウイルカや他の動物に、人間と同等の法的地位を与えるよう活動している。二〇一一年十月二十五日、シーワールド・オーランドとシーワールド・サンディエゴは、「動物の倫理的扱いを求める人々の会（People for the Ethical Treatment of Animals：PETA）」（この団体も海洋哺乳類専門家の支援を受けている）から連邦裁判所へ告訴された。[36]~[37] これらの海洋テーマパークが合衆国憲法修正第一三条第一節[※]に違反して、シャチ（イルカで最も大きな種）を奴隷状態においているという訴えであった。この訴訟では、シャチの複雑な行動を指し示す多くの事実に注目が集まり、[38] 原告側の立場を正当化するような知能をシャチが持つのかが争点となった。たとえば次のような見解である：

情動処理（共感・罪悪感・恥・不快を感じるなど）、社会的認知（決断・社会的知識・本能的な感情意識）、心の理論（自己覚知・自己認識）、コミュニケーションなどに関連するオルカ（シャチ）の脳領域は、高度に発達している。[39]

※：人間の奴隷制および隷属を禁じる条項。

「イルカの高度な知能」が持つ倫理的そして社会的な意味は、法廷でも科学界においても、継続的に議論の対象となってきた。捕獲が許されないほどイルカは賢いのかという問題は、二〇一一年の『サイエンス』誌で白熱した議論の中心議題となった[40]。『*International Journal of Comparative Psychology*』の二冊の特別号では、捕獲された海洋哺乳類を使った研究の意義と倫理が議論されている[41]。これは、「イルカのように知的で自己覚知能力を持つ動物を、娯楽目的で束縛的飼育状態に置くのは非倫理的である」とした米国動物愛護協会（Humane Society of the United States）のレポートを受けたものであった[42]。二〇一二年、アメリカ科学振興協会（American Association for the Advancement of Science）は、「クジラ類の権利宣言：知能の倫理的および政治的意味」と題したシンポジウムを開催した。この場で科学者と哲学者は、イルカには人間と同じ倫理的・道徳的扱いを受けることを正当化する十分な知能がある、と主張した[43]。

イルカの知能に関する近年の見解は、どの程度良質な科学に根ざしているのか。そしてどの程度が、リリーの撒いた種に由来する疑わしいものなのか。この疑問に取り組むことが、本書の目的である。先に挙げたようなイルカ保護の主張は、リリーを彷彿とさせる疑似科学を援用しただけの、バカげた訴訟や誤った議論なのだろうか。それとも、イルカの知能に関する最近のエビデンスは疑う余地のない確かなもので、いつでも法廷で使えるレベルなのだろうか？

知能という問題

イルカが知的かどうかという疑問に答えるためには、まずはもっと根本的な問題に取り組む必要がある。つまり、知能とは何なのか？「イルカはホモ・サピエンスに次いで知的な種である」と主張するとき、それは正確に何を意味しているのか？私はこの議論を、「動物一般に通用する知能研究といったものが存在する」という軽率な発言を退けることから始めたいと思う。科学的に考えるなら、種を越えた比較を可能とする単一の指標があり、それによってあらゆる動物の知能が評価できるという考えは幻想である。知能は抽象的で捉えどころがなく、グールドが『人間の測りまちがい（*The Mismeasure of Man*）』で述べたように、エビデンスや論理とは関係のないところで成立している概念である。[44] グールドはこの類の生物学的決定論を、知能をただ一つの基準にまで不当に落とし込み、さらにはこの恣意的な価値観に基づいて人間（や動物たち）を評価しようとする、非科学への道を導くものであるとした。比較心理学者のエド・ワッセルマンは、「知能という包括的概念に対して適切な定義を与えることに比べれば、知能の個別要素や諸側面について正確な操作的定義を与えるほうがずっと簡単だろう」[45] と言っている。このアドバイスの通り、私も「知能」という用語は議論から排除することが理にかなっているだろうと考えている。そして知能のかわりとして、動物の認知能力に関する科学的な研究に焦点を当てることを主張したい。

マーク・ハウザー(※)は著書、『*Wild Minds: What Animals Really Think*（ワイルド・マインド：動物たちが実際に考えていること）』で、同様の考え方を提起した。この本で彼は動物認知分野の最新知見をまとめているが、動物の心の研究において知能という概念に価値はないとしてこれを

※：研究不正を指摘され、現在では大学を退職している。

さっさと退け、知能という言葉を使うことを意図的に避けている。[46] ハウザーやワッセルマンのような比較心理学者にとって、「知能とは何か？」という質問は、「嫉妬は何色をしているか？」などと同じ類の質問なのだ。[47] そもそも問いの立て方が間違っており、脳研究における有益な科学的アプローチにはなり得ないというわけである。

一方で認知（cognition）は、知能というしばしばソフトサイエンス的問題だと考えられている対象に対する、ハードサイエンス的なアプローチである。認知科学では、脳がどのように情報を処理しているのかを研究する。この場合、動物がどのように行動するか、さらには脳の活動そのものの直接的な測定に基づいて、考察を行っていく。具体的には、知覚、記憶、範疇分類、学習、論理づけ、コミュニケーションなどの研究がここに含まれる。比較認知科学という領域は、それまでなら知能という概念の下に分類されたであろう、動物の心の中で起こっている種々の事象を定量的に比較する手段として登場した。知能とは違い、認知過程は正確に定義可能で、科学的に測定できる。たとえば、「ヒツジは顔のどの視覚的特徴を使って他のヒツジを識別しているのか」といった問いは、正確に研究できる。そして、同じように個体識別に顔の刺激（特徴）を使っている他の種（たとえばオマキザル）とヒツジの認知処理との間で、意味のある比較を行うことができる。

「知能」という用語は、動物の行動がどの程度の複雑性を持つかを判断する際にも使用されることがある。認知科学者にとって、複雑性は完全に有効な尺度となりうる（つまり客観的に評価できる）。これは静的な神経系に対しても当てはまるし（例：ゾウの神経系は扁形動物の神経系よりも高い複雑性を有する）、行動にも適用可能である（例：火星に探査ロボットを送る人間の能力は、光源に向かう扁形動物の反射反応より高い行動的複雑性を必要とする)。生物システム内の複雑性とは、純粋に説明的な概念であり、どのシステムや行動がより優れているかなどといった価値判断とはまったく関係がない。「より良いこと」の最大の決定者である進化が興味を示すのは、特定環境における適応性だけである。火星探査機をつくるほど複雑な脳を持つことが、我々人間が生きるこの特殊な生態学的ニッチでの繁栄を可能にするならば、まあそうなっていくのだろう。しかし、扁形動物にみられるような、単純な行動を生み出す単純な神経系もまた、それぞれの生物が住む特定の環境において膨大な数の生物種の生存を可能にしている。実際、地球上で最も単純な生物(原核生物)は、最も数が多く、系統学的に最も多様な生物でもある。大きな脳や複雑な行動は、決して進化的成功の片道切符、絶対条件ではない。しかし、行動や生物システムの複雑さを表す際に知能という言葉を使うと、ほとんど常に「より優れている」という意味を帯びてしまう。あるＢＢＣのニュースを例に挙げよう:「ケンブリッジにあるバブラハム研究所の科学者たちは、ヒツジが驚くべき記憶システムときわめて高い顔認識能力を持っている事実を発見し、これをヒツジの知能の確かな証拠ではないかと考えている」。[48]ヒツジの顔認識能力について述べたこの記事に、「知能はより優れたものだ」という含意を受け取らないことは不可能である。

人間に対しても動物に対しても、科学は脳や行動の「価値」に言及すべきではないし、そもそもそんなことはできない。これが、動物の行動について考える際に知能という言葉を使用することに、ハウザーのような認知科学者がしばしば注意を促す理由である。ヒツジどころか、アリも顔ではなく臭いを手がかりとして個体を識別しているという事実を考えてみよう。客観的にみると、臭いによる認識も顔による認識も、同様の複雑性を持つ認知過程の結果であると考えられる。しかし、認知的複雑性がほぼ同じ場合でも、私も含めた多くの人はなぜ、顔による認識のほうが臭いによる認識より知的なものと直感的に考えてしまうのだろうか？

知能を、「科学的ではない価値観や判断を持ち込むもので、定義不能かつ定量不能な、妥当でない概念」として退ける主張に、私は強い共感を覚える。しかし、イルカの知能という神話に限って言えば、単純にこの概念を役立たずなものとして捨て去ってしまうことは、ある意味では適切な対処法にはならないかもしれない。もし小学生から「イルカは知的な動物なんですか？」と尋ねられた際に、なぜ知能が採用し難い人工的な概念なのかについて長ったらしい演説を始めたとすれば、私はインテリぶった鼻持ちならない最悪の間抜けとなってしまうだろう。知能が科学的に意味のある概念かどうかなどに関係なく、ほとんどの分析的な科学者でさえ、十代の子どもと同じように知能が意味するものについて理屈を超えた感覚を持っていることを、私は否定することができない。取り組むべき問題は、我々はなぜこのような感覚を持つか、である。そして、その答えを何とかして、「イルカは知的な動物なんですか？」という疑問への回答に使用できる、知能の妥当な定義へと落とし込まなければならない。

それでも知能が重要となる理由

知能は、漠然とした了解の下に広く使われている概念である。自分たちが何を比較しているのかについてちゃんとわかっていない場合でさえ、人間は知能を尺度として他の動物種を分類したりランク付けしたりする傾向を持つ。知能が「複雑な行動を生み出す、脳に由来する何か」であることには、誰もが同意すると思う。しかし、その意味するところを正確に表現するのは難しい。これは、ポルノグラフィーの定義についての最高裁判事ポッター・スチュアートの言葉、「(ポルノの定義は難しいが、)見ればそれとわかる」[49]と大きな違いはない。我々はヒツジの顔認識能力については知的だという感覚を持つが、臭いによる認識能力についてはそう思わない。これは認知科学者からみればバカげた臆断かもしれないが、そう考えるのはまったくの少数派である。日本とアメリカの大学生を対象にした研究によると、程度の差はあるが、彼らは一貫して仮想的な系統発生的（進化的）スケール（phylogenetic scale）に沿った形で動物種を知的だと考え、ランク付けすることが判明している。[50]系統発生的スケールとは、アメーバのような単純な単細胞生物から類人猿のようなより大きな脳を持つ哺乳類へと進んでいく形で、進化段階を尺度化したものである。概して我々は、「哺乳類は昆虫より知的だ」とする言説を直感的に正しいと考える。このような傾向は文化的な普遍性をもち、多くの人は特に疑問を感じないようである。この「自然の階梯（scala naturae）」は、単なるアリストテレスへの復古主義、あるいはもはや現存しない中世キリスト教的な世界観以上の意味を持っている。つまりこれは、人間が他の動物やその行動、知能、そして悪いことにはその価値を評価する際の、初期設定的なアプローチだと考えられるのである。

我々からすると、窓ガラスに繰り返し頭をぶつけているハエの行動は、知的でない好例に思える。一方で、棒切れを使ってシロアリを釣り上げるチンパンジーの行動は、知的なものに見える。しかし、我々はこの違いをどのように判断しているのか？　ハエの知能を低く見る際に使用される普遍的な基準のようなものがあり、それは定量が可能なものなのだろうか？　チンパンジーの道具使用を特異的に知的な行動と判断させているものは何なのか？

捉えどころのないg因子[※]を測定する心理学的試験（たとえばスタンフォード・ビネー試験）のような、人間の知能を測定する際に最もよく使われる方法は、動物の知能を研究する際には一般的に役に立たない。動物は席についてSAT試験を解くことはできないし、提示された数列で次にどんな数字が予想されるかあなたに伝えることも普通はできない。また、言語や数に関する知識を必要としないテスト（レーヴン漸進的マトリックス検査など）の特定部分しか、動物には適用できない。知能を人間と動物の両方に適用できる単一の指標にまで還元しようとする努力には、異議が唱えられてきた。しかし、多くの学者が、あらゆる生物に適応可能であることを目指した知能の操作的定義を提案してきた。曰く：

・知能とは、障害に直面した際に、合理的（事実に従う）規則に基づいた決定を用いて目的を達成する能力である[51]。
・理性または知能とは、目的を達成する手段の意図的な応用に関係する能力である[52]。
・知能は、直近刺激およびその強化履歴の直接的な制御から、行動を解放する。そして、新たな問題や不慣れな状況に対し、柔軟で適応的な解決を可能にする[53]。
・知能とは、新たな根拠や環境の変化に直面した際に、行動を適応的に修正または作り出す能力である[54]。

・人間を含む動物が、自然あるいは社会環境で生き残るためにどのように問題を解決するか、そのスピードと成功度によって知能は定義または測定できる。(55)

知能に関する右のような定義はしばしば、問題解決能力、推論能力、行動の柔軟性、発明の才といった、多くの概念の周りを回っている。そして、単に「情報によって」考えるのではなく「情報に関して」思考する能力、それを精神の中で操作する能力、それを未来の行動へと応用する能力、などが含意されていることが多い。これは知能を、脳内における汎用的な問題解決メカニズムの一種と捉える考え方である。これらの定義は、窓ガラスへ頭を打ち付けるハエの行動がなぜ愚かに見えるのか、非常にうまく説明してくれる。

しかし、これらの定義は、イルカの知能神話に関する五つの主張を検証しようとする我々の役には立ってくれそうにない。これらの定義のいずれも、イルカが持つ高い知性を示していると考えられている多くの行動――PETAが提示した行動や、イルカ語、あるいはイルカの特異なほど複雑な社会性――を、完全にはカバーしていないからである。共感のような複雑な感情、自己の気づき、学習した行動の文化的伝達能力などを、「理性的な意思決定に基づいた問題解決能力」などといった狭い範囲にまで落とし込むのはまったく正しくない。しかし、これらの特性はすべて、イルカが知能を持つ証拠として決まって引き合いに出されるものである。「イルカの知能とはどのようなも

※：知能全般に働くとされる知能の一般因子。個別（特殊）要素の「s因子」と対応される。

のなのか」という疑問に答えるためには、知能を認知などの用語で置き換えるのではなく（より科学的ではあるが、この疑問に関しては有効な方法ではない）、また、問題解決という狭い範囲の能力だけを強調した定義でもない、別の形の知能の定義を行う必要がある。ここに私見ではあるが、イルカの知能の例として科学文献そして一般メディアで持ちだされる実例――大きな脳のサイズ、脳皮質の複雑性、道具の使用、柔軟性をもつ行動、創造性、複雑な遊び行動、問題解決能、複雑な社会的構造、自己覚知、意識、複雑なコミュニケーションなど――のすべてを包含する、一つの定義がある。動物の知能に関するこの定義は、ハエは愚かでチンパンジーは賢いと我々が判断する際に使う普遍的基準の本質もとらえている。以下の定義である：

知能とは、ある生物の行動がどのくらい人間の大人の行動に似ているかを表す尺度である。

知能とは何なのかを問う際、我々は実際には、「この動物（あるいはロボットでもエイリアンでもいい）の行動は、人間とどれほど似ているのか？」という点を問題にしている。これが動物の知能という疑問に対する直感的アプローチとなる理由は、ジョン・S・ケネディが「強迫的擬人化(compulsive anthropomorphism)」[56]と呼んだ性質に由来する。強迫的擬人化とは、人間以外の動物にも人間基準の思考や意図を当てはめてしまう、ほとんど不可避の傾向のことである。これは、人の心は意図／信条／願望を、他の人や動物、無生物、さらには風や日没のような自然作用を含む相当数の現象にまで当てはめてしまう傾向としてよく知られている。[57]哲学者のダニエル・デネットは、世界に存在するものがどのように振る舞うかを理解するためのこのようなアプローチを、「志向姿勢（intentional stance）」と表現した。[58] これは間違いなく、非常に多様な生態学的ニッチにおけるヒトの成功を可能にした認知特性の一つである。この性質は、仮に我々がその振る舞いを予測しようとする対象が実際には意図／信条／願望などを持っていなくても、きわめて大きな予測的価値を有する。この波及効果として我々は、環境中で観察された何かしらの振る舞いを、我々と類似の精神を持つもの（つまり他の人間）とどのくらい似ているかという基準から本能的に判断する。チンパンジーは、人間に似た精神を持つ動物に期待されるものにかなり近い行動をとる。しかし、窓ガラスに繰り返し激突するハエの行動は、時間をかけてもこの問題を解決する能力がハエにない以上のことを我々に訴えてくる。つまり、このような行動は、明らかに人間の行動とはかけ離れている。かなり普遍的な判断として、我々が知能に関してチンパンジーをハエのずっと進んだ場所に位置づける理由がここにある。これは世界に対する擬人化アプローチ、つまりは厚かましい擬人観である。しかし、我々にはこのようなヒエラルキーをつくり出す生得的な要求があることから、認知に関する議論で置き換えるべきはずの「イルカはどの程度知的か？」という疑問は、あながち無意味なものとは言えなくなる。この疑問は、人間が持つ性質と共に生きるしかない我々にとっては、正当な関心事なのである。

この定義を使うと、なぜアリの臭い認識を知的な行動と分類するのが難しいのかを説明できるかもしれない。臭いによる認識は明らかに複雑な行動であるが、特別に人間に似ているとはいえない。したがって、アリの行動は知能という言葉を想起させることはなく、アリに人間と同じ法的地位を与えようという気持ちを喚起することもない。逆に、ハチは人間が行っているのと同じような方法を用いて互いの顔を認識できるという、最近の発見がある。[59] この発見は二〇一一年十二月にニュースのヘッドラインを飾った。これは昆虫が人間と同様の行動をとるという、驚くべき知見とされた。ここでは、ヒツジの顔認識能力がなぜ注目に値するのかと同じ論法が使われている。つまり、「もし顔による認識が可能なら、その生物はかなりの知能を持っているに違いない。その生物はさまざまな点で人間と類似する能力を示している」[60] といった、ヒツジ研究にかかわった科学者の主張にみられる論法である。このような言説からわかるのは、実際のところ知能とは、どれだけ人間に近いかに関するリトマス試験紙以上のものではない、ということである。

私はここで、科学における擬人化の是非について、あるいはそれがヒト以外の動物の精神を理解するためのツールとしてどの程度価値を持っているのかについて、議論に深入りするつもりはない。なぜいかなる代償を払ってでも擬人化を回避すべきなのか、[61~62] あるいはなぜ動物行動学や比較心理学で擬人化を有効な分析手段として（ある程度は）採用すべきなのか、[63] 双方にもっともと思える理由がある。そのかわりに私は降参し、次のことを認めよう。誰かがイルカの知能について尋ねた際、私にできる唯一の答えは、イルカの行動がどの程度人間に似ているかを議論することであると。ただし個人的には、これは他の動物種の認知能力を理解したり表現したりする際の有効な手段ではないと考えている。このような態度は、ある種が他の種より「進化が進んでいる」と決めつけ、必然的に価値判断を内包し、正当化できない目的論的態度や科学的な誤魔化しの侵入を許すものだからである。スティーブン・ブディアンスキーが指摘したように、「人間を一〇〇」として知能を評価する直線的なスケール上に、「ハトの方向感覚、巣を張るクモの能力、一風変わった巣を造るニワシドリの能力、食べ物をとるホシガラスの能力」をどのように配置できるのだろうか。そんなことは科学的には不可能である(64)。しかし、これまでみてきたように、これは他の動物の精神を理解するために人間が生得的に備えている方法であり、人間が他の種を評価する際に使う間違いなく最も一般的なやり方である。したがって、単純に無視するわけにもいかない。さらに、もっと重要な点がある。「動物を知能によってランク付けすることは不可能である」というしごくもっともな批判は、動物の福祉や権利の擁護者からも提出されている。しかし、それにもかかわらず、イルカに「特別な配慮」や道徳的地位といった、より多くの権利を与えることを主張する人たちが議論の中で持ちだすのは、他の動物種より人間に近いという観点からの「イルカのランク付け」なのである(65)。

イルカの知能を特徴付ける

それでは、イルカの行動はどれほど人間に似ているのだろうか？　他の種に比べてより人間に近いと言えるのか？　この疑問を考えていけば、「イルカはヒトに次いで二番目に頭のいい動物である」という主張が正しいかどうかもわかるだろう。まずは、一般社会やメディアで引用されてきた、イルカの知能について最も目をひく例をみていきたいと思う。そして、それが確かな科学的エビデンスに基づいているのかを確認してみよう。次に、イルカの知能と関連する神経解剖学的、認知的、行動学的特徴についてわかっていることを比較し、それが人間とどの程度似ているのかを検証する。そして、それらの特徴がイルカ（や人間）に特異的なものなのかどうか、それとも他の動物種にもみられるものなのかを検証していく。

ここで一つ強調しておきたいことがある。これからイルカと他の動物の知能をさまざまな側面から比較していくわけだが、イルカと同等か、あるいはイルカを超えるような特性を示す一見「知的でない種」を持ちだすことによって、私はイルカの素晴らしさを否定しようとしているわけではない。これは、イルカの脳構造に関する議論を呼んだ論文の発表（二〇〇六年）に関連して、ポール・マンガーがイルカを「金魚より愚かだ」と記述した際に使った不適切なアプローチである：

動物、たとえば実験用ラットやアレチネズミでさえ、箱の中に入れられるとまずはそこから抜け出そうとする。鉢の上に蓋をしていなければ、生活範囲を広げようとした金魚はついには外に飛び出してしまうだろう。しかし、イルカはそのような行動をとらない。[66]

著名な動物行動学者のフランス・ドゥ・ヴァールはマンガーのコメントに対し、『ニューヨーク・タイムズ』の社外署名記事で、この安易なアプローチに反論している。ドゥ・ヴァールはマンガーの議論を、「ラットやハトが行うことができれば、それは特別な行動であるはずがないとする、間違ったやり方だ」と批判した。[67] このようなアプローチは、「愚か」と考えられがちな動物が持つイルカと同等かそれ以上に発達した行動を引き合いにだして、イルカの行動を不当に貶めるものである。そして、イルカが複数の分野で認知的複雑性を示すことを明らかにした多くの研究をすぐに無効化するものではないとする、ドゥ・ヴァールの意見は正しい。逆に、人間やイルカに特有だと思われていた、知的とされる行動を、他の種が示す事実が発見された場合ではどうだろうか。その場合、その特性をそれでも「知的な行動」として特別扱いすべきなのか、再検討が行われる。たとえば、以前はヒトに固有の特性と考えられていた道具の使用は、次いで霊長類に特異的な特性となり、さらには哺乳類に広がり、今や鳥類・頭足類（イカやタコ）・昆虫に至る幅広い種で観察されている。したがって、動物界に広くみられる道具の使用が、並はずれて知的な人類に固有の行動という立場を失うことはほぼ間違いない。この類のアプローチは質の悪い科学だとするドゥ・ヴァールは正しいし、私も完全に同意する。ただし繰り返しておくが、認知ではなく知能の比較は、そもそも真に科学的な比較にはなり得ない。

ドゥ・ヴァールはもう一つ重要な点を指摘した。動物の行動の比較に伴う困難である。よく似て見える行動にも、まったく異なる原因が存在する場合がある。教えなくとも鏡の中の自分をチェックするイルカは、鏡を使って自分の胸の斑点をつつくことを教える必要があるハトよりも、明らかにより複雑な認知処理を有していることを思わせる。しかし、これからみていくように、我々が知的だと考えるほとんどすべてのイルカの特徴は、程度の差はあれ他の種でも確認されている。さらにたいていは、そのような行動を支える認知機能をどのように比較すればいいのか、単純にわかっていない。誰に聞いても、タコの道具使用はイルカの道具使用に匹敵する（あるいはより高度かもしれない）という。ニワトリの指示的な鳴き声は、イルカのシグネチャーホイッスル(※)と参照機能と

※：個体同士を識別するためにイルカが発する鳴き声の一種。

しては同等（もしかするとそれ以上）とされる。これらの知見は、動物の知能に対する我々の理解に何らかの意味を持ってくるはずである。「イルカは他の動物より知的であり、したがって類似の行動をとる際にもより複雑な認知に頼っているはずだ」などという仮定から、これらの知見を重要でない情報として無視することはできない。イルカの知能を示すエビデンスをしっかりと検証するためには、どの行動が動物界の中で固有であり、またそうでないのかに注目し、これら特徴のすべてを適切に位置づけていく必要がある。

事実を基に議論していくために、さまざまな資料からエビデンスを集め、検証していきたい。その際、可能な限り公平にこれを行いたいと考えている。それぞれの論題において対立している双方の立場を取り上げ（たとえば捕獲反対派と捕獲容認派）、事実に基づくものと広く認められている知見を参照しながら、議論を検証していく。この作業は、客観性を重視しながら進めていくつもりである。私にも、論争となっている多くの社会問題に関して強烈な、場合によってはまったく反対の意見を持つ友人や同僚がいる。その一人にこの本を読ませ、「この話題に関するすべての記述は公平に提示されている」と言わせることができたなら、公平かつ客観的な議論という私の目標は達成されたことになる。私は特定の立場の代弁者の役割を担うつもりはない。これから真実を明らかにしていこうと思っているわけだが、さまざまな知見の再検証を行う間、私の個人的な考えは後ろに隠しておきたいと思う。

他の科学と同じく、イルカに関する科学にも不確実性が伴う。したがって、確実にメディアのトップを飾るような、断定的な結論が出てくることはまれである。残念ながら一般の人々は、人間や動物の心の性質といった複雑なテーマに関する研究から得られる曖昧な言説を快く思わない。これらの分野にかかわる責任ある研究者たちは、研究から得られた結果を大衆やメディアに伝える際に、慎重に言葉を選び、誤解を生む表現を避け、注意の行き届いた発言を行う。しかしこれは、明快な答えや理解しやすい簡潔な要約を望む人々をイライラさせる。イルカは知的なのか？　一般紙の見出しや権利擁護団体は「イエス！」と叫ぶ。一方で科学者は、「それは知能をどう考えるかによるでしょう。たとえば……」と長々話し、場を白けさせる。明瞭さを欠くこのような姿勢を、何か疚しいことでもあるのではないかと疑わないでほしい。そうではなく、この本の読者には、イルカの行動についての過剰な単純化を進んで拒否し、イルカ学者を科学者たらしめている、ある種の不明確さを正しく受け止めてほしいと考えている。イルカ研究から得られた最近の知見を可能な限り冷静かつ公平に分析することで、我々の友人であるイルカたちを覆っている、虚飾だらけの幻想を取り払うことができる。そうすることで、生きて、呼吸する、しかし大きく誤解されたこの哺乳類の真の姿が明らかになるだろう。

この議論で私がイルカを貶めようとしているなどと考える必要はないので、安心してほしい。すべてのエビデンスの提示・検証が終わった後には、イルカ（特にハンドウイルカ）がずっと昔に霊長類から分岐した系統から進化した海洋哺乳類に期待される以上に、人間やその他の霊長類に似ていることがわかるだろう（ルイス・ハーマンはイルカを我々の「認知的いとこ」と呼んだこともある）[68]。しかし、イルカについて書かれた多くの一般向け書籍とは異なり、私はイルカの賢さを示す都合のいい事実だけを取り上げ、イルカの超知能という信仰を強化するつもりはない。ここで、著名な心理学者エドワード・L・ソーンダイクが一世紀前に注意を促した言葉、「この本の大部分は心理学ではなく、むしろ動物への賛辞となっている。ここで扱ったのは動物の愚かさではなく、動物の知性である」[69]を肝に銘じておいてほしい。ソーンダイクは、動物の行動のより厳格、客観的、公平な評価を求めた。これがまさに、本書で私が提示しようとしているものである。イルカが愚かだと示すことによってではなく、イルカの知能について科学が教えてくれること（そして教えてくれないこと）に誠実であることによって。それでは、知能を生み出す器官、つまり脳の話から具体的な議論を始めよう。

第2章

大きな脳が意味すること

脳は認知や精神と関連している。しかし、その機序はわかっていない。(1)

スティーブ・ワイズ

脳のサイズ

リリーがイルカの知能に入れ込むきっかけとなった発見は、イルカは大きな脳を持つという単純な観察だった。(2)言語や文化、あるいはホモ・サピエンスによって有名になったその他の知的特性を生み出し、理解する能力を導くのは、大きな脳であるとリリーは主張した。彼の推測によると、ゾウと一握りのクジラ類だけが、ヒトに匹敵しうる知能を備えるに足る大きな脳を持つ(チンパンジーは脳が小さいためこのリストには載せられていない)。彼は研究対象をハンドウイルカ（脳の平均的な重さは一八二四グラム）(3)に絞った。しかしこれはいくぶん奇妙な理論に基づいたもので、ハンドウイルカの脳はヒト（一五〇〇グラム）(4)よりも重く、アフリカゾウ（四七八三グラム）(5)やマッコウクジラ（八〇二八グラム）(6)よりは軽い。(7)ゾウはヒトの三倍も大きな脳を持つが、リリーによると、ヒトの会話に似た発声ができないため、知能や言語能力について試験ができないという。彼は脳の大きさだけに基づいて、「マッコウクジラは地球上で最も賢い動物だ」と結論した。この結論が検証不能で、実験や観察に基づいた反論がなかったことは、彼にとっては幸運だったろう。検証や実験ができなかった理由は単純で、マッコウクジラは巨大すぎ、研究者を危険に曝す可能性があったからである。

数十年を早送りすると、脳の大きさや重さの「絶対値」は、イルカに知能があることを示す基準としては時代遅れのものになった。結局のところ、他の器官と同じように脳も、動物の体が大きくなるに伴って大きくなる傾向がある。つまり脳は、体の大きさに対しておよそ〇・七五の傾きをもったアロメトリーな関係（対数線形関係）にある。簡単にいうと、大きな体は大きな脳を持つのである。総合的にみて、大きな脳が高い認知能力と相関することを示す確かな証拠はない。もしこの見解が正しいのなら、大きな動物は常に小さな動物より知的だということになる。脳のサイズが知能を決定する鍵となる因子なのだとしたら、ウシ（脳は四二三グラム）はゴリラ（四〇六グラム）よりも複雑な認知能力を示すはずである。(8) しかし、明らかに現実はそうではない。

もちろんヒトのように、大きな脳が認知的複雑性を伴っている場合もある。ヒトは霊長類のなかで最も大きな脳を持ち、（自己評価によると）最も賢い霊長類である。実際のところ脳の絶対的な大きさは、霊長類のいくつかの種における認知能力、鳥類や霊長類における摂食行動や採餌行動、霊長類や有蹄類における社会的複雑性の予測因子として使用できる。そして少なくともヒトに関する限り、脳の絶対的な大きさと、知能と関連する測定値の間には、ある程度の相関関係がある。(9) しかし、鳥類の歌声の複雑さ、食物の貯蔵技能、協業による子育て戦略や社会的複雑さに、脳の大きさとの相関はない。脳の大きさと複雑な行動の間に時折みられる相関は、分類群上におそらく規則性なく散在しており、目レベルの分類群で特性を比較する際には意味をなさなくなる傾向がある。(10)

したがって、知能を表す何らかの数値と脳の大きさとの間に、普遍的な関係は存在しない。このような研究には大きな曖昧さがあり、「脳の大きさと脳機能との間に関連を探すのは時間の無駄である」と結論している科学者もいる。[11] これらの基礎となっている「より複雑な認知能力はより大きな脳を必要とする」という仮定は、確かなものと認められた事実ではない。昆虫学者に話を振れば、地球上で最も小さな脳から昆虫が生み出している多くの複雑な行動（洗練された社会構造、数の概念、対象を「同じ」または「異なる」ものとして分類する能力、他個体の識別、社会的な学習、複雑なコミュニケーションなど）を喜んで指摘してくれるだろう。[12]

しかし、脳の絶対的な大きさが、脳のサイズに関する議論で扱われる唯一の論題というわけではない。ヒトを含む霊長類やイルカに関する興味深い事実がある。確かにこれらの動物は、最も大きな脳を持っているわけではないかもしれないが、先ほどのアロメトリックな関係、つまり体と脳の大きさの相対的な比率というルールからみれば、標準からは大きく逸脱している。言い換えると、霊長類やイルカの脳は、同じサイズの動物に普通みられるものよりもずっと大きい。ちなみにこれは、アリストテレスが二四〇〇年前にヒトの脳に関して行った観察である。[13] 脳の大きさを扱う多くの測定基準は、この変則的な観察結果を何とかうまく記述しようとして生まれたものである。ヒトの脳を基準値として使えば、脳の絶対的な大きさよりも有用な知能の予測指標となるかもしれない。そのような指標としては、体重に対する脳の重さのパーセンテージ、脳幹の重さや大きさに対する脳重量、脳化指数（encephalization quotient：EQ）などが考案されている。脳化指数とは人類学者のハリー・ジェリソンが提唱したもので、実際に観察された脳の大きさを、ある種に対して予測される脳の大きさと比較する指標である。[14] これらの指標はいずれも一度はイルカの知能に関する解剖学的証拠として適用されたことがあるが、最近ではＥＱが最も多く使用される。「脳の相対的な大きさを知的であることの基準として採用するなら、イルカは現生人類に次ぐ知能を持っていると結論せざるを得ない」[15]と、イルカの神経解剖学における権威であるロリ・マリーノは主張する。マリーノは、多くのイルカ種は一・五五〜四・五六のＥＱを持っている（つまり、同じ大きさの平均的な動物に比べて最大四・五倍の脳を持つ）という発見に言及している。[16]現生人類のＥＱがおよそ七で、霊長類のＥＱが三以下であることを考えれば、いくつかのイルカ種（ハンドウイルカ、コビトイルカ、カマイルカなど）は、相対的に大きな脳を持つという点ではヒトに次ぐということになる。[17]

しかし、マリーノがいうように、脳の相対的な大きさを知能の指標として使うことは可能なのか？哲学者でありイルカの権利擁護者であるトーマス・ホワイトが主張する、「ＥＱはおそらく行動の複雑性や認知能力（知的さの基準と考える人もいる）の程度と相関している」という見解は正しいのだろうか？[18]この答えを一言でいうと、「まだわからない」である。この仮説を支持する科学的証拠は、よくて曖昧なものである。ＥＱが認知能力の信頼できる指標であるためには、ＥＱ値が動物界全体にわたって強固かつ信頼でき再現性ある方法で認知機能と強く相関し、予測能力を持っていなければならない。

いくつかの研究が実際にこの相関を見出している。[19]多くの哺乳類において、高いＥＱはより大きな行動目録（動物が行う固有行動の数）と相関している。[20]高いＥＱはまた、新たな環境によりうまく対処し、生き延びることのできる動物種にもみられる傾向がある。[21]葉ではなく果物を食べる霊長類もまた、より高いＥＱを持つ。脳にとって、熟れた果実は葉っぱよりも大きなパワーとなる。他の鳥類よりも高いＥＱを持つオウムやカラスは、一般的に高い認知的複雑性を持つと考えられている。しかし、ＥＱと認知能力との間にある関係性を扱った四四の研究（ヒト以外の霊長類二四属に対して九種類の認知テストが行われた）のメタ解析では、ＥＱと総合的な認知能力との間に相関はなかった。[22] 知能の指標となる霊長類のさまざまな能力（道具の使用や模倣能力）に関する研究でも、ＥＱと知能に相関はなく、知能の予測指標としても有意ではなかった。[23] イルカを含むハクジラ亜目では、ＥＱの大きさは群れの大きさと相関がある。[24] ただし、群れの大きさが、ある個体が維持できる社会的関係の数（ひいてはその関係を維持するために必要な認知能力）を表す指数として適切かどうかについては議論がある。[25] 奇妙なことに、複雑な社会性（複雑な認知能力に支えられているとされる）を有するシャチのＥＱは二・五七で、これは一般的には社会的な種とは考えられていないネズミイルカの三・一五よりも低い。[26] クジラ類に関してはこれまでのところ、ＥＱと強い相関を持つ単一の認知的特性は見つかっていない。哺乳類、哺乳類ではない脊椎動物、無脊椎動物に関しては言うまでもない。

相反するこれらの知見は、脳の絶対的な大きさと同じくＥＱも不安定な基準であることを示している。特定の認知テストをどの動物種がうまくこなせるかを推定する際には、ＥＱは普遍的な予測能力をほとんど持たない。アイリーン・ペッパーバーグが示したように、九・一八グラム（人間の一％未満）[27] の脳しか持たないアレックスという名のヨウム（大型のインコ）が、象徴を使ったコミュニケーション理解に関してサルやハンドウイルカに匹敵することを誰が予測しただろうか？[28] あるいは、双方ともＥＱが二・一程度のアジアゾウやアカゲザルが鏡を使った自己認識テストをパスでき[29]〜[30]

る一方で（アカゲザルのエビデンスには議論があるが）、[31]〜[32][33]同じく二・一のＥＱを持つベニガオザル[34]がパスできないことはどうだろう？[35]また、チンパンジー（ＥＱ二・二〜二・五）を超える二・五四〜四・七九のＥＱを持つオマキザルが、[36]象徴の理解や鏡像自己認識テストなどに関してチンパンジーにまったく及ばない点にも注意する必要がある。[37]

最近の研究により、霊長類とクジラ類は哺乳類のなかでも特殊なことがわかっている。双方とも、同じ目に属する種に関して、非常に大きなＥＱのばらつきを示すのである。[38]このようなばらつきを説明しようとする最新の仮説によると、霊長類とクジラ類の脳の大きさの進化に関する限り、自然選択は最小限の役割しか果たしていないのではないかとされる。そのかわりに、中立ドリフト（適応度には影響を与えないゲノム／表現型の変化）が、霊長類やクジラ類の大小さまざまな脳の進化に与っているのではないかというのである。霊長類もクジラ類も比較的少ない個体数からなる種から構成されるが、これは中立ドリフト／ランダム・ドリフトへの感受性が特に高いことが知られている。

ＥＱの計算方法そのものも批判にさらされてきた。ある研究によると、ＥＱの計算と比較に使う動物にどの種を選ぶかによって結果は大きく変わる。ヒトの脳は、実際には霊長類としては体の大きさに対して特に大きなものとは言えず、我々の近縁であるゴリラやオランウータンは標準的な大きさの脳を格納する異常に大きな体を持つことにもなるという。[39]ＥＱによる評価は、データの収集対象や計算方法によって変化する。これは、異なる研究間のＥＱ比較は誤った結果を導く可能性があることを意味している。たとえば、同じデータを使っても、計算方法が変わればヒトのＥＱは

一・一六〜一二・六までの幅をとりうる。(40)

現状では、ＥＱも脳の絶対的な大きさも、知能と関連する認知テスト成績の信頼できる予測指標だと確信をもって断言することはできない。リリーがこの問題に注目して以来、脳の大きさと認知能力との関係を明らかにしようと数多くの研究が行われてきた。しかし、一見すると結果の期待できそうな研究であるにもかかわらず、この二つの因子の関連に妥当性はいまだに確認されていない。(41) イルカの脳の（相対的な）大きさそれ自体には、イルカの知能の本質について確かな事実を教えてくれるような意義はないようである。

脳の構造

脳の大きさとは別に、イルカの脳の構造的な特徴も、知能や特定の認知特性と関連するのではないかといわれてきた。脳の大きさの研究から得られる重要な教訓は、脳の大きさは体の大きさとある程度は対応するものの、脳と体がまったく同じ方法で大きくなるわけではないということである。同じ大きさの脳を持つさまざまな動物種が、神経構造的にはまったく異なる脳をもっている可能性がある。そして、この構造的な差異こそが、認知に関連する大きな違いを生み出す要因であると、多くの科学者が主張している。

大脳皮質

脳構造と複雑な行動との間にある関係をみていくうえで、大脳皮質（哺乳類の脳を包む最外層の神経組織）の大きさと構造から検証を始めるのは自然な流れだろう。ヒトやその他の哺乳類にとって大脳皮質、特に新皮質は、記憶、論理、創造性、意志決定、自己感覚、言語（ヒトにおいて）、情動、抽象的思考などと最も強く関連する脳領域である。一九七二年に出版された書籍『*Smarter than Man?*（人間より賢い？）』において二人のスウェーデン人科学者は、イルカの大脳皮質はヒトよりも大きいため、「イルカやクジラがヒトより優れた理性的な思考を持っていることはほとんど間違いない」[42]と結論した。実際に、イルカの大脳皮質はヒトの脳よりも大きな表面積を持っている（イルカ三七四五㎠、ヒト二二七五㎠）。[43]ただしその密度はずっと低く、空間を埋める脳組織もずっと少ない。[44]ヒトの大脳皮質の大きさとの比較を横に置いても、イルカの大脳皮質は霊長類以外の動物としては疑いなく大きく、もっと言えばこの点に関しては他のいかなる動物をも上回る。しかし、大脳皮質の大きさは認知能力に関して何を意味するのだろうか？

最近の学者には、「イルカの非常に大きな大脳皮質は、イルカが複雑な認知に必要な脳構造を持っていることを示唆している」[45]と主張する人たちがいる。それでは、神経構造と複雑な認知に関連があるとする証拠は何なのだろうか？　研究によると、大脳皮質の大きさは、社会的な欺き行動（周囲を欺くには高度な認知能力が必要とされる）[46]や、霊長類における社会的学習と道具使用、[47]さらには社会集団の大きさと正の相関があることがわかっている。[48]しかし逆説的なことに、欺き行動を示す率と集団サイズの双方が大脳皮質の大きさと相関を持つものの、これらは互いに相関関係がない。[49]それでも、「大きな大脳皮質は、繊細なパートナー関係を作ることに重点をおいた大規模かつ複雑な社会集団で生きていくために必要な、高い認知能力と直接的に関連している」とする一連の仮説を支持する、多くの証拠が得られている。シャチの母系家族集団からハンドウイルカの離合集散社会まで、イルカは驚くほど複雑な社会組織をつくる。数十年も同性と長期的なパートナー関係を維持することもある。したがって、一見すると、イルカの大きな大脳皮質は社会脳仮説（social brain hypothesis）[50]〜[51]によって最もよく説明できるように思える。しかし、大脳皮質と社会的複雑性との関係は、動物界全体に適用できる普遍的な規則ではないようである。この規則は霊長類の脳に関してはよく持ちこたえているが、哺乳類でもネコ目すべての種を含むまでに考察範囲を広げると、このような関係性は消えてしまう[52]。そして、複雑な社会集団を作り社会的学習を示す種があるものの、大脳皮質を持たない鳥類には、この理論は当てはまらない。したがって、大きな皮質は必ずしもすべての動物で複雑な社会的認知と強く関連するわけではない。イルカの大きな大脳皮質が社会性と直接関連しているというのは魅力的な考えであり、現在のところ最も可能性の高い説明のようである。しかし、すべての分類群を対象とした場合のあらゆる脳 - 行動関係と同じく、この関係性は決して確立された普遍的な真実ではない。イルカの大きな大脳皮質は、複雑な社会生活への適応を助ける以外の理由で進化してきた可能性もある。

イルカの大脳皮質がなぜそれほど大きくなる必要があったのかという疑問に対する初期の仮説の一つに、反響定位[※]シグナルの処理に高い認知能力（スピードや正確性など）が必要とされたから、というものがある[53]。実際、反響定位能力を持つクジラ類では、音響処理と関連する聴神経やその他の中脳構造はかなり大きく、聴覚処理に使われる大脳皮質領域も大きい（二つの投射野から構成される）。しかし、大脳皮質の大きさが聴覚処理のみから説明できるわけではない。実際には、イルカの大脳皮質のかなり大きな割合（連合野）が、感覚から直接的に生じた情報の処理ではなく、聴覚野を他の感覚野や運動野とつなぐことにかかわっている。[54] 連合野の機能はまだ不明な部分が大きい。音の処理にかかわっているかもしれないし、そうでないかもしれない。イルカの大脳皮質の大きさを聴覚処理だけに帰することは不可能である。ここで、大きな大脳新皮質をもたらした特徴的な感覚機能をもつ、他の種について考えてみよう。たとえばカモノハシでは、大脳皮質の三分の二がクチバシからの感覚処理に費やされている。[55] しかし、この場合にはイルカと異なり、大脳皮質（脳の残りの部分も同じように相対的に大きく発達したりはしていない。イルカと同じように反響定位能力を持つコウモリもまた、聴覚情報の処理に特化した脳および大脳皮質領域を持つ。しかし、ココウモリはイルカのように不釣り合いに大きな大脳皮質や脳を持たず、[56] その多くの種のＥＱ値は一以下である（つまり体の大きさから予測されるより小さい）。[57] イルカの過剰なほど大きな大脳皮質は、複雑な社会環境の中で生きること、あるいは高度な反響定位能力やその他の聴覚情報（コミュニケーション信号など）を処理する必要性と、強く関連している可能性がある。しかし現在のところ、よく引き合いに出されるこれら二つの仮説のどちらがイルカの不釣り合いに大きな大脳皮質の主な理由なのかに関し、確信をもって断言できるだけの十分なエビデンスは存在しない。動物の認知能力に関する限り、大脳皮質の大きさも、脳の大きさやＥＱと同じく普遍的な予測能力を持たない脳指標である。

※：発した音の反響（エコー）を感知し、周囲の状況を把握する能力。エコーロケーションともいう。

ニューロン数

「（相対的に）大きな脳あるいは大脳皮質を持つことが知的行動と常に関係しているわけではない」という考えは、じれったいものである。直感的には、大きな脳はより多くのニューロンを保持し、より高い情報処理能力が得られ、複雑な認知能力につながるのではないかと思える。しかし近年の研究からは、もっともらしく見えるこの単純な仮説は間違っていることが示唆されている。多くのニューロンを持つことは、より高い情報処理能力を生み出すようではあるが、大きな脳が必ずしも多くのニューロンを有するわけではないのである。動物の脳が大きくなることは、情報処理に関与する脳内のニューロン数がそれに比例して多くなることを常に意味するわけではない。二〇〇五年、リオデジャネイロ連邦大学のスザーナ・エルクラーノ＝アウゼルと研究チームは、脳のニューロン数を正確に測定する新たな技術を開発した。この技術は、異なる目の動物（たとえばネズミ目〔齧歯類〕と霊長類）は大きくなった脳を大きくなった体に格納するにあたり、別個の戦略を進化させているという発見をもたらした。(58) 齧歯類がより大きく進化するにつれ、その脳のサイズはニューロン数よりも迅速に拡大した。結果として、非神経構造に対する神経構造の比率が低くなる。したがって、大きな齧歯類では小さな齧歯類に比べて、脳のサイズに対するニューロン数が相対的に少ない。一方で霊長類では、脳が大きくなっても、非神経構造に対する神経構造という相対的なニューロン密度は維持されているようである。したがって、より大きな霊長類の大きな脳には、より多くのニューロンが存在する。これが、齧歯類最大の種であるカピバラ（七六グラムという重い脳をもつ）が一六億のニューロンを有するのに対し、より軽い五二グラムの脳しか持たないオマキザルがおよそ二倍の三六億ものニューロンを有する理由である。この二つの種に対しては、単に脳の大きさをみただけでは、なぜカピバラがオマキザルより高い行動的複雑性を示さないのかが理解できない。一方でニューロン数は、オマキザルの知能について潜在的な手掛かりを与えてくれる。霊長類の脳がどのように大きくなるのかに関して知られている知見から計算すると、ヒトの脳は霊長類として期待される数のニューロンを実際に有している（八六〇億）。[59] これは他のいかなる種よりも多いニューロン数のようであり、なぜホモ・サピエンスがこれほど知的なのか、我々の脳をある種の超自然的な特異例として片づけることなく説明してくれる因子かもしれない。齧歯類がこれと同じニューロン数を持つためには、三五キログラムの脳が必要になる。この値は、これまでに存在した最も大きな脳（マッコウクジラ）のおよそ五倍の大きさである。

このような研究はまた、イルカの認知と脳構造が動物全体の認知パターンの中でどういう位置づけにあるのか、現時点で最もうまく説明してくれるかもしれない。大きな脳や非常に高いＥＱ値に関するリリーの考えに従えば、イルカはヒトと同じか、それ以上の知能を持つはずである。しかし、イルカの認知能力はヒトではなくチンパンジーに近いというのが最近の多数見解である。もしニューロン数と認知能力との間に関連があるのなら、イルカの脳がチンパンジーと同程度のニューロン数を有することは、驚きではないだろう。しかし本書執筆時点では、先に述べたスザーナ・エルクラーノ＝アウゼルの研究チームがこの問題に取り組んではいるものの、イルカの脳に正確にどのくらいニューロンがあるのかはわかっていない。もし、イルカの脳が齧歯類の脳と同じ拡大パターンをとったと仮定すれば、イルカはヒト以外の大型類人猿と同程度のニューロン数を有することになる。しかし、霊長類の脳サイズ拡大パターンに従って高密度にニューロンが詰まっているとすれば、イルカのニューロン数は膨大な数になる。現在のところ最も有力な説では、イルカのニューロン数はヒトの四分の三であると示唆されている（チンパンジーとほぼ同じ）[60]。イルカの大脳皮質は霊長類よりもずっとニューロン密度が低く、齧歯類に似てニューロンのサイズも比較的大きいことが知られている[61]。イルカの脳は、より多くのニューロン数（とより高い認知的複雑性）を獲得するために大きく成長したが、その際には、より多くのニューロンを皮質に詰め込もうとした霊長類とは異なり、比較的薄い大脳皮質をより大きな（しかし薄い）皮質へと倍加させるという手段が使われたという仮説が提示されている[62]。

この路線の研究はまだ初期段階にある。したがって、あらゆる分類群でニューロンの絶対数と認知能力がどれほど対応しているのか、あるいはイルカに関して何を意味するのか、確信をもって断言するには時期尚早である。一部の研究者が主張するように[63]、ニューロンの数は動物の知能に関する最も優れた予測因子かもしれない。あるいは他の研究者が予想するように[64]、脳構造と知的行動との関連を理解する旅路の途中に得られた、不確かな指標であるのかもしれない。いずれにせよ、比較的少ないニューロン数しか持たない小さな脳の動物（ラット、カラス、ミツバチ、タコなど）が予想を超える複雑な認知能力を示すという以前から知られている矛盾は、この観点からだけでは説明できないようである。

「賢い」ニューロン

知能の手がかりとして脳のニューロンの絶対数を単純に見ることは、戦場でどちらが勝者になるかの手がかりとして、それぞれの軍隊の兵士の数を見ることに似ている。ニューロンも兵士も、実働部隊としてその数だけが問題となるわけではなく（もちろん明らかに重要ではあるのだが）、そのスピード、作業効率、専門性、連絡能力や組織化効率も重要だと考えられる。知能につながる手がかりとして、ニューロンのいくつかの構造的特性がピックアップされた。ニューロンがもつシナプス数（イルカとヒトではほぼ同じ）[65]は、複雑な認知能力にニューロン数よりも強く関連している可能性がある。また、脳の異なる領域を結ぶ神経経路の長さも、知能の鍵となる因子のようである。神経経路の長さは、信号の伝達スピードや情報交換効率に影響するからである。あるいは、神経可塑性――環境からの刺激に応じて神経連絡を適応させる能力――が、認知的複雑性の最も重要な予測因子である可能性がある。さらに言えば、ニューロンに対するグリア細胞の比率が重要なのかもしれない。グリア細胞は、以前には脳の中でニューロンを束ねて固定する糊のようなものだと考えられていたが、実際にはもっと重要な役割があることがわかってきた。グリア細胞は情報伝達にも関与している可能性がある。[66]イルカの大脳皮質には、グリア細胞が比較的多いようである。[67]~[68]これは、イルカの脳が複雑な認知能力を備えていることを示唆するものだとする神経解剖学者がいる。もちろん、正反対のことを主張する人もいる。[69]

細胞構造とイルカの脳に関して最も注目を浴びた発見の一つは、紡錘細胞として知られていたフォン・エコノモ・ニューロン（von Economo neuron: VEN）が、イルカの脳に存在する事実が明らかになったことだろう。VENには、イルカの複雑な認知能力の神経解剖学的な基盤として興味が持たれてきた。二〇一一年のBBCドキュメンタリー『*Ocean Giants*』のナレーションで偉大なるスティーヴン・フライは以下のように述べた:「クジラとイルカの脳に関する最新研究はまったく予想外の事実を明らかにした。我々と同じように、クジラやイルカは紡錘細胞を持っていたのだ。この特別な脳細胞は、言語、自己覚知、同情と関連することから、以前はヒトに特有なものだと考えられていた」[70]。

VENは長く薄いニューロンである。それぞれの端には複数の分岐ではなく一つの樹状突起があり、神経系の「特急列車」のように働く[71]。ヒトでは、前帯状皮質、前部島皮質、前頭極に集中している。これらは情動や社会的な気づきに関与することが知られている領域で[72~73]、そしておそらくは恥や共感のような複雑な社会的情動が位置している場所でもある。VENは、これら三つの領域から生まれる自己や社会的な気づきといった思考を、脳の他領域（皮質下領域も含む）へ迅速に伝達することを助けているとする仮説が提示されている。これらの連結が、本能的反応、情動、音声の覚知を促し（そして制御し）、意志決定を助けているかもしれないとする仮説である[74]。

VENは、スティーヴン・フライが述べたように、かつてはヒトや大型類人猿に固有だと考えられていた神経細胞構造であるが[75]、近年ではゾウの脳[76]、さらにはザトウクジラやマッコウクジラ、ナガスクジラ、シャチを含む大型クジラ類の脳でも発見されている[77]。これらの種は総じて非常に複雑な社会構造を有し、大きな脳を持つ哺乳類である。そのため研究者は、「クジラやゾウのような賢く社会的な動物は、ヒトと同じように、共感や社会的知能のために特殊化された神経回路を持っているかもしれない」[78]という仮説を打ち出した（そしてメディアがそれを流した）。その後まもなく多くのイルカ種でもＶＥＮが発見され[79]、ＶＥＮは、動物の複雑な社会的情動を神経解剖学的に支える直接的な証拠として扱われた。なお『デイリーメイル』紙は、「イルカとクジラには共感能力があることがわかっている。なぜならヒトのように脳には紡錘細胞があるからだ」[80]と報道している。

ヒトにおいてＶＥＮが発見された脳領域の機能に関する証拠は、かなりの確実性を持つ。アルツハイマー病でこの領域が傷害されると、行動異常型の前頭側頭型認知症、自閉症、統合失調症（社会的認知、共感、自己覚知、社会的判断の障害など）が起こる。[81]研究により、これらの脳領域は霊長類でも同様の行動に関与していることが確かめられた。[82]ＶＥＮはおそらく、これら皮質領域の機能で重要な役割を果たしており、したがって複雑な社会的認知を生み出しているはずである。では、ＶＥＮの存在は、一部の人が言うように、イルカやその他の動物が同様に複雑な認知能力を持っていることの直接的な解剖学的証拠となるのだろうか？[83]しかし、ここには大きな論理飛躍があるのかもしれない。まず、イルカの大脳皮質の構成は霊長類とは大きく異なっており、イルカの前帯状皮質、前部島皮質、前頭極が、類人猿の対応する皮質領域と同じ機能を持っていると確証を持っていうことはできない。さらに、ヒトにおいてでさえ、これらの領域に重度の傷害を受けたにもかかわらず、現在の知見からすると本来喪失するはずの自己覚知などの能力を維持した患者の例がある。[84]また、ＶＥＮの正確な機能についての知識を誇張しないことが重要である。これらの脳領域でＶＥＮがどのような機能を果たしているのか、まだ完全にはわかっていない。イルカでＶＥＮを最初に発見した科学者が述べたように、まだＶＥＮの機能的役割に関する直接的な証拠はない。[85]この細胞が、複雑な社会的認知を促進する脳領域間の連絡を担っているというのは魅力的なアイデアである。しかし、フランス・ドゥ・ヴァールが注意を促しているように、「これらの細胞の正確な機能を誰かが証明するまでは、基本的には仮説段階の話である」。[86]

一般的には社会的であるとも複雑な認知能力を持つとも思われていない動物の脳にVENが発見されたことにより、話はさらにややこしくなっている。この発見により、VENが何らかの形で複雑な社会的認知を実現させているという主張は難しい立場に追い込まれた。VENが発見された動物には、フロリダ・マナティー、セイウチ、シマウマ、クロサイ、ウマ、コビトカバなどがある。[87]最近ではさらにマカクでもVENが発見され、[88]この細胞が霊長類では大型類人猿に固有のものだというそれまでの知見は書き換えられた。ただし、マカクの一種であるアカゲザルが鏡像自己認識テストをパスできる可能性があることは注目に値する。

それでも、大型類人猿、クジラ類、ゾウで、VENが前帯状皮質・前部島皮質・前頭極に集中して発見されたことは重要である。逆にマナティーのような種では、VENは脳全体にある程度ランダム、まばらに散在している。この事実は、なぜ特定の種だけがVENから大きな利益を得ているのかに対する重要な手掛かりとなるかもしれず、その理由として、社会的認知に関与する領域の類似性へと目を向けることができる。しかし、大脳皮質にVENを有するすべての種において、社会的認知に関与する領域が必ずしも類似しているわけではない。ナガスクジラを考えてみよう。社会的認知におけるVENの役割について述べる際、この動物はハンドウイルカと一緒に取り上げられることが多い。VENを持つナガスクジラは、社会的に複雑な海洋哺乳類というくくりには該当しづらい。生涯にわたるパートナー関係を含む複雑な社会生活を営み、協力して狩りを行うハンドウイルカと異なり、ナガスクジラの社会システムが同様に複雑だとする証拠はほとんどない。したがって、ナガスクジラに関してはVENと複雑な社会的認知、そしてEQの間のつながりは確立されていない。そしてナガスクジラは、マナティーと同じくかなり低いEQしか持っていない(それぞれ〇・四九と〇・二七)。[89〜90] これもまた、EQと知能に関する説明には合致しない。この事実は、VENが大きな脳と社会的な複雑性を持つ種の重要要素であるというパラダイムにお墨付きを与えることを難しくする（ハンドウイルカやチンパンジーにはよく合致するものではあるが）。また、これまで登場したなかで、大脳皮質全体にVENが最も広く分布しているのはコビトカバである。どの種がVENを持ち、どの程度の数があり、それがどこに位置するかという広い視野から見ると、VENがなぜ、どのように、どの時期に発達したのかに関し、一貫した進化的説明がいまだできないことは明らかである。ましてその機能が何なのかについては不明点が多すぎる。

社会的認知において何らかの役割を担っている可能性はともかくとして、VENが大型類人猿やクジラ類の巨大な脳のように脳が一定以上大きくなった際に、各脳領域間の連絡を促進する手段として自然発生したニューロンである可能性は十分にある。このような考えは以前からさまざまな形で提唱されてきた。[91〜94] 実際、大きな脳を持つ多くの動物において、VENはそれぞれ別個に進化してきたようである。もちろん、最低限の皮質の畳み込みしか持たず、したがって皮質のサイズが小さい動物の脳にも、VENはみられる（たとえばマナティー）。脳あるいは皮質の大きさはおそらく、進化を駆動する唯一の因子というわけではない。また、VENは限られた機能しか持っていないという考え方もある。VENは、単一の機能（たとえば感情機能の監視）に関与する特定の皮質領域間の情報伝達を促進しているだけで、さまざまな認知能力を含む〝社会的認知〟のような広い役割を持つわけではないとする立場である。

そしてまだ、脳に関してあまりにもよく知られた注意事項が残っている。脳構造が認知とどのように関係しているのか、正確にはわかっていないのである。「VENの存在は、イルカが共感能力や高度な思考能力を持つことを支持するものだ」と主張する人がいる。(95) しかし実際のところ、「クジラ類におけるVENの存在は、複雑な認知能力を証明するものではないが、そのことと整合性がとれてはいる」(96) とするほうがおそらくより正確である。換言すれば、複雑な認知能力を持つ動物種の脳にはVENの存在が予想されるかもしれないが、VENが見つかることそれ自体は、その動物が認知的複雑性を持つことの証拠ではない。すべての鳥は飛ぶために羽を必要とするが、だからといって羽を持つ鳥のすべてが飛べるわけではないのと同じようなものである（たとえばペンギンやダチョウ）。反対に、社会的なものさえも含む認知的複雑性を示す、おそらくはVENを持たない（少なくとも多数のVENを持たない）動物種があることを考えてみよう。たとえば、ワタリガラス、カササギやその他のカラス科、ハイエナ、オオカミやその他のイヌ科、オウム、ヒヒなどである。(97) 先ほどの羽のたとえを持ちだすなら、これらの動物は羽を持たないが、にもかかわらず飛べる種だということになる。カラス科のような種に至っては、前帯状皮質、前部島皮質、前頭極の相同あるいは相似の脳領域さえ持っていない。(※) カラスはVENを持たないだけでなく、認知的複雑性を脳のまったく違う部位で生み出していることになる。VENが他の錐体細胞とどのように異なるのかも不明確である。ヒトに似たＶＥＮを持たない種にも、同じ機能を果たす形態的にも類似したニューロンが存在する可能性は十分にある。[98] ＶＥＮの有無それだけでは、動物界全体の社会的認知に関し、確実なことはわからない。現状で言えるのは、ＶＥＮは他の脳構造と同じく、科学的にはまだ解明できていない謎に満ちた手がかりだということだけである。

まとめると、ヒトと動物の双方で、多くのニューロン構造指標と認知能力との間に正の相関が示されている。しかしそれら指標のいずれも、あらゆる分類群を跨いですべての脳に適応できるわけではないようである。これは、ニューロン数、シナプス数、ＶＥＮ、神経経路の長さ、可塑性、グリア細胞比率、ニューロンの連結性の測定などのすべてに当てはまる可能性が高い。知的行動の根本原因を探す努力は、現在のところ本質に迫っているとはとても言えない。存在する可能性のあるいくつかの関係性についてヒントは得られているが、認知機能と細胞構造を結び付けようとする際に根強く存在する混沌によって、最終的にはそれも押し流されてしまう。個人的には、科学はいつの日かこの混沌の中に意味を見出すと信じているし、実際これが非常に重要な研究方針なのは間違いない。しかし、脳に関する科学を真正面から見据え、正直なところを言うと、脳の細胞構成は興味深い手がかりではあるのかもしれないが、イルカの知能に関する限り悲しいほど少ないことしか教えてくれない。

※：相同（homologous）は共通の祖先型に由来する構造を指し、相似（analogous）は共通の祖先型から生じたのではなく、似たような機能を発揮するために異なるものだ結果的に似てきた場合を指す。

「賢い」脳構造

話を細胞構造から全体的な脳解剖へと移そう。霊長類と比べた場合、イルカの脳には多くの形態学的な違いがあり、認知に関与する構造の有無や相対的な大きさにも差がみられる。ヒトやその他の霊長類にとって、前頭葉（特に前頭前野）は、複雑な認知に強く関与する場所だと考えられている。この場所には、実行機能、自己感覚、意識の重要な諸側面などが位置しているようである。イルカの脳には前頭葉に相似した構造はないが、かわりに側頭領域の皮質の拡大がみられる。そのため霊長類のように楕円形ではなく、球形に近い脳となっている。霊長類の前頭葉にみられる認知能力にかかわる大脳皮質領域は、イルカでは鼻腔を格納する必要性や頭蓋骨の伸縮があることから、単純に側頭領域に押しやられている可能性が高い。[99] 明確な前頭葉がないため（これに相当するイルカの縮小した脳領域は、眼窩領域あるいは前頭極に再分類される）、イルカは知能や自己覚知などを持ちえないと主張する科学者もいる。[100] もちろん、イルカが鏡像自己認識などの複雑な行動をとれることを示す、数多くの実験的証拠がある。このような行動は、イルカが持たないはずの前頭葉によって生み出されると以前は考えられていたものである。知能に関して前頭葉の有無が何を意味するのか、断言するのは難しい。ワタリガラスやオウムは他の鳥より大きな前脳構造を持つが（前頭葉にある程度対応する）、これはワタリガラスやオウムが鳥類のなかで最も複雑な認知を示すようにみえる理由を説明してくれる要素かもしれない。しかし、「ヒトの前頭葉は他の霊長類より相対的に大きく、したがって知能を生み出している」という伝統的な見解には、近年疑問が呈されている。[101] 結局のところ、複雑な認知のためには何らかの形で拡大した前頭構造を持つことが肝要だというのは、絶対的な規則ではない。それどころか、イルカは、これがおそらくは規則などと言えないことの実例である。

イルカの脳のその他の特徴として、比較的小さな海馬や、比較的大きな小脳がある。もう予想できた人も多いと思うが、これらがイルカの認知能力について何を教えてくれるのかもまたはっきりしていない。ほとんどの種にとって、海馬は記憶や学習の処理に必須の部位である（特に空間的な位置把握に関連する情報）。ロンドンのタクシー運転手が大きな海馬を持っていたというのは有名な話である。海馬容量の増加と、タクシーを運転していた期間には、直接的な正の相関があった。[102]鳥類の相対的に大きな海馬には、食料を保存して回収する能力と強い相関がある。しかし、（一部の）イルカの海馬は比較的小さいにもかかわらず、イルカは学習や空間的な位置把握に関して非常に高い能力を持つようにみえる。このことは、イルカの場合には、海馬の大きさは右の能力の決定的な予測因子ではないという結論を導く。イルカの脳は、陸棲哺乳類や鳥類とは本質的に違った形でこれら認知機能をこなすよう組織化されているはずである。

霊長類と比べると、イルカの小脳はその他の脳領域に対してかなり大きい。小脳の機能は一般的に、動きの制御と協調、そして感覚情報のモニタリングにあるといわれている。獲物を追う際の反響定位で使われる音響情報の処理を促進するために、イルカは大きな小脳を必要としたのかもしれない。小脳はまた、霊長類では道具の使用と関連している。そのため、イルカの大きな小脳は、イルカの道具使用能力と関連している可能性がある。[103]もちろん、厳密にいうと小脳を持たないタコが道具を使用することも観察されている。[104]さらに、動物の道具使用と神経解剖との間にある最も明確な関係性は、小脳の大きさではなく、皮質の畳み込み量であることがわかっている[105]。つまり、やはりここでも、イルカにとって大きな小脳が何を意味するのか正確にはわかっていない。

神経解剖学的な比較には避けられない問題がある。特定の脳領域の有無や大きさと、特定の認知能力の間に、分類群を越えて通用する確固とした繋がりがみられることは、非常にまれなのである。異なる種の同じ脳領域が、まったく違う機能を果たしている可能性もある。しかし、種を越えて類似の脳領域で機能が保存されている場合でさえ、複雑な行動には多くの脳領域が関与しており、単一領域の相対的な重要性がすぐに明らかになるわけではない。たとえば、マカクが物を単純な操作ではなく道具として使用するときには、一〇の脳領域の複雑な協調が関与している。このなかには、大脳基底核、前運動皮質、小脳などが含まれる[106]。動物の特定行動の裏にある駆動力として、特定の脳構造を指摘することは難しい。まして、すべての動物の脳に通用する特定領域の機能の一般論を作ることなど、現状ではきわめて困難である。

脳を正しく位置づける

イルカの脳が備えるさまざまな特性と認知との間にある一見わかりにくい関係性を、どう考えればいいのだろうか？　イルカの脳構造と知能の繋がりに関し、一般社会では単純化しすぎた議論を目にするが、それらはしばしば反証不能（つまり科学的な検証が実質的に不可能）な領域にまで至っている。高いＥＱ、大きな大脳皮質、ＶＥＮの存在といった、ヒトと類似するイルカの脳構造は、知能の直接的な解剖学的証拠だとしてもてはやされる。逆に、本質的かつ大きく異なる脳構造（低いニューロン密度、明確な前頭葉がないこと、小さな海馬など）は、イルカの知能がヒトとはまったく違った方法で生み出されている証拠として扱われる。双方の場合でイルカの知能は既に前提とされており、頭蓋骨内の脳の構造がどうであっても結論は変わらない。したがってここでは、脳構造は知能を説明あるいは予測するものではなく、知能の行動学的証拠に付随する補足的な情報として使われているだけである。一般的な意味では、イルカの脳指標の多くが霊長類と同じレベルの複雑性を示すことは、もっともに思える。これは、おそらくは収斂進化のようなことが起きた結果として、イルカも霊長類も複雑な脳に由来する複雑な行動を示すという考え方と整合性がとれている。しかし、話はこれで終わりというわけにはいかない。解剖学的な細部をよくみてみると、また、他の動物種の脳や行動にまで視野を拡大してみると、特定の脳指標、神経解剖学的特徴、行動の間にある普遍的なつながりは見えなくなってしまうようなのだ。

今となっては評判の悪いものとなった次の出来事によって、脳の大きさや構造を知能の直接的な証拠として使う際の問題点に注目が集まった。二〇〇六年、ウィットウォーターズランド大学解剖学教授のポール・マンガーは、なぜイルカの脳がこれほど大きくなったかについての自らの考えを概説した論文を発表した[107]。彼は大きく次の三点を提示した。

① クジラ類が脳を大きく進化させてきたのは熱産生のためである。水温の低下とクジラ類の脳の拡大が一致するというおよそ三〇〇〇万年前の証拠がある。

② クジラ類の脳の神経解剖学的構造は、熱産生のためのものであって、情報処理のために進化し

てきたわけではないようである。

③ 行動観察に基づいてイルカが知的だと判断するのは、証明されていない仮定に立脚した主張である。実際には、イルカは特に知的な動物ではない。知的な行動とは複雑な神経処理の結果として生み出されるものであるが、そのような機構がクジラ類の脳に存在する証拠はない。

この主張はすぐに議論を呼び、イルカの脳と行動の研究にかかわる科学者たちからも白熱した反応が起こった。クジラ類の進化に伴う脳の大きさと熱産生の関係に関するマンガーの考えには、直接的に多くの異議が唱えられた。(108)〜(110) ただし、ここで重要となるのは、認知的複雑性と神経解剖学的構造の関係に対するマンガーの主張が、厳密な検証を受けたという事実のほうである。なぜ脳構造からイルカが知的な動物ではないといえるのか、彼は多くの例を提示した。以下のようなものである：

1 低い細胞（ニューロン）密度
2 薄い大脳皮質
3 少ない皮質領域
4 小さな前頭前皮質
5 高いグリア‐ニューロン比
6 小さな海馬

それぞれの項目についてては既にみてきた。現状の科学では、認知に関する限り、これらの観察結果が何を意味するか結論は出ていない。そもそも、観察が必ずしも正しいものでない可能性さえある。それぞれの論点は、イルカの愚かさではなく、賢さと容易に関連させることもできる。そのため、自らの立場がなぜ最も余計な仮定を必要としない確かな立場だといえるのか、マンガーと反論者の双方から堂々巡りとも思える議論が発生している。しかし、私がマンガーの議論で最も奇妙に思える点は、「イルカの知的行動の実験的・観察的なエビデンスは、複雑な認知の証拠として扱うべきではない」とする主張である。私は一度、ネット配信番組を作る際にマンガーにインタビューしたことがある。その際に私は、「あなたの考えでは、霊長類と同等かそれ以上の認知能力を持つことを示すに足る、クジラ類（特にハクジラ）に関する実験研究から得られる説得力ある行動学的証拠というものは存在するのでしょうか？」という質問をした。マンガーの答えは「ノー」というシンプルなものだった。[111]

これこそが、イルカ研究者たちを最も激怒させた見解であった。そしてマンガーへの反論として、イルカと霊長類の認知能力を示す実験や観察結果から、疑いなく複雑な行動にみえる多数の具体例を挙げる論文が発表された。[112]~[113] しかしマンガーは、迅速な情報処理のための脳構造をイルカが持たないのなら（多くの人はこの仮定には否定的だが）、イルカが知的な動物だとは考えられないと主張した。[114] 海洋哺乳類の専門家であるランス・バレット＝レナードは、この点に関する主要な科学コミュニティーからの反応を、簡潔だがきわめて正確に要約している：「イルカがクルミ程度の大きさの脳しか持っていなかったとしても、そのことがイルカが複雑で社会的な生を営むという観察に影響を与えることはない」。[115]

以上が、イルカの脳解剖に関する議論の要点である。脳構造が行動や認知とどう関係するのかという微妙な理解に関する限り、科学は現在のところほとんど完全に闇の中なのが実情である。脳を顕微鏡で観察してイルカの知能について何らかの結論めいたことを主張するのは、いいところ時期尚早、悪くすれば不誠実な態度といえる。相当な研究が行われているヒトの脳に関してでさえ、「認知、意識、知能の特定要素の本質を十分に説明できる解剖学的特徴はない」と結論せざるを得ない状況なのである。動物界における脳の多様性は、行動の多様性を生み出しているが、そのつながりはそれほど強いものではない。おそらくはここ数十年のうちに、科学はこの点についてもう少し確実なことが言えるようになるだろう（数百年かかる可能性もあるが）。しかし、イルカの知能に関する現在の議論では、我々は脳の大きさに対してそれほど多くの注意を払うべきではない。三〇年以上も前に書かれたルイス・ハーマンの言葉はまだ生きている。「その動物種の知性の次元や程度を決めるのは、構造ではなく、行動なのだ」。[116]

第3章

イルカ思う、ゆえにイルカあり

こんな大きな脳髄をもっている人は、何かその中にあるにちがいないのだ。(1)

コナン・ドイル『シャーロック・ホームズの冒険』菊池武一訳、岩波文庫

身心知識

イルカに自己覚知あるいは意識があるという考えは、イルカがなぜある種の道徳の対象となるのか、さらには人間としての形而上学的立場、ことによると人間と同じ法的地位までイルカに与えるべきと主張する際に使われる、代表的な論拠である。哲学者トーマス・ホワイトは、イルカの心に関する研究をまとめるなかで、「科学は、個性・意識・自己覚知がもはやヒトに固有の性質ではないことを示した」(2)と述べた。さらに、知的なイルカの脳は、「意識を支えているようであり、イルカは自分自身と他者の差に気づいている」(3)とした。これは、なぜイルカを「ヒトでない人間」として考えるべきかという彼の議論の一部をなしている。

しかし、多くの認知科学者にとって、動物の自己覚知（self-awareness）(※)はいまだに行動研究の最も論争の多い問題であり続けている。この問題について語ろうとすれば、イルカの精神生活についての複雑で、完全には理解されていない心理学的概念の地雷原に踏み込む必要がある。これには自らの身体、行為、精神、思考、情動の気づきに加えて、他者の精神、思考、情動の気づきも関連してくる。意識とは何かという問題を考え出すと、科学と哲学の歴史における最も厄介な論題の一つに深入りすることになる。このような論題にふれながらイルカの精神について科学的に何か確か

なことが言えるとしたら、「イルカが自らの精神について（そしておそらくは他者の精神についても）ある種の気づきを持っていることを示す、いくつかの興味深い手掛かりが得られている」ということくらいだろう。しかし、それがヒトの覚知とどの程度近いものなのか、あるいは他の動物と比べてどの程度特殊なものなのか、確かなことはわかっていない。

異なるレベルや種類の自己覚知をどのように定義するのか、現在のところ意見の一致はない。ヒトやその他の動物で自己覚知の存在を確かめる最もよい方法についても同様である。動物の意識あるいは何らかの覚知に関する研究は、実証的検証としては程度の差はあれ新しい領域である。動物の精神的経験の研究が可能だとか必要だという考えを、断固として拒否する人々がいる。そういった人たちからの批判を乗り越えてこのような研究が進み始めたのは、ようやく最近のことなのである。[4] したがって、イルカの覚知に関するエビデンスは、ここ一〇年〜二〇年の研究から得られたものであり、使用された研究法（鏡像自己認識テストなど）の妥当性にはまだ議論があり、検証も続いている。動物の意識の科学はまだ初期段階にあり、確かなことや証明されていることはほとんどない。そのため、イルカの心的あるいは身体的な知識に対するテストの結果は、今のところ結論的なものではなく、異なる解釈の余地を残している。実質的には、「科学が証明した」といえるような明確な主張を導くものは何もない。この点に注意しながら、現時点においてイルカの自己覚知に

※：関連する用語の扱いの難しさはこの後述べられているが、本書を通して原則的に recognition は「認識」、cognition は「認知」、awareness は「覚知」あるいは「気づき」と訳した。

ついて科学が教えてくれるところを詳しくみていこう。

身体覚知

おそらく自己覚知の最も基本的な形は、「自分は世界で遭遇する他の物体とは切り離された身体を持っている」という知識である。この身体覚知（しばしば身体性とも呼ばれる）[5]は、多くの求心性感覚（圧、温度など）に加えて、身体やその一部がどこにあるか（固有受容、運動覚など）を脳に知らせる感覚‐知覚システムに依存している。身体覚知という感覚は、身体からの直接的な感覚情報とは関係なく心の中に生じることがある。また、自己という感覚が生まれる際の、重要な第一ステップとなる。この証拠として、心の中にできるボディプランあるいは身体図式（body schema）の覚知と、心が身体から受け取る実際の感覚との間に断絶が起こった際に発生する、ヒトにおける多くの奇妙な症候群がある。幻肢症候群（phantom limb syndrome）では、四肢を失った人が四肢の感覚や経験を保持し続ける。エイリアンハンド症候群（alien hand syndrome）では、患者には手の感覚やその手が自分のものだという自覚はあるのだが、手が勝手に（意志に反して）動いているように感じる。身体完全同一性障害（body integrity identity disorder）の患者は、感覚もあって自分の意志で動かすことができる四肢の一部を、自分の体ではないように感じる。患者は苦しみから逃れようと、自らの四肢を切断しようとすることさえある。

実験的な証拠から、イルカは身体覚知を持つと提唱されている。ルイス・ハーマンに率いられたケワロ湾の海洋哺乳類研究所で、ハンドウイルカのエレレは、九つの身体部位——吻、口、メロン

（イルカの前頭部にある器官）、背ビレ、側部、腹部、胸ビレ、生殖器、尾――を表す象徴を使ったジェスチャーを学習した。(6) それぞれの部位を見せるか揺するように指示を出すと、あるいは特定部位を使って行動を起こすように指示を出すと（例：背ビレでフリスビーにさわれ）、エレレはそれを実行できた。この結果は、メロンのような自分では視認できない場所も含めて、エレレが体の各部位について概念的な表象を形成できることを示している。そして、そのような表象が関与する指示を実行できる能力を考えれば、エレレはヒトとそれほど違わないある種の身体覚知を生み出すような、意識的な身体制御を行っている可能性がある。(7) 言語教育を受けた大型類人猿（たとえばボノボのカンジ）もまた、体の部位を表すシンボルを学習した。(8) しかし、行動を実行する際の体の使用に関して、エレレと同程度のテストはまだ行われていない。

行為主体性と模倣

論題を身体覚知から行為主体性 (agency) という概念へと移そう。行為主体性の最も単純な形は、「自分の動きを制御している」という感覚である。行為主体性と身体覚知を生み出す際に、固有受容、感覚情報、運動とフィードバックがどのように組み合わされているかについては、専門家のなかでも議論がある。行為主体性と身体覚知が脳内で異なる経路を使っているのかどうかも同様である。この機構がうまく働かないと、身体覚知（自分の行動や行為を意識することを含む）が維持されていても、「誰か他の人」が自分の行動制御の原因となっていると感じ、行為主体性が失われてしまうことがある（統合失調症のように）。逆にこの機序がうまく機能している場合には、行為主体性と身体覚知は動物が自己と他者を区別する際の基盤を作り出し、最終的にはより複雑な自己覚知をもたらす。

おそらく動物の行為主体性を確かめる最もよい方法は、模倣の研究である。模倣(imitation)とは、「ある事象を自らの行動によって再現するために、過去に経験した事象の心的表象へとアクセスすること」[9]と定義される。ルイス・ハーマンによる言語訓練を受けたケワロ湾のイルカは、指示された行動を繰り返せという命令に従うことができ[10]、また自らが選んだ新しい行動を繰り返した[11]。このエビデンスは、イルカが自らの行動を観察し、思い出し、自己模倣できることを示唆している。これは明らかに、ある種の行為主体性を必要とする。最近の研究からは、シャチも同様に、他の個体が行っている既知の身体運動や新しい運動の双方を素早く学習し、模倣する能力を持っていることが示されている[12]。

行動や音声を模倣するイルカの能力は、さまざまな場面でみられる。イルカは、環境中の音、人工的な機械音、お互いのホイッスルを、自発的に模倣する[13]〜[15]。シャチは、同じ水槽で飼育されている他個体の鳴き声や、野生状態で遭遇した他の家族グループの鳴き声を模倣し、学習する[16]。シャチはアシカの吠声も模倣することが観察されており[17]、ハンドウイルカはザトウクジラの歌を模倣する[18]。ギアナイルカやハンドウイルカは、敵対的な接触の際に互いの鳴き声を模倣する[19]。イルカは、他のイルカや人間の行動・動きを模倣できる(スクリーンに映し出されたビデオ映像も含めて)[20]〜[21]。

行為主体性との関連を横においても、模倣は、自己と他者の区別の確立や、他者の心の気づきも含めた、多くの社会認知的知識と関係している可能性がある。模倣はまた、社会的学習、文化、新しい環境への適応能力にも必須の要素である。模倣にはさまざまなレベルがある。行動を再現するために他者のボディプランを自分のボディプランへ位置付ける模倣（運動感覚性模倣〔kinesthetic imitation〕）もあれば、他の個体が意図している行動を推測し、正確に同じ行動ではないにしても同じ目標を目指す模倣（真の模倣）もある。[22)~23)] すべての模倣には、何らかの心的表象が関与している。しかし、模倣にどの程度豊かな表象（自己表象も含む）が必要とされるのかは、はっきりしていない。ヒト乳児の運動感覚性模倣は生後六週程度からみられ、これは低レベルの認知能力の産物だと示唆されている。イルカの模倣がどの段階で運動感覚性模倣から真の模倣へと移行し、他者の意図のようなより複雑な心的表象を伴うようになるのかを断言するのは非常に難しい。しかし、行為主体性の定義と適合した形で、イルカが自らの行動を認識し、制御しているのがほとんど確実なのは疑いない。

もちろん、イルカは模倣行動を示す唯一の動物ではない。鳥類（オウム、コトドリなど）の音声模倣能力は、おそらく動物界のなかでも抜きんでている。ゾウは車やトラックの音を模倣する能力を持つし、アフリカゾウはアジアゾウの鳴き声を模倣することが観察されている。[24)] ヤギもある種の音声的可塑性をもつ可能性がある（学習や模倣によるものではないかもしれないが）。[25)] ヤギは所属する社会集団で使われている鳴き声により近いものに、自分の鳴き声を変化させることができるのである。[26)~27)] コウモリやアザラシ／アシカも、鳴き声の種類を増加させていく際に音声模倣を示す。そしてもちろん、大型類人猿（great ape）――サル（monkey）ではない――は、さまざまな環境における行動模倣に特に長けている。[28)~29)] イルカと並んで、これはおそらくヒト以外の動物が示す音声

／運動模倣の最も優れた例である。模倣行動に関与している認知メカニズムがどの程度の複雑さを持つのか知ることは難しい。しかし、多くの動物種が、模倣能力を通して行為主体性を示すようである。

自己覚知

一九七〇年、『サイエンス』誌に画期的な論文が発表された。ゴードン・G・ギャラップ・ジュニアによって、鏡像自己認識（mirror self-recognition：MSR）テストが導入されたのである。[30]このテストは、ヒト以外の動物に自己覚知能力があるかを確かめる際の実質的な基準となった。[31]MSRテストは、鏡の助けなしには自分からは見えない身体部位へ、無臭の染料などを塗って行う。印を付けられた動物が、鏡に映った自分の像を使って印を確認し始めれば、その動物はMSRテスト合格ということになる。ギャラップの最初の論文では、二匹のチンパンジーがこのテストをパスし、二匹のベニガオザルと二匹のアカゲザルは不合格となった。これはヒト以外の動物が鏡の中の自己を認識した最初の証拠であり、チンパンジーは豊かな精神活動を持っているかもしれないという当時の知見とよく合致するものであった。ギャラップは、「鏡像自己認識が自己という概念の保有を示唆するのであれば、これらのデータはヒト以外の動物で自己概念が実験的に示された最初の例といえるだろう」と結論した。[32]

一九八〇年代後半から一九九〇年代前半にかけて、イルカは特定分野ではチンパンジーに匹敵する認知能力を持つ可能性があることが明らかになった。これに刺激を受けたダイアナ・ライスは、ギャラップ研究室の学生ロリ・マリーノとチームを組み、イルカに対して初となるＭＳＲテストを行った。[33]〜[34]一九九〇年にライスとマリーノは、カリフォルニア州にある「マリンワールド」で、二匹のハンドウイルカが泳ぐプールに鏡を入れた。鏡を入れて一週間経つころ、二匹のイルカ（パンとデルフィ）が鏡に映った自分の姿を調べているような、鏡に向かう行動を取り始めた。行動のなかには、随伴性の確認（反射像が自分と同じように動くか確かめるために頭を動かすなど）や、自己指向的行動（口の中を確認したり、鏡の助けがないと見ることのできない舌や他の身体部位を確かめるなど）が含まれていた。[35]そして、ギャラップが行ったのと同じ方法で、防水塗料によってイルカに印が付けられた。残念ながらパンとデルフィは、印の付けられた箇所をその印が消された後に確かめたようにみえただけだった（イルカは塗料に使われた酸化亜鉛を感知できるようで、印が消されるまでイルカたちが興奮していたことが影響したのかもしれない）。[36]これは、パンとデルフィがＭＳＲテストに合格したと結論するには不十分な結果だった。

この実験のすぐ後、プロジェクト・デルフィス（野生動物保護団体アーストラストが主導するイルカ研究計画）のケン・マーチンがハワイにおいて、鏡の中の自分を確かめるイルカの同様の例を記録した。今度は、体に付けた印を確認するイルカの様子も観察された。[37]しかし、この研究は一般に、イルカの鏡像自己認識能に対して結論を出すには不十分な証拠だと科学者からは考えられている。[38]〜[41]続いて行われたマーチンとファビエンヌ・デルフォアによるＭＳＲ実験では、シャチとオキゴンドウが鏡の前で随伴性確認行動と自己指向的行動を示すことが記録された。[42]あるとき、一匹のシャチが印の付いた体の部位が気になったようで、その部分を水槽の壁にすりつけ、それを鏡の前で確認していた。これはおそらく、印の付けられた部位の変化を確認できると予測したからだろうと考えられる。これは確かにシャチがＭＳＲをパスできることを大いに示唆するものではあるが、残念ながらこの一匹が行った単一の事象だけでは、研究者が熱望していた決定的証拠にはならない。ＭＳＲをイルカに適応する際の問題の一つは、イルカの行動を「印を確認する動作」として解釈する難しさにある。手で印に触れることのできる霊長類とは異なり、イルカは印を見るために反転したり体をねじったりすることしかできない(何かに印をこすりつける場合もあるが)。人間からすると、イルカの自己指向的行動と印を確認する行動とを区別するのが難しいのである。

ニューヨーク水族館で実施されたライスとマリーノによる二度目の研究を受けて、二〇〇一年、イルカがＭＳＲテストに合格できることを示す決定的なエビデンスが発表された。[43] 著書『*The Dolphin in the Mirror*（鏡の中のイルカ）』[44] でライスは、複雑な実験デザインと苦心を重ねて設定した対照について、詳細な報告を行った（独特でストレスの溜まる同業者からのピアレビュー過程と共に）。これらは、実験結果がイルカの鏡像自己認識に関する確固たる証拠となるよう考え出された工夫であった。それまでの試みと異なり、この研究では、印が視認できるように体をねじったり反転させたりして、鏡を使って繰り返し印を確認しようとするイルカの様子がきわめて明確に示されていた。これはイルカが自己を認識できることを示す証拠だと、ライスとマリーノは結論した。しかし、本人たちが言うように、「内省や心的状態の帰属といったさらに複雑な自己覚知をイルカが持つのかについては、まだわかっていない」。[45]

ここまでで読者は、一見すると似たような概念を表す、多くの用語が登場していることに気づいたことと思う。たとえば、自己認識、自己覚知、自己概念、自己という概念、内省、意識、心的状態の帰属、などである。二〇〇一年の論文でライスとマリーノは、「イルカは自己認識を示す」と書いた。しかし、自己覚知のほうはこれに当たらず、「大型類人猿の自己認識能力が、より抽象的なレベルの自己覚知を持つことを意味するのかについては、白熱した論争がいまだに続いている」と記している。(46)

MSRテストが動物の精神について正確には何を教えてくれるのかに関するこのような混乱は、ギャラップの最初の論文以来ずっと議論されてきた。「基礎的な」あるいは「低いレベル」の自己覚知ではなく、「抽象的なレベル」の自己覚知と言うとき、我々はいったい何について議論しているのだろうか？　MSRテストを使って動物実験を行うと、さまざまな種について成功・不成功も含めた雑多な結果が得られる。これは、鏡の前の行動を生み出す自己覚知の「レベル」を解釈することがいかに困難かを示している。イルカの他にも、大型類人猿、アジアゾウ、カササギがMSRテストをパスする。オマキザルはMSRテストをパスできないが、見知らぬサルよりも鏡像のほうに親しみを示す事実からすると、鏡の中の像が「他の」サルでないことは理解しているようである。(47)同じくMSRテストに合格できないアカゲザルは、視認できない身体部位を確かめるために鏡を使うところ（自己指向的行動）が観察されている。この事実から一部の科学者は、「アカゲザルは鏡の中の自己を認識しており、したがってある種の自己覚知を持つ」と結論した。(48)ギャラップの実験でチンパンジーが鏡の前でとった行動の説明として自己覚知を持ちだす妥当性をまったく信じていなかったB・F・スキナーは、一九八一年の『サイエンス』にある論文を発表した。訓練を受けたハトが、鏡を使ったときにだけ視認できる体の斑点をつつくことを示したのである。[49] イカも自らの鏡像に興味を示すようであり、頭部に塗料で印を付けると、鏡像を確認したり触ったりすることに長い時間をかける傾向さえある。[50] 野生のイルカが鏡にどう反応するかを確かめたある実験では、鏡を積極的に避けた個体、鏡を無視した個体、そして一例ではあるが鏡に攻撃性を示した個体が観察された（まるで他のイルカであるかのような態度）。[51] ヒトがMSRテストをパスできるようになるのは生後一八〜二四か月だというのは広く受け入れられた見解である。しかし、ある実験では、ケニヤにおいてMSRテストを受けたほとんどすべての子ども（六歳までを含む）が、鏡像を見てすぐに鏡の中の印（付箋）を確認したり触れたりすることに失敗した。[52] そのかわりに、子どもは鏡の前で固まり、鏡像をただ凝視し、ショックを受けているようであった。北米の子どもは通常、印を確認してMSRテストをパスするが、他の文化圏（たとえば、フィジー、セントルシア、グレナダ、ペルー）の子どもはずっと少ない割合しかテストをパスしない。

ここではいったい何が起こっているのだろうか。これらの結果は、ケニヤの子どもよりイカのほうが自己覚知できることを示唆しているとでもいうのだろうか？　そんなはずはない。考えられる理由は、ケニヤの子どもは鏡像が自分であると確かに知っているが、他人と比べて目立つことや個性ある個人としてみなされることを西洋と同じような方法では評価しないような、異なる文化に生きている、というものである。彼らの文化の中で育った場合には、妙な付箋が貼り付けられている鏡の中の自分と向かい合ったとき、研究者が期待するような方法では反応できない、あるいは反応しないだけなのである。

これと同じ理屈によって、ゴリラが大型類人猿で唯一ＭＳＲテストに失敗し続けるという、研究者を長年悩ませてきた問題を説明できるかもしれない[53]。ゴリラはしばしば研究者から恥ずかしがり屋の動物とみなされている。誰かが自分を見ていることにすぐに気づくようなのである[54]。ゴリラに対する初期のＭＳＲテストで被検者となったマイケルは、眉の上に描かれた印に鏡を使って気づいたようであった。しかしマイケルは、鏡からすぐに離れ、印をこすり落とした[55]。鼻の上に印をつけた場合には、マイケルは鏡の中で印に見当をつけたようで、「ライトを消し、布の覆いを閉じて周囲からの視界を遮ってくれるよう」リクエストした（象徴的なコミュニケーションシステムを通して）。この要望がきいてもらえなかった場合、マイケルは隅のほうへ移動し、鼻の印をこすり落とした。ただし、この結果は、マイケルが鏡の中で印を確認しなかったことから、ＭＳＲテストに失敗したとみなされる。しかし、マイケルは鼻の印に完全に気づいており、人目につかない形で問題に対処しようとしたことが示唆される。さらに、チンパンジーやボノボとは異なり、ゴリラの間では、視線を合わせることはしばしば攻撃や支配を示す合図とみなされる。これは、ゴリラが鏡の中のゴリラを凝視することを嫌がる理由となっているかもしれない（鏡の中の像を、視線を返してくる自分自身だとわかっている場合でさえ）。

これらの例は、ＭＳＲテストの欠点の一つを浮き彫りにしている。そもそも、ヒトも含めたすべての種が同じように印に反応したり鏡を見るなどとは期待すべきではない。ＭＳＲは、グルーミング（毛繕い）を行い、体についた虫やゴミを探し出す種である霊長類に対してはうまく機能するかもしれないが、グルーミングを行わない種にとってはおそらく適切な試験ではない。興味深いのは、MSRテストでイルカは他個体の印を確かめようとしない点である（大型類人猿はこの行動をとる）。これは、グルーミングを行わない種に予想される通りの行動である。さらに、ゾウがMSRテストに最初は失敗する理由を説明する説の一つに、ゾウには泥などで体を覆う習性があるからだ、というものがある。このような習性をもつゾウにとっては、皮膚を綺麗に保つ傾向がある種に比べ、頭に印をつけることはずっと弱い意味しかもっていないのかもしれない。多くの環境情報を臭いを通して処理するイヌでは、他者や自己の認識は主に嗅覚によって行われている可能性がある。したがって、イヌはMSRテストに一貫して失敗するが、自己と他者の臭い（尿など）を識別する能力に基づいて自己覚知しているかもしれないことが示唆されている。[56] 同様に、コオロギは他の個体と自分のフェロモンを区別できることが明らかになっており、コオロギも自己覚知している可能性が主張されている。[57] もちろん、この程度の実験からだけでは、動物が単に基本的な臭いを区別しているだけなのか（「この臭い」と「あの臭い」といったように）、それとも臭いを「自分の」という概念と結び付けているのか、知ることは難しい。[58]

最後の疑問は以下のようなものである。自己覚知できることが確実にわかっているヒトに対してさえMSRテストが信頼度に欠けるのであれば、動物の自己認識や自己覚知に関するテストとしては実際のところどの程度有効なのだろうか？　MSRテストが偽陰性の結果を出していると仮定してみよう。この場合には、その生物に特有の行動学的・生態学的・進化的な理由（グルーミングに興味を持たない、視線を合わせるのを怖がる、ストレスを与えるこのタイプの実験に単に我慢できない等）から、多くの種が実際には自己覚知できるのに、MSRテストに失敗しているだけだと考える。

　しかし、このような異論を無視し、ＭＳＲテストを動物の自己覚知の厳密な試験だと仮定しても、ある問題が残る。ＭＳＲテストで明らかにできるのは、どのような種類の自己覚知なのだろうか。ＭＳＲはある種の身体覚知にすぎないとする人もいる。動物は単に、鏡からの視覚情報を、体から受け取る感覚運動情報と関連づけることを学習しているだけだ、というのである（運動感覚‐視覚マッチング）[59]。このような学習により、最も基本的な自己認識区分――「私の体」と「私の体ではないもの」[60]〜[63]――のために、付加的かつ新たな形の感覚入力として、鏡を使うことが可能になるというわけである。この説明では、動物に何らかの自己の精神の気づきを要求する必要がない。また、それとは別に、ヒトにおいてＭＳＲと共感がおよそ同じ時期（生後一八〜二四か月）に発達することを指摘する人がいる。加えて、ＭＳＲテストをパスできる動物（イルカやゾウ）は、他者の情動や精神に対する気づきを持つことを示唆する共感やその他の行動を示す[64]。したがって、ヒトの発達的証拠は系統発生的証拠と一致しており、ＭＳＲが動物における最も複雑／抽象的な形の精神的覚知と直接的に結びついている可能性が考えられるという（直接的な証拠ではないにしても）。そのため一部の学者は、「自己覚知がその動物種にいつ現れたにしても、他者の精神の気づきがそれと共に進化したことはほぼ確実だ」[65]〜[66]と主張している。これら両極端な見解の間には、気の遠くなるほど多くの説明や白熱した議論があり、以下の二つの結論が繰り返し導かれている。
①動物界には、自己覚知のレベルの連続体が存在するようである。

②ＭＳＲテストでは、動物がこの連続体のどこに位置しているか判断することはできない。

曖昧な「自己覚知の連続体」

ギャラップは当初、鏡へのさまざまな反応を導く自己覚知の連続体が存在する可能性について議論していたわけではない。彼は、ＭＳＲテストをパスできるかどうか、つまり自己という概念を持っているかどうかによって、動物を分類した。(67) しかし、ＭＳＲに対する最近の考え方では、さまざまなレベルの自己覚知が存在しており、それが鏡の前での異なる反応を生み出している可能性が示唆されている。ヒトの子どもの発達に関しては、どの段階でどのようなレベルの自己覚知が発達し、それがＭＳＲテストの成績とどのように関連するか、心理学的によく理解されている。しかし、動物のＭＳＲテストと自己覚知に関する文献も考慮に入れていくと、一つの事実が明白になる。すなわち、動物の自己覚知の種類やレベルをどのように定義するのか、あるいはそれをＭＳＲ行動とどのように結びつけるのか、コンセンサスはないのである。学者たちの言ういわゆる「自己覚知の連続体」は時に、多くの認知的／心理学的プロセスの雑多な組み合わせ全体を指す、ある種の便利な代替物として使われている。そしてこれらのプロセスがいまだ不明の方法で組み合わされ、直接的には観察できず、きちんと定義もされていない覚知（動物のＭＳＲテストの成績に影響を与えているかもしれないし、与えていないかもしれない）を生み出しているとされる。以下のリストは、ＭＳＲを示す自己覚知を持つ動物が経験している可能性のある、認知的／心理学的概念を挙げたものである。

・私は、私が感じることのできる体を持っている。
・私の体は、世界の他の物体から切り離されている。
・私は、私の体を動かすことができる。
・私の体を制御するただ一つの私がいる。
・私が体を動かしたとき、私は体が動いていると感じることができる。
・私が体を動かしたとき、私は体（あるいはその一部）が動いているのを見ることができる。
・私は、動かすことはできるが見ることのできない体の一部を感じることができる。
・私は自分の行動を制御しており、体を動かすかどうかを決めることができる。
・世界には、私の体と同じように見える体を持った他のものが存在する。しかし、自分で動かすことができないので、それは私の体ではない。
・私が体を使って何らかの行動をとると、いいことや悪いこと（苦痛や快楽など、倫理的な意味ではない）が起こりうる。
・私はいいことが好きで、悪いことが嫌いである。
・私は、いいことにつながる行動を体に起こさせたい。
・私は、いいことを得るためにどのように私の体を動かすかについて、まず体を動かすことなく計画を立てることができる。
・私は、特定の方法で自分の体を動かしたいと思わせる、感情や欲望を持っている（怒りや空腹など）。

・私は、自分の体を動かすことなく感情や欲望を経験できる。
・私は、そのような感情や欲望をもたらすであろうどの行動を行い、どの行動を行わないかを知っている。
・私は、そのような感情や欲望について考えることができ、それらが好きかそうでないかを判断でき、それらが現れたり消えたりする行動を計画できる。
・私は、過去において私が存在し、感情や欲望を経験したことを知っている。また、未来においても私が存在し、感情を経験するであろうことを知っている。
・私と同じような体を持っている他のものは、その体を私と同じ方法で動かしている。それらは、私が行おうとすることと同じことを行おうとするかもしれない。
・それら他のものは、ちょうど私が行うように、彼らの体をどのように動かすかについて計画を持っているかもしれない。
・それら他のものは、私と同じように、彼ら／彼女らの体を動かしたくなるような感情や欲望を持っているかもしれない。
・それら他のものは、私が自分の体を動かしたくなるような感情や欲望を持っていることを知っているかもしれない。
・それら他のものは、私を観察しており、私が経験している可能性のある感情や欲望に基づいて私が行いたいことを推測しているかもしれない。

このリストの項目が、自己覚知の発達的あるいは系統発生的な諸段階と関連して何らかの決まった順序で起こってくるわけではない。これは、動物のＭＳＲと関連する能力のステージを、単純に並べたものである。先ほど身体完全同一性障害や統合失調症などをみてきたように、理論的には階層的序列の中に組み込まれるべき項目も（例：身体覚知の後に行為主体性がくる）、お互いの関連が切断される場合がある。その結果、たとえば自分で自在に動かせるにもかかわらず、あなたの足があなたのものと感じられないといった、覚知に関する奇妙な状態が引き起こされる。この問題に関していうと、動物の精神についてはまだわからないことが多すぎる。したがって、動物が、右の認知的／心理学的概念をヒトとはまったく異なる組み合わせで、予想もできない形で保有していることは大いにありうる。このことが、鏡への種特異的な反応を生み出す、種特異的な自己覚知の形を作り出している可能性がある。

ＭＳＲテストの成績を裏付けとしながら、イルカが持っているかもしれない自己覚知について言及するとき、学者や専門家の間で一貫した専門用語が仕様されることはまれである。たとえばライスとマリーノは、二〇〇一年の論文のなかでは「イルカの自己覚知（self-awareness）を明らかにした」とは明確には言っておらず、自己覚知の一指標であることを含意して「自己認識（self-recognition）を発見した」と言っただけである。(68) マリーノは後に、ＭＳＲ研究はイルカが「自己という感覚（sense of self）を持つこと」(69)を明らかにしたと記した。そして、「研究により、イルカが自己覚知、すなわち自分自身という我々とそう変わらない感覚を持っていることが明らかになった」(70)と米国議会で証言した。ライスは続いて一般向け書籍のなかで、ＭＳＲ研究で明らかになったことを表すのに「自己覚知」と「意識（consciousness）」という言葉を使った。[71] トーマス・ホワイトは、「MSRテストは自己覚知を必要とする」と主張し、[72] イルカは「単純な意識ではなく、自己意識（self-consciousness）を持っている」[73] とした。レア・ルミューは、自己覚知と感覚性（sentience）——意識ではなく——はMSRによって明らかにできると主張した。[74] 一方トニ・フロホフは、MSRでみられるタイプの自己覚知は、単に「感覚性の一側面にすぎない」と主張した。[75] イルカがMSRにおいて示すある種の覚知を表すために、他にも多くの用語が使用されてきた（オートノエティック[※]な意識〔autonoetic consciousness〕、反省的意識〔reflective consciousness〕など）。[76] これらの用語が、先に挙げた認知的／心理学的概念をどういった組み合わせで含むのかは、使用する学者によって違いがある。そして多くの場合、その概念が正確に何を意味しているのかについて推測できるほど丁寧には、これらの用語について正確に定義したり説明したりしてくれない。

イルカがMSRテストをパスできることを確かめたライスとマリーノの研究は、イルカの自己覚知について実際には何を教えてくれるのだろうか。最低でも、イルカは鏡の中の像が自らの体と対応していることを知っているはずである。これは、イルカが身体覚知と行為主体性を持っていることを強く示唆する。したがって、もし自己覚知を、イルカが「鏡の中にいるそれは自分の体だ」と気づいているという考えと同一視するのであれば、イルカは自己覚知（あるいは意識でも、自己意識でも、感覚性でも、気にいった言葉を選べばいい）できることになる。しかしギャラップ自身も含めた多くの研究者は、「自己覚知には、鏡の中の自分を単に認識することよりもずっと大きな意味がある」[77] と主張する。それでは、自らの思考を顧みることや他者の思考についてあれこれ考えることに関与している可能性のある、より抽象的なタイプの自己覚知に関してはどうなのか？　これこそがイルカのＭＳＲ研究が明らかにしたものなのか？　この疑問に答えるのは不可能である。ライスとマリーノの研究結果が発表されて十年以上が経過した。しかし、科学者コミュニティーでこの疑問に関する議論が治まる気配はない。

ＭＳＲテストには、まだ数十年は議論が続きそうな二つの大きな問題がある。まず、イルカと同レベルの自己覚知を持ちながらも、単にＭＳＲがその動物の自己覚知の検証に適していないという理由からテストをパスできない、多くの動物がいる可能性がある。ＭＳＲテストに失敗したからといって、その動物が自己の外的表象を認識する能力を持たない、あるいは自己覚知できない、と確信をもって断言はできない。第二にＭＳＲテストは、「基本的な身体覚知を持つ動物」と、「自身の思考・欲望・情動、そしておそらくは他者の思考・欲望・情動についてヒトに似た覚知を持つ動物」とを区別する手段にはならない。ＭＳＲテストでは、双方の動物が同じような反応をするだろう。まとめると、ＭＳＲテストはイルカが持っているかもしれない自己覚知のレベルについて興味深い手掛かりを提供してくれるものではあるが、明確な答えを出してくれるわけではない。

※：auto（自己）と noetic（知ること、知性、心的）からなる用語。自己知、自己認識的、自己思惟的なども訳されているようである。

自己覚知―鏡を超えて

鏡像自己認識は、イルカが自己という感覚を持つことを示す唯一のエビデンスだと考えられているわけではない。ルイス・ハーマンは、「体の異なる場所の名称を理解できること、特定の指示に従ってその体の部位を使えること、そして自らの行動を自己模倣できることを示す研究は、イルカが身体覚知と行為主体性の双方を有していると強く示唆している」[78]と主張した。MSRテストでみてきたように、このレベルの身体覚知と行為主体性はしばしば「自己覚知」の印と受け取られてきた。しかし、ハーマンは、この論題をレビューする際には「意識」や「自己意識」といった用語も使用している。彼はまた、他者（他のイルカやヒト）の行動を真似るイルカの能力は、自身と他者を区別できることだけでなく、ある種の行為主体性を他者へと帰属している可能性を示すものだと主張している。シグネチャーホイッスル（イルカ語を取り上げる際に改めて議論する）は、自己覚知の証拠だと主張する人もいる。[79]~[80]もし、実際にシグネチャーホイッスルが自分や他者を呼ぶ際に使える名前に相当するものであれば、ある種の自己覚知が必要となるだろう。もちろん、イルカがシグネチャーホイッスルを実際にどのように使っているのか、それを使う際に自身や他のイルカの何らかの心的表象を持っているのか、まだ議論が続いている段階である。したがって、自己覚知に関するこのような議論にも問題がないわけではない。

MSRは、イルカが身体覚知という感覚を持っていることについては、かなり説得力あるエビデンスを提供してくれる。しかし、イルカが自身の思考を意識しているのかについては、多くを教えてくれるわけではない。ここで、「イルカが自らの思考について考える能力」をもっているかどうかを確かめる、別の実験デザインがある。この能力はメタ認知（metacognition）とよばれ、一部の専門家からは「自己意識」、「内省」、「抽象的な自己覚知」などの同義語として扱われることもある。しかし、上述の用語とは異なり、メタ認知は、より容易にテストできる操作的定義へと落とし込むことができる。なお、ジョン・フラベルによるメタ認知の元の定義は、「自身の認知過程またはそれにかかわるものについての、自身の知識」[81]である。刺激の知覚や情報処理にかかわる認知過程は、常に脳で起こる。しかし精神は、起こっている情報処理のすべてに気づくわけではない。メタ認知は、これらの処理を（ある程度）モニターし、制御することを可能にする能力である。行為を生み出している思考のメタ知識を有していなくても、行為主体性（例：自分の体を動かせることに私は気づいている）をもつことは可能なはずである。メタ認知とは、知識の付加的な層、最外層である。メタ認知により、精神は「表象状態を表象すること」が可能になる（例：「自分の体を動かせることに私は気づいている」という事実に私は気づいている）。これは、「知っているという感覚」につながる。[82]そして、それを自分が知っているのかどうか、あるいは自分が何を経験しているのかについて、確信のレベルを判断する能力が生まれる。それに応じて、思考や行動の調整が行われる。これはヒトに特有の性質なのかもしれず、「抽象的な自己覚知」あるいは「複雑な自己覚知」という、曖昧な概念に分類される。

動物のメタ認知に関する研究は一九九〇年代半ばに始まった。指揮をとったのは、ニューヨーク州立大学バッファロー校の心理学者、J・デビッド・スミスである。[83]メタ認知研究の対象となった最初の動物は、ナチュアというオスのイルカだった（場所はフロリダのドルフィン・リサーチ・

センター）[84]。スミスのチームは、ナチュアに二つの音を区別させる訓練を始めた。二つの音は、高音（二一〇〇ヘルツ）と低音（一二〇〇～二〇九九ヘルツ）の間で任意の違いが設定された。ナチュアは容易にこの課題をこなし、二つの範疇を選ぶのに何の問題もなく、うまくいったときには報酬の魚を受け取った。しかし、低音側のピッチを上げていって二〇八五ヘルツに近づいたとき、二一〇〇ヘルツの高音との区別が難しくなり、ミスが出始めた。試験に間違うことは、時間切れとなって報酬の魚がもらえないことを意味する。この時点で、もしナチュアが何らかのメタ認知を経験しているのなら、近い周波数を持つ二つの音の区別に困難があったことに気づいているはずである。ここでスミスは巧妙な方法を使った。「確信できない、不明確」という概念を表すパドルを実験に導入したのである。このパドルを押すと、少し経ってから区別が容易な新たな識別課題が出る。そして報酬の魚をより簡単に手に入れられるチャンスが得られる。当然、食べ物報酬を得る最も手っ取り早い方法は、課題を正しくこなすことである。しかし、どれが正解か確信を持てない場合に次善の策となるのは、推測によって間違えてしまい、しばらく待たされるより、「確信できない」パドルをさっさと押すことである。二つの音がナチュアにとって区別不能となる閾値に近づいていき、ほとんど偶然に頼る成績しか出せないようになると、ナチュアは「確信できない」応答を使い始めた。このような状況ではしばしばナチュアは明らかにためらいを見せ、回答に使う二つのパドルにゆっくりと近づき、まるでどちらが正解か決めかねているように首を左右に振ったりした。この実験結果は、ナチュアは自分が困難な決断をしていることを知っており（これはある種のメタ認知によって可能となる）、課題が難しすぎるときには最終的に「確信できない」パドルを選んでいるものとして解釈できる。

これはイルカがメタ認知を持つ反駁の余地のない証拠なのだろうか？　この判断は難しい。ナチュアの反応は、メタ認知とは関係のない低レベルの認知に基づいたもので、ある種の連合学習によっている可能性が排除できないとスミスも含めた研究者は考えている。[85〜86]また、イルカのメタ認知に関する初期のテストの実験設計は、後に行われた大型類人猿、マカク、ラットに対する研究のような強力なエビデンスを提供してくれるものではないとされる。反対に、ナチュアの実験は、イルカのメタ認知に関する説得力あるエビデンスだと主張している多くの専門家もいる。[87]ただし、もしこの意見が正しかったとしても、イルカのメタ認知がヒトと同レベルの質を持つのか、あるいはこのメタ認知が意志決定のモニタリングを超えた範囲を持つのかといったことまではわからない。スミス自身が指摘するように、「これらの実験で観察された行動を説明するために、イルカが完全な意識を持つとする必要はない」[88]のである。ＭＳＲテストの結果と同じく、イルカがこのような実験をうまくこなすために、どの程度のメタ認知的覚知が必要とされるのか、確信をもって断言することは難しい（まして「完全な意識」が正確に何を意味しているのかなどは答えようがない）。類推を基にして議論するなら、[89]イルカが「確信できない」パドルを押すことは、ヒトと同じような方法で思考していることの反映とみなせる。しかし、よくあることだが、これが最も自然な説明だとは限らないし、確かなことはわからない。これらのテストは一般的にはメタ認知を強力に示すものだと考えられているが、我々はここでも、イルカの心に潜んでいるメタ認知あるいは覚知はどのような「レベル」のものなのか、という問題にぶつかる。

他者の心

私は先に、自己覚知できる動物が持っている可能性のある、認知的／心理学的概念のリストを紹介した。このリストの途中で、自己の心の覚知が他者の心の覚知にまで波及したことに気づいた人がいるかもしれない。ここでもまた、曖昧にしか定義されていない覚知の連続体がみられる。この連続体は、「自分とは別の存在も行為主体性を有しているかもしれない」という理解から始まり、「他者もまた行動を駆動する知識や信念を持っている」という理解にまで達する。このタイプの覚知は「心の理論（theory of mind）」[90]と呼ばれ、つまりは他者の心を読む能力のことである。これは、PETAやその他の活動家グループがイルカが持つのではないかと主張する、発達した認知技能の一つである。自己覚知と心の理論は密接に関連しており、MSRテストをパスできる動物、あるいはメタ認知を示す動物もまた、他者の精神について同様の知識を持っているようだと考えている人がいることはすでにみてきた。しかし、ここまで議論で取り上げた覚知のなかでも、心の理論は研究室で証明することが特に難しい。この問題に関しイルカ研究から得られたエビデンスが示す覚知の種類は、まだ示唆的なものである。

先に記したようにハーマンは、他のイルカや人間の動きを模倣するイルカの能力は、「自身の行為主体性と他者の行為主体性とを区別できることを示すものかもしれない」[91]と主張している。ここでいう行為主体性とは、「他者は他者自身の行動に対しコントロールや当事者意識を持つ存在である」とイルカが理解していることを意味していると思われる。しかしこれは、イルカが心の理論をどの程度他者へと適応しているのかを教えてくれるものではない。ここでの議論の中心的な課題は、

「行為主体性の帰属」と「心の理論の帰属」との間にある違いを探し出すことである。イルカが他者の行動を解釈する際には以下の三つの段階があり、それぞれは他者の精神を理解する際の複雑性のレベルに対応している（心の理論が最も複雑性が高いとされる）。

① 行動を読む（ビヘイビア・リーディング）：イルカは、他者が行為主体性に類似した何かに従って行動を変化させることを理解できる。

② 心的状態の帰属（mental state attribution）：イルカは、「見ている」「聞いている」「注意を払っている」といった知覚状態に加えて、「欲している」や「意図している」のような心的状態を他者へと帰属させることができる。

③ 心の理論：イルカは、他者が「知っていること」や「信じていること」を理解できる。

ハーマンの模倣研究とは別に、イルカが高いビヘイビア・リーディング能力を持ち、そしておそらくは心的状態帰属も可能であると示唆する多くの研究がある（必ずしも心の理論までを示唆するものではない）。もちろん、これらの結果はある程度割り引いて考える必要がある。一部の学者が主張するように、心の状態を他の存在へと帰属させる動物の能力を見つけ出そうとするこれまで行われてきたすべての研究では、本質的にこの区別を解決することはできないからである(92)。いわゆる「論理問題（logical problem）」は、「精神状態を読む動物の能力」と、「精神状態の結果として表出している行動を読む動物の能力」の区別が不可能であることを示唆している。したがって、動物が「真に心を読む能力」を持つのか、それとも単に「行動を読む高い能力」を持つだけなのか、今の我々には判断できない（永遠にわからないかもしれない）。

視線の意味

イルカは対象選択実験において、対象物の場所を示す研究者（ヒト）の視線の方向を自発的に追う能力を示す。[93] 言語訓練を受けたケワロ湾の二匹のハンドウイルカ、アケとフェニックスに対し、研究者の両側に置かれた二つの対象物の一つに対して行動を起こすよう指示が出された。この実験では、アケとフェニックスが覚えた人工的な言語システムの呼び名を使うのではなく、研究者は指示を出した後、頭の方向を変えて対象物のほうを見た。この仕草が何を意味するのかという事前訓練なしに、まさに最初のテストでアケとフェニックスは、研究者の視線の方向が選ぶべき対象の指示となっていることを理解した。他の研究者によって、別の五匹のイルカについても同様の結果が得られている。[94] アケとフェニックスはまた、頭の方向を変える動きのない場合（それまで研究者を隠していた不透明な板が下げられた後に、動きを伴わない視線が露わになった場合）でも、視線を理解できた。したがって、頭の動きではなく方向こそが、この課題では重要な合図となっているようである。

アカゲザルを対象とした実験からも、同様の結果が得られている。これは、視線から他の動物や研究者が何かを「見ている」「知覚している」と知ることにより、サルも心的状態の帰属ができることを示唆している。[95] ただし霊長類とは異なり、イルカは視線での合図を瞬時に理解するようにみえる（繰り返しの試行や訓練を必要としない）。したがってこの事実は、連合学習が原因となっている可能性を除外できる限りにおいて、イルカがある種の心的状態帰属に熟達していることを示すエビデンスなのかもしれない。しかしこれは、必ずしも実験結果の唯一の解釈というわけではない。イヌもまた、事前の訓練なしにヒトの視線を理解できる。(96)〜(97) これはおそらく、イヌはヒトの視線に敏感になるよう選択的な繁殖を受けた結果であり、心的状態の帰属ではなく、単にヒトの行動を読む能力によっている可能性がある。もちろんイルカは家畜化されていないため、なぜイルカがヒトの視線を追う能力を持つのかは、興味をそそる疑問である。研究者がそれを避けるような手順を踏んだにもかかわらず、長い期間ヒトと接触していたためにアケとフェニックスがヒトの視線を追うことを偶発的に学んでいた可能性は残っている。

視線の追い方を学習したり、視線に対して本能的な知識を持つことは、むしろ動物界全体にみられるようである。そう考えると、イルカの中で何が起こっているのか推測するのは難しい。ヤギは、食べ物を見つけるために他のヤギの視線による合図を使うことができる。(98) カメもまた、他のカメの視線を自然に追う。(99) 心の理論がまだ発達しておらず、おそらくは心的状態帰属もまだ持たない、生まれたばかりの乳児も、興味ある物体への大人の視線を追うことができる。(100) 何種類かの動物に対して、障壁によって隔てられた場所への視線による合図を追う能力のテストが実施されている。ワタリガラスとすべての大型類人猿は、ヒトの視線を追いながら障壁を迂回して報酬を発見することができる。これは、遮蔽のない状態で視線を追う実験よりも、動物が「見ている」(101)〜(102) という心的状態をヒトの研究者へと帰属させていることを示す強力なエビデンスとなる可能性がある。しかし、このタイプの多くの実験と同じく、視線追跡の基盤となっている可能性のある三つのレベルの複雑性を区別することはほとんど不可能であり、何が正しい解釈なのかについては激しい論争が続いている[103]。ただし、その基礎にある複雑性のレベルがどうであれ、ヒトの視線による合図を理解する能力を試すテストでイルカが抜きんでていることは間違いない。

ポインティング（指差し行動）

指によるポインティングは、ヒトに広くみられる行動である。通常は、興味のある対象や事象の方向へ指（手や腕を含むこともある）を伸ばすことによって行われる。単純に手を伸ばす行動とポインティング行動は違う。ただ手を伸ばす行動は、ヒトだけでなく大型類人猿にもみられるジェスチャーであり、特定の行為や対象物を要求する振る舞いだと考えられている。ヒトが行うポインティングはそれと異なり、他者の注意の方向を誘導するために使われる。ポインティングは二つの時期に発達する。要求的ポインティング（imperative pointing）は、生後一二か月くらいに発達し、物／行動を要求するための大型類人猿のジェスチャーと同じように使われる。要求的ポインティングは幼児によって大人の行動を操作しようとして使われるもので、大人が幼児の行動に注意を払っているかどうかは関係がない。これはつまり、幼児がまだ大人への心的状態の帰属や心の理論を持たないことを示唆している。しかし生後二四か月ごろになると、幼児は宣言的ポインティング（declarative pointing）を行うようになる。このポインティングは、幼児が大人の視線や注意に気づいたときに行われ、注意の焦点を能動的に変えようとする行動である。この段階では、幼児は「注意」や「見ている」といった心的状態を大人へと帰属でき、おそらくは「信念」も帰属できる可能性が高い。しかし、宣言的ポインティングはまだ、離れた物体や事象に対する注意の共有、あるいは注意の直接的な方向付けにしか使うことができない。つまり、ポインティングを行う者は、必ずしも抽象的な心的状態を他の存在へと帰属できるわけではない。したがって一部の専門家は、要求的ポインティングと宣言的ポインティングは両方ともビヘイビア・リーディングのみに頼るもので、心的状態の帰属や心の理論は関与しないと考えている。反対に、宣言的ポインティングは心的状態の帰属や心の理論と関連していると考えている専門家もいる。

動物は普通、ヒトのポインティング行動が何を意味しているのかを理解するのに苦労する。多くの種に対し、標的選択課題においてポインティングに従う能力をテストする実験が行われてきたが、結果は曖昧さを伴うものが多い。ハイイロアザラシは、食べ物を見つけるためにポインティングを使うことを学習する。しかし、単にオペラント条件づけを通して合図の利用を学習しているだけで、注意の方向に手がかりを与えようというポインティングの意図まで理解しているわけではないようである。[104]サルの一部の種は、ポインティング行動を見るとすぐにそちらへ注意を向けるが（例：ワタボウシタマリン[105]、テナガザル[106]、フサオマキザル[107]）、その他の種はそうではない（例：アカゲザル[108]、キツネザル[109]）。ただ、実験で使われた方法に大きなばらつきがあるため（視線による合図と組み合わせてポインティングが使われた場合もあった）、これらの種がポインティングをどの程度理解しているのかについては解釈が難しい。チンパンジーやその他の大型類人猿が宣言的ポインティングを理解できるかどうかについては、熱心な論争が続いている。[110]〜[114]

これら議論の残る結果と異なり、イヌはヒトのポインティング行動を理解する特に高い能力を示す（オオカミは違う）。[115]〜[116] イヌは、距離にかかわらず対象物へのポインティングに自発的に従うことができる。また、非常に若い時期からこの能力を持つ。[117]〜[120] この能力は、ヒトの視線を理解する能力と同じ理由から説明できるかもしれない。つまり、家畜化の過程で、ポインティングのようなヒトが行う指示的合図に対して高い感受性を持つ個体の選択的な繁殖が行われたというものである。家畜化過程はまた、家畜のヤギやウマがヒトのポインティングを理解する能力を持つ理由となる可能性がある。[121]〜[122]

ポインティング理解においてイヌと同レベルの成績を示す唯一の種がある。ハンドウイルカである。言語訓練を受けたケワロ湾のイルカには最初、対象物の選択に対する指示として、ヒトによるポインティング行動が提示された。イルカは八一％の確度で指示に反応した。[123] これらのイルカはそれまでさまざまな場面で受動的にポインティングを見ていたと思われるが、ポインティングジェスチャーの「意味」に関して明示的に訓練を受けたことはなかった。確認実験で、これらのイルカは対象物の距離に関係なく、複数種類のポインティングジェスチャーを理解できることが明らかになった。たとえば、完全に伸ばした腕と指による同側性ポインティング、誇張されたポインティング（指示する方向へ体を移動させる）、体の向きとは別の方向を指す対側性ポインティング（動きの有無とは関係なく）、などである。[124]〜[126] イルカは、別々の対象物に対する二つのポインティングを含む、連続した命令さえ理解できた（「この」ボールを「あの」カゴに入れなさい、といったような）。ヒトとイルカを除いては、同一の命令文内に二つのポインティングを含む指示を理解する能力を示す種は見つかっていない。また驚くべきことにイルカは、一時的なポインティング（ポインティングジェスチャーを数秒間だけ観察し、実際の選択行動の際にはそれを思い出す必要がある）を理解できる。[127] 静的なポインティング（動きのないポインティングジェスチャーが長時間維持される）にてこずるチンパンジーとは対照的である。イルカがあらゆる種類のポインティングの理解に関し即座に高いレベルの成功を示す事実からすると、ポインティングの意味を学ぶ手段として、連合学習やオペラント条件づけが使われているような時間があるとは考えづらい。アラン・ツーディンらは、実験以前にはヒトのポインティング行動を見ていないことが確実な六匹のイルカでこの考えを確かめ、イルカはヒトのポインティングを自発的かつ即座に理解するという考えにさらなる説得力を持たせた。[128] ヒトのポインティングに似たジェスチャーを可能にする腕も、手のひらも、指もないイルカが、なぜこのような能力を持つのかはいまだに謎である。互いの反響定位ビームの方向を理解する野生イルカの能力――この能力により、互いが注意を向けている方向を鋭敏に認識することが可能になる――と関係している可能性はある。[129]

　ポインティングに関するイルカの能力は、イルカが心的状態の帰属を行っている、あるいは心の理論を持つ包括的な証拠なのだろうか？　おそらくは違う。もちろん成人が持つポインティングの理解は、他者の精神に対するこれら二つの複雑な理解形式と関連している。しかし、動物がどの程度ヒトに近いレベルの精神理解を発達させたのかに関しては、証拠はまだ確かなものではない。ただし、動物に心的状態帰属ができるとする証拠が存在するかどうかについては同意に至っていない専門家たちの間でも、「ポインティング理解に関するテストでは、ビヘイビア・リーディングと心的状態帰属とを区別できない」という点では意見が一致するようである。ポインティングした人が何を「欲して」いるかを察することでイルカはポインティングを理解していると、多くの人は直感的に思うかもしれない。しかし、イヌもイルカと同様に印象的なレベルでポインティングを理解するが、イヌについて同じことを言う人は多くないのではないかと私は疑っている。そして、チンパンジーは関連テスト（たとえば、ＭＳＲ、視線の追跡能力、メタ認知）で素晴らしい成績を出す。したがって、「チンパンジーがポインティング理解が苦手なのは、そのメンタライジング技能がイルカやイヌほどの複雑さを持たないせいである」という結論は奇妙なものに思える。ポインティングの理解は、答えよりも疑問の多いテストなのである。

イルカはポインティングの「理解」だけでなく、ポインティングジェスチャーを「使う」能力までをも示す。大型類人猿やその他の霊長類が宣言的ポインティングを行うとするエビデンスには議論がある一方、指差しのための指も持たないイルカは、最上級のポインティング使いである。「ディズニー・リビングシー」の二匹のイルカに訓練を始めて六か月後、ボブとトビーは、水槽内の物体／報酬（食べ物、おもちゃ、道具）の場所と、水中のキーボードに書かれたシンボルとを関連させることを学んだ。そして二匹のイルカは、食べ物報酬が見つかると期待している場所をポインティングし始めた。[130] このポインティング行動は二つの型をとった。①対象の近く（体長以内の長さ）に自らの体を置き、頭と体を食べ物と一直線にして完全に静止する。②この体位と、食べ物を回収しようと近づくダイバーを振り返る行動を交互にとる。これらはイルカには普通みられない行動で、食べ物を確かめる行為（反響定位によって食べ物を確認する際に、体の動きや頭を使った動作が伴う）とは違うようである。これらの行動は、以下のような理由から自発的なものと考えられている。第一に、イルカはポインティング行動をとらせるような特異的な強化（報酬）は受けていない。第二に、イルカはポインティング行動の有無とは関係なく食べ物を与えられている。第三に、イルカはポインティング行動に関する訓練を受けたことがない。第四に、イルカがポインティング行動をとった際に必ず食べ物が与えられていたわけではない。さらに、人間が遠くにいる場合にだけポインティング行動をとったが、人間がいない場合にはこの行動をとらなかった。

確かにイルカは、ダイバーの注意の状態に気づいているようにみえる。これを受け、この仮説を確かめる実験が考案された（今度は食べ物による報酬が動機付けに使用された）。(131)まず、ボブとトビーと同じ水槽の中にダイバーが入る。次に仕切りが配置され、イルカは視覚か反響定位を使って二つの入れ物（片方には食べ物が入っている）を確認できるが、実際に触れることはできない状況が設定された。そして、ダイバーにどちらの入れ物を開けるべきかを指示するような、何らかのポインティングジェスチャーをイルカがとるのを待った。ダイバーは目を隠すマスクを着用しており、したがってイルカはダイバーの注意の方向を、彼らの体や顔が向いている方向から推測するものと思われる。イルカは、ダイバーが別の方向を向いていたりイルカから離れていくときよりも、ダイバーがイルカと向かい合っているとき（つまりイルカに注意を払っているとき）にずっと多くのポインティング行動をとった。これは、ダイバーの注意がどこに向いているか、イルカが理解していることを示唆している。したがってこの結果は、イルカは「見ている」という心的状態をダイバーに帰属していることを示していると解釈できる。もちろんここでも、イルカは－ダイバーがこれこれの位置にいるときにだけポインティング行動をとれ、さもないと食べ物はない」といったルールを学習したのかもしれないし、そうでなければビヘイビア・リーディングに基づいた判断が基礎にあった可能性もある。しかし、実験開始からポインティング行動を自発的に行うということを考えると、このシナリオは当てはまりそうになく、やはりイルカのポインティング行動／理解は、心的状態帰属の証拠であるのかもしれない。

実証性に劣る事例証拠ではあるものの、野生状態でイルカがポインティングを行うところ——複数匹が体を並べて仲間の死骸を「指していた」——が観察されている。[132] しかし、野生のイルカが「見ている」や「知っている」といった心的状態を互いに帰属していたのか、それとも他者も自らと同じように心を持つという考えなしに、単に動きの状態に反応していたのかは、まだはっきりしない。また、ポインティングを行っている他のイルカやヒトに「欲している」や「意図している」といった状態をイルカが帰属していたとして、これらが心的状態の帰属に似た何かを構成しているのかも、まだ明らかでない。意図の他者への帰属は、動物が他者の精神について抽象的な理解ができる証拠だと主張する人がいる。その一方で、意図の帰属は他者の精神とはまったく関係のない、低レベルのビヘイビア・リーディングの重要部分だと主張する人もいる。本書の議論に出てくる多くの論題と同じく、動物が他者へ帰属させている可能性のある複数種類の「意図性」について、専門家の意見は一致していない。自発的に動く物体／動物に対して帰属が行われる「低レベル」の意図があり(行為主体性に似ている)、欲望や信念によって駆動されるが故に自発的に動く物体／動物に対して帰属が行われる「豊かな」意図がある。残念ながらイルカのポインティング研究は、イルカが心の理論を持つことを示す決定的証拠を提示してくれるわけではない。しかし、イルカに心的状態帰属が可能なことを示唆する証拠は提供してくれている。

誤信念

他者へ心的状態を帰属することと、心の理論を持つことの間にある決定的な違いは、「他者が認識論的な心的状態（epistemic mental state：EMS）を持つ」という理解である。認識論的な心的状態とは、信じている、知っている、推測している、想像している、偽っている、といった要素を含む。[133]〜[134] これらの心的状態は、「見ている」や「欲している」といった心的状態よりも複雑で抽象的なものとみなされる場合がある。ＥＭＳは、自らの思考についての内省を必要とする可能性があり（メタ認知を通して）、他者もまたメタ認知を通して彼ら自身の思考について内省しているという仮定が関与するためである。これにより、意図の表象とは異なる、他の動物の心の表象の形成が可能になる。ヒトの子どもは三〜四歳になるまではこのレベルの内省的思考に達することができないと示唆されている。[135] 心の理論が十分に発達しないと、自閉症（マインド・ブラインドネスとして言及されることもある疾患）が引き起こされる。[136] 心の理論のいくつかの定義では、「意図」や「見ている」のような心的状態でさえも、認識論的心的状態と一括して扱うことがある。このような方法では、心の理論をここまで概観してきた心的状態の帰属と混ぜ合わせてしまう。[137] 私が挙げたような複雑／抽象的な認識論的心的状態を扱う場合には、「成熟した心の理論」とか「高次の心の理論」といった用語を使う専門家もいる。[138]〜[140] ただし、これらの用語を使う場合でさえ、しばしば「意図」までをいっしょくたに扱っている場合もある。[141] はっきりさせておくと、私がここで使っている「心の理論」という用語は、信念の帰属という意味である。[142] 意図やその他の状態の帰属は、「心的状態の帰属」へと分類している（これは人によっては「最低限の心の理論」という用語に対応させる場合がある）。[143]

ヒト以外の動物における心の理論に関するエビデンスには議論が多い。近年の研究では、ある「危険」（この実験ではゴムでできたヘビが使われた）をまだ見たことのない他の個体が存在すると、チンパンジーはより多くの警告音を発することが示されている。この結果は、「チンパンジーは相手の立場から利用可能な情報の経過を追っており、特定の知識のない相手に情報を意図的に知らせようとしている」ことを意味していると結論された。[144] これは興味深い知見で、チンパンジーが心の理論を持つかどうかの論争はさらに熱を帯びた。多くの専門家は、チンパンジーは他の動物の意図、目標、知覚の段階（例：相手はそれを「見ている」など）を理解しているが、認識論的な心的状態の完全な理解を示すまでには至っていないと考えた。[145] いくつかの研究は、チンパンジーは他個体が食べ物報酬について「知っていること」を追いかけている可能性があると示唆している。[146] しかし、このタイプの実験の際に、動物が追跡しているのが「相手の意図」なのか「相手の知識」なのか、区別するのはかなり難しい。[147] したがって、これらの知見や類似研究が、チンパンジーが心の理論を持つ説得力ある証拠になるのかについての熱心な論争は継続中である。

動物が心の理論を持つかどうかの直接的なテストと称して最も広く使われる実験法が、誤信念課題（false-belief task）である。誤信念課題とは、他者が現実とはズレが発生している可能性もある知識や信念を持っていることを理解する動物の能力をテストするものである。誤信念課題は、認識論的な心的状態の帰属とビヘイビア・リーディングを区別するための、「論理問題」の実証的解決法として支持されている。ヒトの子どもへ適用する場合には、「サリー・アン・テスト」がよく使われる。[148] 子どもは、ビー玉が籠の下に隠されているところを見ている二つの人形（サリーとアン）を観察する。次に、研究者に操られたサリーが部屋を出ていく。するとアンはビー玉を籠の下から出し、別の場所に隠す。サリーが部屋に戻ってきた後、被検者の子どもは「サリーがビー玉を探すのはどの場所だろう？」と尋ねられる。もし子どもが、サリーはビー玉が別の場所に動かされたところを見ておらず、したがってそれはまだ籠の下にあるという「誤信念」を持っていることを理解していれば、「サリーは籠の下を探す」と答えるだろう。これは、サリーの「知っていること」や「信じていること」などの心的状態の表象を子どもが持っていることを示す、かなり強力な証拠である。この実験パラダイムでは、チンパンジーは誤信念課題をパスできない。[149]

この実験法を応用して、南アフリカのダーバンにある「シー・ワールド」の四匹のイルカが予備実験として誤信念テストを受けた。[150] アラン・ツーディンによって一九九九年に行われた実験であった。結果はツーディンの博士論文として発表されたが、ピアレビューは受けていない。元となった実験デザインでは、プールの端に置かれた二つの不透明な空き箱（片方に第一の実験者によって餌が入れられる）の中間地点にイルカを配置する。次に「コミュニケーター」と呼ばれる第二の実験者が、食べ物の魚を入れた箱を叩く。イルカと第一の実験者の間には遮蔽物が置かれ、イルカにはどの箱に餌が入れられているかは見えないが、コミュニケーターについては把握し続けることができる。コミュニケーターはイルカと箱を見ることができ、遮蔽物が除かれた後に正しい箱を叩く。

そしてイルカは、遮蔽物が除かれた後にコミュニケーターによって示された魚の入った箱の方を向き、食べ物を得る。誤信念テストでは、箱に魚が入れられた後にコミュニケーターは実験エリアを離れ、その間に第一の実験者がイルカの見ている前で箱の位置を入れ替える。そしてコミュニケーターが戻ってきて、最初に魚が入れられた箱を叩く。もちろんこれはもう空の箱である。もし箱の入れ替えを見たイルカが、コミュニケーターが魚の場所について誤信念を持っていることを理解していれば、イルカはコミュニケーターの合図を無視し、別の箱を選ぶだろう。ツーディンはイルカが実験でまさにそのような行動をとることを報告した。イルカの成績は偶然で説明できるレベルを超えており、一見したところ誤信念テストをパスしたようであった。

しかし、これは疑う余地のない結論というわけではない。ツーディンによると、イルカがこの課題をこなしたことには以下の二つの説明も可能である。

① 入れ替えが行われた場合、正しい箱は常にコミュニケーターが選ぶ反対側だという単純なルールをイルカが学習した。

② 第一の実験者は常に魚の位置を知っているため、その人が正しい場所に関する手がかりを意図せずイルカに与えてしまっていた可能性がある。

ツーディンは、これらの問題点を考慮に入れた再実験の結果を発表した（しかし、結果は査読を経た論文ではなく、書籍中の一章として発表された）。入れ替え後にどちらの箱を選ぶべきかについての単純なルールを覚えるという問題に対処するために、コミュニケーターも見ている前で箱を入れ替える試行が追加された。また、箱をイルカに見せる際には第三の実験者（どの箱に魚が入っているのか知らない）が実験に加えられ、不注意に魚の場所の手がかりを与えてしまう可能性が排除された。これらの対照が導入されても、予備実験と同様の結果が得られた。ただし、個々のイルカとして偶然とは有意に異なる成績を示した個体はおらず、すべてのイルカの成績を合わせて集合データとして扱ったときのみ、偶然では説明できない成績を示したという相違点は明記しておく必要がある。

この改良版の実験にも重大な問題が残ったままである。つまり、いつ入れ替えが行われるのかコミュニケーターが知っている場合には、どちらの箱に魚が入っているのかコミュニケーターが気づいてしまうのである。したがって、イルカは箱を叩く動作ではなく、コミュニケーターから別の手がかりを得ている可能性がある。この交絡因子を考慮に入れて、新たな（つまり同じような課題を組み込んだ実験に参加したことのない）イルカと対照を用いた実験が続いて行われたが、この新たな実験に参加したイルカは最初の訓練段階もパスできず、実験は中止された。

この実験デザインに伴う大きな問題は解決されずじまいで、これがおそらくは、ツーディンの実験がイルカが誤信念課題をパスできることの証明とは考えられていない理由である。ツーディンも記しているように、予備実験に参加したのと同じ四匹のイルカが二回目の実験にも参加した。したがって、もし実際には一回目の研究で出された課題を成功させるのに手がかりを連合学習で処理していたのなら、この知識が次の実験へ影響を与えてしまい、その成功に一役買っていた可能性がある。また、個々のイルカの成績ではなく、すべてのイルカから得た集合的なデータでなければ成功を示す成績には達しなかった。これは小さな標本サイズのせいなのかもしれないし、エビデンスの弱さとして解釈することも可能である。さらに言えば、イルカは魚が入っている箱と空の箱を、叩く音から区別できる可能性も十分にある。イルカについて既に知られている音響的な識別技能を考えるなら、餌が入れられた箱と空の箱をどのように高い精度で選んでいるのかに対しては十分ありうる説明である。この場合、実験者が魚の位置について何を考えていようが、何を知っていようが関係がない。また、このような問題に対して対照が設定された場合でさえ、この実験デザインでは、どの箱を叩くかの手がかりとしてイルカがコミュニケーターの視線（やその途絶）を利用している可能性を排除することは不可能である。したがってこの実験デザインは、論理問題を克服し、マインド・リーディング／心の理論（魚があそこにあるとコミュニケーターは信じている）とビヘイビア・リーディング（コミュニケーターの視線は最後にあの箱に向けられており、それを叩くだろう）を区別するための適切なテストにはならない。[151] ツーディンや他の研究者から、関与している可能性のある多くの交絡因子が挙げられている。これがおそらくは、上述の実験がまだピアレビュー文献になっていない理由である。ライスとマリーノによるＭＳＲ実験のところでも述べたように、学術誌への掲載に立ちはだかるハードルを突破するには、実験デザインは厳格なものでなければならないのである。

イルカの心の理論を直接的にテストしたとする、ピアレビューを受けて発表された実験が一つだけある。[152] この実験では、飼育されたハンドウイルカにトレーナーからジェスチャーによる指令が与えられた。そして、トレーナーの注意の状態（彼らの頭もしくは目が向いた方向として表される）が、ジェスチャー合図を理解するイルカの能力に影響を与えるかがテストされた。この目的のために、トレーナーが体と頭にさまざまな角度を付けて指示を出す、頭にバケツを被って目を隠したトレーナーが指示を出す、二人のトレーナーが重なって見えるように立って後ろの人が指示を出す、といった方法が取られた。すべての場合で、ジェスチャーによる指令を理解するイルカの能力は影響を受けなかった（トレーナーの体がイルカとは別の方向を向いて、ジェスチャーが見えにくい場合は除く）。トレーナーの頭の方向やバケツをかぶっているかどうかは成績には影響せず、これはイルカがトレーナーの心的状態／注意の状態を手がかりとしていない、あるいは興味を持っていないことを示唆している。これらの知見は、イルカがヒトの注意の状態に敏感だというそれ以前の研究に反しているようにみえる。論文の筆者たちは、イルカの訓練に関連する何らかの要素が、この実験においてトレーナーの頭／目からの手がかりを無視する素因になったのではないかとしている。いずれにしても、この実験からは、イルカの心の理論の有無に関する確実な証拠は得られない。

まとめると、視線を追うイルカの能力、ポインティング行動、誤信念課題のテストで得られたエビデンスからは、イルカが他者の心をどのように捉えているかについての明確な答えはわからない。チンパンジーやその他の動物に関するエビデンスと同じように、結果は複数の解釈が可能である。ヒト以外のすべての動物と同様、イルカが心の理論を持つとする確実な証拠はない。この問題に関して他の種に対して実施された研究をみると、イルカの心的状態帰属に関するエビデンスは、アメリカカケスのものよりも弱い。アメリカカケスに関しては、自分の行動を他のカケスが見たり聞いたりしているかどうかに基づいて、食べ物の貯蔵や回収に関する意思決定を行っていることを示唆する多くの注目すべきエビデンスが得られている。[153]~[156] これらの実験は、カケスがビヘイビア・リーディングではなくマインド・リーディングを行っていることを証明するものではないと指摘する批判者もいるが、そんな人たちでさえ、カケスのエビデンスは動物が他者の心について何らかの理解をしている可能性を示す現時点での最も強い証拠だと考えている。[157]

情動

イルカは情動[※]を持つのだろうか？　これはほとんど確実である。[158] 実際のところ、すべての動物は情動を持つようである。以前には、動物の情動の実証的な研究は不可能だと考えられていたこともあった。行動主義の父、B・F・スキナーによると、「一般的には〝情動〟は行動の原因と考えられているが、それは虚構的な原因の最たる例である」（B・F・スキナー『科学と人間行動』河合伊六他訳、二瓶社）という。[159] スキナーからすると、漁師の網にかかったイルカがのたうち回る原因が恐怖だとかパニックであるという考えは、単純に正しくない。観察可能な行動の裏にある原因として観察できない情動を想定することは、長らく議論の的となってきた。しかし、このアプローチは科学が謎を直接解明する技術を実現する前に高度なものとなり、現在では動物の観察可能な行動だけでなく、それを生み出す脳システムの研究も行われている。ヒトや動物の情動の神経学的基盤に関する数十年にわたる研究は、「網にかかったイルカが恐怖でパニックに陥っていることはほぼ確実である」という見解に確かな証拠を提供した。

イルカの脳に関する議論でみてきたように、自己覚知や心の理論などが存在する確かな証拠として、脳の特定の性質あるいは形態学的特徴を持ちだすのは、ほぼ不可能だと結論せざるを得ない。これらの認知技能は、おそらく大脳皮質の機能に依存している。大脳皮質には種の間で大きな違いがあり、その構造と機能との間に動物種全体に通じる普遍的な相関はほとんどない。しかし、基本的な情動という点に限れば話は変わってくる。[160] 脳の主要な機能とは、生物に食べ物を見つけさせ、生存させ(特殊な状況でない限り)、繁殖させることである。これらを実行するために、すべての脳は、生存に必須な活動へと生物を駆り立てる手段を備えている。[161] たとえば、捕食者に追われているような危機的状況へ適切に対処させるなどである。これらの注意喚起（覚醒）システムは、どんな生物にとってもきわめて重要である。生物が環境と関わり合う際には、これらの覚醒状態は脳のより高次領域（基本的な学習から複雑な認知までを生み出す）と相互作用している。少なくとも脊椎動物では、このような覚醒状態は進化的に旧い皮質下領域によってつくられる。そしてこの領域は、種の間でも類似性がかなり高い。ここでいう覚醒状態とは具体的に、恐怖、快楽、苦痛、怒り、嫌悪、悲しみといった基本的な情動や、空腹、のどの渇き、性的欲求といった感覚のことである。すべての脊椎動物が、覚醒状態を仲介することが知られている類似した皮質下領域を有することから（大

※：この後説明されているが、認知心理学や神経科学、比較心理学における情動（emotion）は必ずしも主観的経験や意識的な経験を伴うものではないことに注意。意識的な経験を伴うものは特に感情（feeling）と呼ばれる。

脳辺縁系)[162]、これら動物のすべてに基本的な情動が存在すると結論できるとする論調がある。ただしここでも、どの情動を「基本的」と分類すべきなのか、それらをどのように感覚的情動や「複雑な情動」と区別すべきなのか、そしてそれらがどの程度広くみられるものなのか、科学的には多くの論争がある。[163]それでも、脊椎動物の脳の大脳辺縁系の役割がこのような情動を生み出すことであるというのは、広く通用する事実のようである。

そのため、漁網にかかって水からゆっくり引き上げられてくるイルカでは、「恐怖」という情動に必要な複数の神経伝達物質を脳が必死になって作り出し、その結果、のたうち回る行動が生み出されていることはほぼ確実と思われる。このような主張をすることによって、科学的な過ちを犯すことにはならないだろう。イルカの血液を検査して、恐怖/ストレスホルモンを調べることは可能だし、あるいはイルカの脳をfMRIでスキャンして本当にこれが正しいか確かめることもできる。サイズの違いを除けば、イルカの大脳辺縁系の非皮質構造(つまり脊椎動物が共有する扁桃体のような構造)は他の脊椎動物と変わらない。したがって、大脳辺縁系はイルカの脳でも恐怖の引き金を引くことに役割を果たしていると考えられる。

しかしここで、恐怖情動の「主観的経験」という、まだ触れられていない問題がある。イルカは恐怖に「気づいて(恐怖を恐怖として感じて)」いるのだろうか? 動物にも情動は広くみられると主張する人でさえ、大脳辺縁系が生み出す情動は、脳を効率的に覚醒させるために必ずしも何らかの主観的な経験(おそらくは皮質で生み出される)を必要とするわけではないと言う。ヒトの多くの行動を駆動している情動(複雑なものさえも)に、我々は気づいていない。あるいはそれを意識していない。しかし、そのような情動は、配偶者選びから炭酸飲料の好みまで、あらゆる面に影響を与えている。[164〜165] 大脳皮質を持たずに生まれてくる水頭無脳症の子どもを考えてみよう。[166] 水頭無脳症の子どもの脳は、微笑んだり、泣いたり、笑ったりといった行動につながる情動を生み出す。これらの情動の主観的気づきを可能にしているはずの皮質構造を欠くにもかかわらず、である。つまりはヒトの場合でさえ、脳が情動を伴い、しかしそれに対する気づきがない状態というのはありうるようである。イルカも含めた動物の情動に関する論争が本当に始まるのはここからである。この論争には答えの出ていない二つの問題がある。①動物は自分の情動状態にどの程度気づいているのか？　②動物は嫉妬や悲嘆、共感のような複雑な情動を経験しているのか？

主観的経験

進化生物学者のマーク・ベコフと動物行動学者のジョナサン・バルコムは、動物の情動を広範に論じた本を執筆した。[167〜168] 彼らの考えはしばしば科学者コミュニティーからの反論を受けた。[169] 動物は情動を経験しているようだとする彼らの議論が、懐疑主義的な科学者が納得する実証的なデータによって常に支えられているわけではなかったからである。そのような反対意見はともかくとして、ベコフやバルコムのような専門家は、動物の情動の主観的な経験について非常に重要な点を指摘した。それをこれから簡単に要約してみよう。基本的なものに関する限り情動や覚醒が動物に広くみられ、一方でヒトが情動を主観的に経験しているのならば、「動物は情動をヒトと同じようには経験していない」という考えを正当化する理由が何かあるのだろうか？　特に、動物が示す多くの複雑な行動を、情動の主観的経験によってよりうまく説明できる場合ではどうだろう？　この場合には、動物は情動を感じていないという仮説を提唱する側にその立証責任があるのではないのか？　科学的な観点からは、オッカムの剃刀《かみそり》――余計な仮定を置かない単純な考えのほうが結局はいい結果を残すという理論――が最も適切に適用されるのは、イルカは情動の主観的な経験を持つ（持たないではなく）という主張のほうである、と論じることは可能である。情動の主観的経験の存在は別に突飛な主張などではなく、他の条件が同じだとすると、なぜこの点に関してだけヒト以外の動物を異なるものとして扱うのか？　実際これは、我々が他人の主観的経験に適用しているのと同じ立場である（人間が言語を使って経験を表現する能力を持たなかったならば、他人の主観的経験は動物の主観的経験と同じくアクセス不能である）。

このアプローチは、動物がどのように情動を経験しているかに関する大きな科学的不確実性を解釈する際の、一つのフレームワークとなる。しかし、これは問題に対するほとんど哲学寄りのアプローチであって、動物に情動の主観的経験が存在しているかどうかの実証的証拠を見つけ出す方法論を提示してくれるものではない（そもそもそんなことを意図したものではない）。この問題に関する著書でベコフとバルコムは、動物が情動を経験していることを「示唆する」数多くの行動の例を提示した。[170]~[171] イルカの場合では、このような証拠はイルカの行動をヒト目線で解釈するという形をとることがある。たとえば、以下のような具合である。

・子どもを亡くして深く悲しんでいる母イルカが、「ゆっくりと悲嘆にくれながら」泳いでいる。[172]

・二匹の若いシャチが、母親が死んだ浜辺の近くで「通夜をしている」。[173]
・ハンドウイルカは不満を伝えるために目を「瞬かせる」。[174]

これらの例は、「もし動物が情動を感じていることを示唆するような行動をとったら、そう仮定すべきだ」という常識的思考に強く依存している。しかし、このような説明は、仮定に基づいている限りは実証性に欠ける。したがって、これらは情動の主観的経験を直接的に示すものではない、という反論を受ける可能性は常にある。さらに右のような例は、ヒトの行動との類似性に頼りすぎているきらいがある。情動が原因となっている行動を観測する際の模範例として、ヒトの行動が常に使えるわけではない。人間が認識できるような方法で悲嘆にくれた行動をとらないからといって、ネコが悲しみを経験していないと結論できるのだろうか？　わかっている限りでは、丸太の上で沈む夕日を見ているコオロギも数々の情動を経験しているようであるが、それらは行動としては表出してこない。したがって、心の中で何が起こっているのかについて、コオロギはヒトに認識可能な手がかりを提供してくれるわけではない。

動物の情動に対するいわゆる「類推による議論」――動物の行動がある情動を経験したときのヒトの行動に似ている場合、動物にもヒトと同じような情動経験があるはずだと考える方法――は、いまでも大きな論争のなかにある。[175]〜[177]　類推によるアプローチを使えば、すべての哺乳類と同じようにイルカも、ヒトと似た基本的な情動を経験しているように見える行動をとる。そしてこの立場を支持したいと思わせる、申し分のない哲学的および倫理的な理由がある。

しかし私は、倫理的な問題はともかくとしても、次のような主張が正しいと信じている。つまり、「動物がヒトと同じように情動を意識的／主観的に経験しているのかについて、科学的な答えを出す段階には至っていないというのが最近の専門家のコンセンサスである」。この問題は意識経験のいわゆる「ハード・プロブレム」[178]の一部であり続けている。動物学者のマリアン・スタンプ・ドーキンスは、以下のように主張している：「どこまでが行動学的・生理学的に観察可能な事実で、どこからが動物の主観的経験に関する仮定なのかをはっきりさせることが重要である。他の動物種も我々と同じような意識的な経験を持つという仮定がいかにもっともらしく思えようとも、この仮定は、行動やホルモン、あるいは脳活性に関する理論と同じ方法では検証できない」[179]。

しかし、この問題に関しておそらくほとんどの科学コミュニティーは道を誤っていると主張する脳科学者もいる[180]。彼らからすれば、動物が基本的な情動を実際に経験しているという明白な証拠は既に神経生物学から得られており、不可知論的な論争や類推による議論などを持ちだす必要はない。これはなかでも、「感情神経科学（affective neuroscience）」[181]という用語を作り出した神経科学者ヤーク・パンクセップが取る立場である。ちなみにパンクセップは、くすぐられるとラットが笑うことを示した研究でよく知られている[182]。パンクセップの研究[183]は、一連の基本的な情動（恐怖、性欲、パニックなど）は脳の最も旧い部位（主に視床下部）でつくられ、この脳部位は哺乳類全体でほとんど同じ構造をしているという考えを提示した。動物がこれらの情動を「経験する」にあたっては、複雑な皮質構造はもちろん、大脳基底核や扁桃体さえも必要ないと彼は主張する。この主張は、たとえばラットのような動物の視床下部の特定部位を電気刺激すると、動物はまるでその領域と対応した情動（たとえば恐怖）を感じているかのように行動し、ネガティブな情動を感じている場合は刺激を止めるレバー、ポジティブな情動の場合は刺激を続けるレバーを押すことによって、情動を経験していることを「報せた」という事実によって証拠づけられている。このタイプの実験では、ヒトも他の動物も似たような振る舞いを見せる（ヒトは自らの経験を言葉で表現する能力を持つが）。

二〇一二年七月、パンクセップ、フィリップ・ロウ、デビッド・エデルマン、ブルーノ・ファン・スウィンデレン、クリストフ・コッホ、イルカ学者のダイアナ・ライスを含む著名な脳科学者グループが、「ヒト以外の動物の意識に関するケンブリッジ宣言（Cambridge Declaration on Consciousness Non-Human Animals）」に署名した。この宣言は、イルカ、昆虫、タコなどを含むほとんどの動物は、情動経験（そして情動の主観的な経験）に必要な神経構造を有していると言明している。また、「意識を生み出す神経学的基盤の保有に関し、ヒトが特別なわけではないことを示す十分なエビデンスが存在する」としている。[184] もちろん、動物が情動を主観的に経験していることをパンクセップの研究が疑う余地なく証明したと、すべての人が納得しているわけではない。動物の情動という難問に対し、神経科学的アプローチが主観的経験の認識論的障壁を乗りこえる突破口となり、論争に変化がもたらされるのだろうか。それとも我々は、「確実なことはわからない」という但し書きから半永久的に逃れられないのだろうか。答えはまだはっきりしない。それでもなお、最近の科学的コンセンサスは、「イルカはほとんど間違いなく基本的な情動を有しているが、それをどの程度主観的に経験しているのかはわからない（永遠にわからないかもしれない）」というところに集約されつつある。

複雑な情動

喜びや怒りのような基本的な情動でさえ、イルカがそれを主観的に経験していることを実証的に証明するのは困難である。まして共感や嫉妬、羞恥といった複雑な情動に関して、論争がさらに大きくなるのも当然と言える。これらの情動には、ヒトの情動に似た主観的な経験が必要となるだけではない。動物は自己覚知を持ち、他者の心・意図・信念の気づきに似た何かを持つという考えの上に想定されるものである。マーク・ハウザーは、動物の複雑な情動という論題に対する現時点での一般的な科学的コンセンサスとなると思われる見解を、さまざまな要素を考慮に入れながら以下のようにまとめた。「情動はあらゆる生物に対し、よいものには近づき、悪いものを避けるような行動の準備を促す。しかし、すべての動物が共有していると思われる怒りや恐怖といった核となる情動から一歩離れてみると、罪悪感や羞恥心、恥といった、自己や他者という感覚に決定的に依存した情動が目に入ってくる。私は、これらの情動はおそらくヒトに特有なものであり、動物は持っていないと思われる道徳感覚を我々に与えてくれるものだと論じたい」(185)。

「イルカは共感のような複雑な情動を感じているのではないか」という感触を持っている研究者は多い。しかし、実証性の観点からは、直接的な証拠はまだ弱い。共感はイルカが示すとされる複雑な情動のなかでも最もよく引き合いに出されるものなので、ここからは共感に議論の焦点を当ててみよう。イルカが共感能力を持つことを支持する主張は、行動観察と脳構造とに基づいている。事例報告によると、不機嫌なイルカが友だちに慰められていたという目撃例があるし、[186] 愛する者が死んで嘆き悲しむイルカもいるという。[187]~[189] みなし子イルカを育てるメスイルカの行動は、苦境に陥った子イルカへの共感の印なのかもしれない。[190] 溺れている人間を助けたイルカの話もよく持ちだされるが、この行動は危機的状態にある人間への共感によるものだと言われることがある。イルカが傷ついたり病気になった仲間を、あるいは他の種さえをも助けようとした多くの観察がある。これらの利他的行動や介助行動の報告を受けて、進化生物学的、特に社会生物学的な研究が行われた。なぜ動物で利他的なものも含む向社会的行動[※]が進化したかを理解しようとする試みである。[191]~[192]

動物界には向社会的行動の連続体がある。そしてこの連続体は、遺伝的／本能的なものから真の共感までの幅を持つ、基盤となっている原因の連続体を反映しているようである。一部のアリやハチのような社会性を持つ昆虫は、所属集団のために自らの生活（あるいは命まで）を犠牲にする。この行動は、潜在的な子孫よりも姉妹（働きアリや働きバチは原則メスである）のほうが互いに遺伝的に近縁な集団における、遺伝的近縁性から最もよく説明できる。したがって、アリの向社会的行動に複雑な認知能力を持ち出してくる必要はない。多くの動物が、苦痛を受けている同種の他個体を見たときに、自分でもそれを感じているかのような覚醒状態を示す幅広い証拠がある。たとえばマウスも、他のマウスが苦痛を受けているのを見ると、苦痛反応を示す。[193] 母となった雌鶏も、ヒナが不快な状態におかれているのを見ると、心拍数が上昇する。[194] この広くみられる振る舞いは、「情

※：他者や社会全体に利益を与える行動を指す。反社会的行動の対義語とされる。

動伝染（emotional contagion）」と呼ばれる。[195] 情動伝染には、他の動物が経験している苦痛から恐怖や警告を受けた個体が脅威から逃れやすくなる（自分の身を守れる）という、進化的な有利性があるのかもしれない。情動伝染はまた、動揺した集団に慰めを与える結果をもたらしている可能性がある（集団が非常に近縁な場合では）。これも明らかに進化的な有利性を持っている。このような共感様の行動は、自己覚知、自己‐他者の区別、心の理論などに似た何かを必要とすることなく進化してきた可能性もある。この連続体の片方の端にはヒトが位置している。ヒトは、完全に他人への気遣いに根ざしているようにみえる利他的行動をとり、他人が喜びや苦悩を自分と同じように経験していることを間違いなく理解している。これは必ずしも遺伝的近縁性から説明できるわけではない。問題は、イルカの利他的行動や介助的行動に関する事例報告が、ヒトと似た共感様メカニズムから説明できるのか、それとも情動伝染に近い機序からよりうまく説明できるのか、である。

真の共感（認知的共感とも呼ばれる）[196] と情動伝染（原始共感とも呼ばれる）[197] の違いはしばしば、単に他者の観察可能な行動に反応しているだけなのか、それとも（心の理論あるいは他者視点取得を通して）他者が情動を経験していることを動物が真に理解しているのか、という疑問に置き換えられる。よく考えられた実験デザインでさえ、この区別は達成できていない。『サイエンス』誌に掲載された最近の研究で、あるラットが小さな拘束装置の中に置かれた。[198] この状況を前にした仲間のラットは目に見える苦しみを示し、拘束されたラットを自由にしようと苦心した。まず拘束されたラットを助けようとチョコレート（報酬）の回収を遅らせ、捉えられたラットにチョコレートを分けるという行動さえとった（ラットには予想されていなかった無償行動である）。この結果は、捉えられたラットを助ける動機が単なる情動伝染ではなく、真の共感という感情に根差していることを示している可能性がある。しかし、この状況を感情抜きに考えてみると、ラットの救助行動は、拘束されたラットが発する不快な鳴き声やその他の状態（情動伝染を通して他のラットにストレスを与える）を止めるためだった、という可能性もある。

ヒトも含めて他者を助ける動物の行動は、相互利他性によって説明できる。この場合、動物は将来的に他の個体から助けを受ける交換として、他個体を助けるために自らの利益を（一時的に）減らす。イルカでもさまざまな形態が観察されている相互利他性は動物界全体にみられ、発達させるためには必ずしも他者の心の気づきを必要としない。[199〜200][201] しかし、フランス・デ・ヴァールたちが主張するように、心の理論から派生した真の共感は、チンパンジーやイルカのような動物でみられる利他性／相互利他性の、そしておそらくは先の拘束ラット実験の、十分に妥当な（少なくともシンプルな）説明となる。[202〜204]

動物の共感を定義し、共感による行動を分類し、共感的行動の至近原因と究極原因を識別することは、複雑で論争の多い作業である。[205] ここでも、相当数の動物種が示す共感という曖昧な行動全体を指す、大きな連続体が想定できる。そして、特定の事例（たとえば拘束された仲間を救うラットの行動など）を真の共感として分類すべきなのかどうかという判断は、しばしば定義や趣向といった主観性の絡んでくる問題となる。しかし、これがイルカの話になると、事情は少し厄介になる。「イルカは特別な法的保護に値する」と主張する人たちの多くが、イルカを特別視する主な理由として、他の高次認知機能とともに共感能力を持ちだしてくるからである。[206] この手の議論では、イルカに特有でないことが確実な、情動伝染のような共感様行動には言及されない。そのかわりに、イルカが経験する共感は複雑で、ヒトのそれに近いという主張が行われる。ヒトについて言えば、このタイプの共感が心の理論に基づいていることはわかっている。イルカが実際に何らかの自己覚知を持っている可能性はあるが、残念ながらここまでみてきたように、イルカが心の理論を持っているとする証拠は現状では意見の一致をみていないか、単純に不足している。したがって、イルカが真の共感（つまりヒトが感じているものと類似した共感）を持つとする確実なエビデンスはないと言わざるを得ない。我々はまだ、イルカが真の共感を持っているかもしれないと、類推による議論を通して結論するところにしか至っていない。つまり、イルカがあたかも共感を経験しているように振舞うのなら、イルカは共感を経験しているのだろうという論法である。このような論法は、場合によっては十分な妥当性を持つことはあるものの、厳密な議論とはいえない。また、動物が共感を心的表象としてのみ経験しており、生理的徴候（心拍数の上昇など）や実際の行動（ストレス下の仲間を手助けするなど）を示さないかもしれないという、さらなる問題もある。共感や心の理論は、一部の動物ではまだ観察できていないだけなのかもしれない。つまり、類推に基づいた論法では、共感に関してヒトと類似点を持たない種では、偽陰性の結果が出ている可能性がある。共感を類推から論じようとするアプローチには、科学的にみても倫理的にみても、明らかに限界がある。

イルカが真の共感を持つかという議論の舞台は、確固たる証拠を求めて神経解剖学へと移ることがある。たとえば、ヒトや動物における共感の神経学的基盤として、ミラーニューロンがよく持ちだされる（おそらくこのニューロンは心の理論にも関与している）。[207]〜[208] ミラーニューロンとは、動物がある行動をとったとき、あるいは他者の行動を見たときにも発火する細胞である。イルカでもミラーニューロンが見つかったと主張する人はいるものの、[209]実際にはその証拠はない。多くの動物と同じく、イルカがミラーニューロンを持つことを否定する理由はない。しかしこれを確認するには、サルの脳でミラーニューロンの発見をもたらしたような、皮質に対する何らかの侵襲的な実験（脳に電極を設置するなど）が必要になるが、イルカに対するこのような実験は、米国も含めた多くの国ではもう行われていない。いずれにせよ、最近の研究は、ミラーニューロンは脳が他者の行動を理解する主な手段ではないかもしれないこと、あるいは従来考えられていたのとは別の形で共感に関与している可能性を示唆している。[210]〜[211] VENがイルカの共感能力の直接的な証拠だと主張する人もいるが、[212]〜[213]イルカの脳のところで詳述したように、これは正しくない。また、「イルカの大脳辺縁系の皮質領域のよく発達した構造や部位（傍辺縁系皮質、帯状皮質、島皮質など）は、イルカがヒトよりも深く情動を経験している証拠であり、共感や他の複雑な認知に直接的に関与している可能性がある」という人たちもいる。[214]〜[219]しかし、特定の皮質構造と行動とを関連付ける困難さを考えれば、これは直接的な証拠などではなく、推測の域を出ていない。

共感のような複雑な情動に関する曖昧な経験的証拠（必然的にほとんどが事例証拠となる）にアプローチする際に、「他の条件が同じだとすると、イルカも共感のような情動を持つと考えたほうが自然である」とするベコフ - バルコムの原則を採用するのも一つの方法ではある。しかしこれは、認知心理学者ダイアナ・ライスが「論理の飛躍」と呼んだ論法であり、ヒトの心とイルカの心の間に一定以上の認知的連続性を想定している。[220]またフランス・デ・ヴァールからも、これが果たして共感問題への最もよいアプローチとなるのか、強い異議が唱えられた[221]。私見では、この哲学的なアプローチは、動物が「基本的な情動」を主観的に経験しているかどうかという問題に対してはうまく機能する（基本的な情動とは何かに関して曖昧に保留している限り、ではあるが）。しかし、複雑な情動を扱う場合にはそうはいかない。真の共感のような情動は、心の理論に似た何かを必要とするのではないかと我々は考えている。しかし、実験から得られている証拠は、イルカが心の理論を持っていることを示してはいない。したがって理屈からすると、イルカは逆に、共感を生み出すために必須の認知機構を欠いていることが示唆される。そうするとこの場合、ヒトの心と動物の心の間に断絶がある限り、「他の条件が同じ」だとはいえないだろう。しかし同時に、この証拠が決定的なものではないこともはっきりさせておきたい。実際、主観的経験の問題と同じように、イルカに心の理論があるかどうかをはっきりさせる証拠を得ることは、方法論的には不可能かもしれない。そして、確かに正しそうな見解ではあるのだが、そもそも「イルカの心にヒトの共感に似た何かを生み出すためには、十分に発達した心の理論が必要とされる」という事実が確立されているわけでもない。おそらく、完全な心の理論は欠くが自己の感覚を持ち、自己‐他者の区別が可能な動物種は、ある程度の共感を経験できる。しかし、動物の共感の「程度」や自己覚知の「レベル」を定量することは、現在のところ実証主義ではなく、むしろ推測の範疇に入る。ゆえに、イルカが共感のような複雑な情動を有していると強く主張する態度、あるいはそうでないと強く主張する態度は、双方ともに間違っているように思える。いま出せる答えは実際のところ、単純に「わからない」である。このような厄介な認識論的問題に直面した際、「イルカが複雑な情動を有しているか否か、科学は現時点でも確かなことが言える」などと主張するのは、論理の飛躍ではなく、それはもう妄信である。よくも悪くも、このような態度を導いているのは我々の直感なのである。

第4章

論より行動

ヒトの知能をうまく測定することは非常に厄介だ。種間でそれを比較するのはもっと難しい。[1]

スタン・クジャイ

シンボルの使用

人間はシンボル（象徴、記号）を巧みに操作する。そのため動物の知能を理解しようとする際には、完全な言語とまではいかなくとも、言語に類似した人工的なシンボル体系を使う能力のテストが含まれることが多い。一九三〇年代から行われた類人猿に会話を教えようとしたいくつかの試みが失敗に終わった後、[2]アレン・ガードナーとベアトリクス・ガードナーは『サイエンス』誌に画期的な論文を発表した。チンパンジーのワショーに対し、声ではなくジェスチャーを使ったコミュニケーション教育が成功したことを詳しく報告したのである。[3]その後すぐ、大型類人猿（オランウータン、ゴリラ、チンパンジー）に対して同様の研究が実施された。そしてまもなく、これらの研究で使用された方法に対して議論が起こった。また、動物に手話／文章を作らせるような合図を研究者が意図せず発してしまっていたのではないかという疑問も提出された。さらに、動物がシンボルを本当に意図して作り出し、理解していたのかについても議論が行われた。

イルカが人工的なシンボルを理解できるか（作り出せるかではなく）という研究がハワイ大学のルイス・ハーマンによって開始されたのは、この論争の最中だった。実験構成を厳格に管理する方法が考案され、実験の結果は、他の動物の言語研究でも問題になることがある「賢いハンス効果」(※)に対する批判に耐えるものだった。ハーマンが出した結果は、「複雑な認知によって駆動されるイルカの複雑な行動」のおそらく最もよく知られた例となり、イルカが知的な動物だと主張する際の根拠となった。

シンボルとは、特定の観念や概念を表したり、その代わりとして使われたりする、何らかの刺激（たとえば視覚的刺激や聴覚的刺激）のことである。対象は抽象的な場合も具体的な場合もある。シンボルそのものは完全に任意に設定でき、表現する対象との間に物理的関連や何らかの類似性は必要ない（この点で、表現する対象と何らかの類似性を持つ類像〔icon〕とは異なる）。言葉や数といったシンボルを操るヒトの能力は、我々の知能の基礎になるものと考えられている。

ハーマンが研究したのは、有名な天才イルカのアケーアカマイ（アケと略称）とフェニックスである。二匹のイルカには、場所、動作主、関係性に加えて、さまざまな物体（輪っか、ボール）や行動（タッチ、ジャンプ）を表すシンボルが教え込まれた。シンボルは、聴覚的なもの（コンピューターで作ったホイッスル）と視覚的なもの（ヒトの行うジェスチャー）が使われた。(4)〜(5) シンボルの一部は、左や右といった抽象性の高い意味を持っていた。また、質問を表すシンボルもあり、この場合イルカはイエスかノーかで答えを示す。アケはジェスチャーを使ったシンボル体系の教育を受け、フェニックスは聴覚的なシンボル体系を教えられた。この二つの体系には、シンボルが提示される順番

※：計算問題も含めた複雑な質問に正答を出したウマのハンスに由来する用語。実際にはハンスは自ら考えて答えを出していたわけではなく、質問の答えを知っている人間の微細な反応を観察し、回答していた。

に違いがある。フェニックスが教えられた体系では、「輪っか、取ってくる、ボール」というフレーズ(句)は、「輪っかをボールのところへもっていく」を意味する。アケの場合では、この概念は「ボール、輪っか、取ってくる」という句として提示される。これによってハーマンは、イルカはシンボルが表現する物体や行動についての心的表象(mental representation)を持っているのか、それともイルカは単にシンボルを特定の行動と連合させているだけなのか、テストできるようになった。心的表象は、複雑な思考――心が世界内の存在を分類し、それらに意味を与え、問題を解決するためにそれらを操作する手段――の基本要素である。心的表象は、ジェリー・フォーダーによって提案された仮説的な概念、「思考の言語(language of thought)」[6]の基盤を形成する。スティーブン・ピンカーはこれを「心的言語(mentalese)」[7]と表現した。

ハーマンによる長年のシンボル研究から、多くの注目すべき重要な認知技能が浮かび上がってきた：

1 イルカは、「シンボルまたは代替物として提示された対象物に向けて行動をとれ」という命令に従うことができる。[8]

2 イルカは、対象物が存在しないときでさえ、遅れて対象物が提示されれば命令に従うことができる。[9]

3 イルカは、プール内での対象物の有無をイエス／ノーパドルを押すことで報告できる。[10]

4 イルカは、連続して提示される複数の対象物どうしの関係を構築できる。文は最大五つの語を含み、修飾語（右／左など）も使用された。たとえば、「右、水、左、カゴ、取ってくる」は、「左のカゴを取って右の水流におく」を意味する。(11)

5　概念間の関係について結論を出す前に、文が完全に提示されるのを待つことができる（個々のジェスチャーに逐次対応するのではなく）。(12)

6　対象物に対するシンボルを使った心的表象は、複数の役割を果たすことができる。たとえば「人」という概念は、直接的（例：人を飛び越せ）にも、間接的（例：サーフボードを人のところに持ってこい）にも働きうる。さらには行動と直接関連しない概念のまま扱うこともできる（例：プールの中に人がいるかどうか報告せよ）。(13)

7　イルカは、既知の語をそれまでにない順番で提示するような、新しい文にも正しく反応できる。(14)

8　イルカは、対象物や行動の「分類」を表現するいくつかのシンボルを理解できる。たとえば「ボール」というシンボルは、特定のボールではなく、あらゆるボールの総称として使用できる。(15)

9　身に付けたシンボル体系の構文規則を破るような文が与えられたとき、イルカは「その文を完全に拒否する（無視する）」か、「語順に対する意味論的関係を保持しながら特定の要素を無視することにより、意味の通じる句だけを抽出する」。(16)

これらの発見は、アケとフェニックスがシンボル体系のなかで言及される物体、行動、概念の心的表象を持っているという、かなり説得力ある証拠になる。語順（統語構造の原初的な要素である）

から意味を抽出するイルカの能力は、特異な技能でもある。それでは、これらの心的表象技能は実際にはどれほど複雑で特異なものなのか？　イルカの脳に発生したきわめて高い知能の確実な証拠となるものなのだろうか？

「心的表象」の保有は動物界では珍しいものではなく、したがってそんなに興奮する話ではない、と議論することは可能である。あらゆる動物は生存のために、環境のいろいろな側面を感知し、必要に応じて重要な特徴を抽出する。そしてそれを長期的あるいは短期的な記憶へと変換し、分類し、遭遇した別の種類の事象と比較し、入ってくる刺激の変化に基づいて行動を決定する必要がある。したがって、行き当たりばったりの試行錯誤によるものではない意思決定をする際には、動物は何らかの心的表象を使用している。昆虫にしても、心的表象を使いながら、周囲環境の把握や近道の想起に使える認知的地図を作っているようであると、長く主張されてきた。認知的地図がどの程度実際の地図に似たものなのかに関してはさらに激しい論争があるものの、この主張は、目印・距離・角度・速度などの表象をコードする昆虫の脳の能力に基づいている。[17〜18] 動物の心から心的表象の存在を探り出すことは容易ではない。「ハトは人間という概念を持つ」[19]とか、「チンパンジーは食べ物や道具といった概念を持つ」[20]とか、「ハチは上や下といった概念を持つ」[21]といった結論を出すことについて、科学者はいまだに議論を続けている。それでも、すべてではないにしても多くの種が、周囲の世界の心的表象を何らかの形で持つものと理解されているようである。

しかしシンボルの使用に関していえば、アケとフェニックスは心的表象の役割をさらに拡大させ、現実世界の概念と、学習したシンボルの双方へと適用できる。これは注目に値する点である。間違いなく、この能力は思考の言語を組織化するさらに複雑な手段につながるもので、動物界で多くみられるわけではない。多数のシンボルを同じレベルで理解できる種には、チンパンジー、ボノボ、ゴリラ、オランウータン、アシカ、オウムがある。ハトやサルのような一部の種に対しては、「同じ」や「異なる」のような抽象的な概念を表すシンボルを理解するよう教育できる。ただし、動物がどの程度これらの抽象的概念の心的表象をつくり、それをシンボルとリンクさせているのかに関しては、議論がある。[22〜23]対照的にハーマンの実験からは、存在しない対象物を指し示す能力も含め、イルカのシンボル使用に関する多くの証拠が得られている。これは、アケとフェニックスがシンボルとそれが指すものとの間のつながりを真に理解しており、したがってその二つをつなげる心的表象を形成していることを強く示唆している。これは、イルカが心的表象だけでなく、表象の表象（メタ表象あるいは二次表象）も形成して扱えることを示す証拠の一部だと推測する人もいる。[24〜25]このようなシンボル使用能力をイルカが知能を持つ証（つまりはイルカの行動がどれだけヒトの行動に似ているかの指標）と考えるかどうかは個人的な判断となってくるが、これが動物界でまれな能力である可能性はかなり高い。

ハーマンはまた、テレビ画面に映った画像へ反応するイルカの能力を調べた。[26]スー・サベージ・ランボーが言語を教えた天才チンパンジーのシャーマンとオースティンも含むチンパンジーも、初期の学習研究では苦労したとされる能力である。[27]チンパンジーは相当な訓練を行った後にようやくテレビ画面に興味を示したが、現実を表したものとしては画像への反応はかなり小さいものだった。小さな白黒テレビを水槽ののぞき窓に設置した際にも、アケとフェニックスが画面に反応するには大型類人猿と同じ程度の訓練が必要になるだろうと誰もが予想していた。しかしハーマンも驚いたことに、アケとフェニックスはすぐにテレビ画面に反応した。[28] アケは画面に映されたトレーナーのジェスチャーによる命令を難なくこなしてみせた（映りが悪かったり画像が歪んでいたりしても）。ハーマンは、「アケはジェスチャーによるシンボルの豊かな表象を発達させている。そしてそれら表象を、トレーナーの全身画像で示されたジェスチャーという、動きのパターン以外には物理的類似性の少ない刺激に意味を与えるのに使っている」[29] と結論した。もちろん、ビデオに映った（映りの悪い）ジェスチャーのシンボルが、現実のジェスチャーとどの程度差異があるのか（翻って、心的表象がどの程度般化されているのか、あるいは心的表象がどの程度豊かなものなのか）、確信をもっていうことは困難である。アケは単にトレーナーが窓の後ろにいるものとして理解しただけで、[30] テレビ画面に映った類像的表象はアケにとって予想外でも解釈の難しい刺激でもなかった可能性は十分にある。実際、テレビ画面を通して提示される刺激は、現在ではチンパンジー、[31] ニワトリ、[32] ハエトリグモ[33] など、現実世界を映すビデオ映像に適切に反応する動物の行動や認知の研究に広く使われている。ともかく何の理由からか、イルカは大型類人猿よりも早く／うまく、テレビ画面が現実の視覚的表現を伝えていることを理解できるようである。公平のためにいうと、八つの目と、脚まではみ出すほどの相対的に大きな脳を持つハエトリグモも、同様の能力を持つようである。

概念形成

ハーマンによる言語研究から、イルカは多くの概念（対象物の存在／非存在など）の心的表象を形成できるようであることが明らかとなった。動物の概念形成能力は、学習、記憶、弁別、知覚などを扱う比較心理学において、長く研究対象とされてきた。同時に、論争が絶え間なく続いてきた分野でもある。概念に関して抽象的な高次の心的表象を形成する動物と、低次の刺激般化を行う動物とを区別することは非常に難しい。しかしイルカに関する限り、実験証拠はイルカが高次の般化を行っていることを強く示していると、多くの科学者が主張している。[34] ハーマンが行った言語学習研究に加え、イルカが多くの具体的あるいは抽象的な概念を理解できることを示すエビデンスが存在する：

1　二次元的あるいは三次元的な形に基づいて、対象物を「同じ」と「違う」に分類できる。[35]

2　物の相対数を「より少ない」ものとして分類できる（たとえば、三つの点は七つの点より「少ない」）。[36]〜[37]

3　対象物を他と比較して「より大きい」や「より小さい」へと分類できる。[38]

4　すべての人に適応可能な「ヒト／人間」という一般化した概念を持つことができる。[39]

5　一連の音程を、周波数が上がっているものと下がっているもので分類できる。[40]

6　自然なホイッスルと人工的なホイッスルの双方を弁別・分類できる。この能力は、個々のイルカのシグネチャーホイッスルの認識を可能にしていると考えられる。[41]〜[42]

7　視覚的には見えない対象物が存在し続けていること（物の永続性）を理解できる。[43]

イルカはまた、「見本合わせ課題」をうまくこなす能力も持つ。見本合わせ課題とは、物（たとえばフリスビー）を見て、次に複数の比較物（たとえば輪っかとフリスビー）から同じものを選ぶという作業である。[44]物の提示が視覚的に行われた場合（普通の提示やテレビ画面の中での提示）でも、反響定位を使う必要がある場合（視覚的には見えない対象物を反響定位を使えば確認できる場合）でも、イルカはこの課題をこなす。重要なのは、物がたとえば視覚的に提示され、水中に置かれたさまざまな物体のなかから反響定位だけを使って同じものを選ぶ場合（あるいはその逆パターン）でも、イルカはこの課題をこなせるという事実である。実験で試行を繰り返しても、イルカは異なる知覚方法を使う見本合わせ課題に何の困難もないようであった。[45]〜[49]つまり、イルカは、対象物の特徴に限られた表象ではなく、たとえば視覚から反響定位へといったように異なる知覚方法間でも変換可能な、全体的かつ統合された心的表象を持っていることが示唆される。これらの結果は、以下のようないくつかの推測を導いた。たとえば、イルカの大脳皮質で聴覚投射野と視覚投射野が隣接しているという事実は、おそらくこれらのテストで見せる技能と関連しており、[50]イルカは霊長類よりも「より統合された」形で情報処理を行っている可能性がある（霊長類の脳には同レベルの皮質隣接性はない）。あるいは、イルカはヒトよりも多くの感覚情報を受け取り、処理している、[51]などである。

それでは、ここまで挙げてきたようなイルカの概念形成能力は、どの程度特別で複雑なものだと考えればよいのだろうか。実は、一般に思われるほど特別でも複雑でもない。「複数の知覚手段を跨いで見本合わせを行うことのできるイルカの能力は、特別なレベルで統合された情報処理能力の証である」という考えは、おそらく正しくない。ヒトも含む動物の脳が入力刺激をどう処理しているかに関していうと、最近の脳科学からは、知覚手段間の相互作用は特別なものではないことが示唆されている。[52] たとえば、多くの種（霊長類、[53] イヌ、[54] ラットなど）[55] が知覚手段を横断した見本合わせ課題をうまくこなせることを挙げてもいい。またそれを脇においても、脳全体で感覚情報どうしの相互作用や統合があることを示すエビデンスがある。情報の統合処理を生み出す複数の感覚の収斂は、例外などではなく一般的なものであり、皮質での投射野の近接性とは相関していないようである。有名な「マガーク効果」を考えてみよう。誰かが「ガ」と発音しているビデオを見ながら、誰かが発している「バ」という音を聞くと、あなたの脳はその音を「ダ」として知覚するだろう。これがマガーク効果で、脳が音の知覚を作り出す際に、視覚（口や唇の動きの視覚的情報）と聴覚の双方を使っている、つまり統合処理を行っているために起こる現象である。マガーク効果は、感覚情報のより深い統合の原因となる皮質の近接性のようなものでは説明できない。ヒトの感覚皮質では、視覚と聴覚の投射野は隣接していないからである（それぞれ後頭葉と側頭葉にある）。マガーク効果が起こっているときにヒトの脳をｆＭＲＩでスキャンすると、隣接しているわけではない多くの脳領域が関与する一連の脳活性が記録される。一次聴覚野やそれ以外の聴覚野、視覚野、頭頂間溝、上側頭溝などである。[56]

共感覚（synesthesia）という神経学的状態についても考えてみよう。共感覚とは、ある経路からの刺激が、関係ないように思える経路を活性化させる現象である。たとえばｋの音素を聞くたびに卵の味を感じたり、[57] Ｄメジャーで演奏された音楽を聴くとオレンジ色を見る、といった共感覚を持つ人がいる。このような感覚の統合は、皮質で近接しているわけではない、離れた投射野を持つ感覚の間で起こる。したがって共感覚を持つ人の感覚統合には、皮質の近接性以外の機序が関与していることが示唆される。共感覚を持たない人においてさえ、感覚情報の統合や、たとえば触覚と視覚のような離れた投射野を持つ知覚を跨いだ対象認識／マッチングは、明らかに存在する。[58]これらを考えると、視覚と反響定位システムに関して高い鋭敏性を持つことが知られているイルカが、知覚横断的な課題をこなせないほうがむしろ驚きである。イルカに関する先の結果は、彼らが持つ驚くべき反響定位感覚を確認するものである。また、動物の脳が、感覚入力と対象物の特徴に基づきながらどのように対象物／概念の心的表象をつくり出しているのかについて、多くのことを教えてくれる。しかし、このような結果を説明するために、「特異なほど洗練された脳」といった考え方を持ちだしてくる必要はない。

イルカにみられる概念形成技能の多くは、おそらくは例外的なものと考えるべきではない。イルカもそうだが、アシカ、[59]ゾウ、[60]アメリカグマ、[61]リスザル、[62]カダヤシ[63]（見た目はメダカに似た魚）などの多くの種が、相対量を見分けるテストをこなす。つまり、対象物のグループどうしを「より少ない」ものとして分類する能力を持つ。サンショウウオは小さな数であれば区別が可能だし（四より少ない場合に限るが）、[64]ミツバチは位置把握のために目印を数えることができる。[65]ハトもイルカと同じように「同じ／異なる」という概念を簡単に学習する。[66〜67]また、椅子、人間、車、花といった概念を区別して分類できる。[68]ハトは、ファン・ゴッホとシャガールの絵の区別を、大学生と同じ正確性で学ぶことさえ可能である。[69]一風変わった実験では、ハトはいい芸術作品と悪い芸術作品の違いに関する教育を受け、「美」の概念を学習していた可能性もある。[70] これらの研究は、イルカに限らず多くの動物が、驚くほど人間と似た方法で世界を分類できることを示している。また、基本的な数の大きさの概念形成（例：小さな数、相対量の区別）は、分類群全体に及ぶ進化的に古い能力なのかもしれない。

イルカが物の永続性（object permanence）を理解できることにも触れておくべきだろう。物の永続性とは、「直接的には視認できなくとも、対象物は存在し続けている」という概念である。これは一見するほど高度な能力ではない。ハーマンのシンボル実験で観察されたような、対象物についての心的表象の形成能力を考えると、ピアジェが提唱した物の永続性スケールの「ステージ６」をイルカがパスできるのは予想されたことである。物の永続性スケールの「ステージ６」の定義とは、「隠された状態で別の場所に移された対象物の位置を追いかけることができる（視認できない置換の追跡）」である。しかし、この問題を解決するイルカの能力を試したある報告で、イルカは明らかに課題に失敗した。[71] イルカは、対象物が移動されて入れ物へ隠されても（つまり視認できる置換の場合は）追跡に困難を示さなかったが、その後に入れ物自体が移動されると追跡できなくなった。これは、チンパンジー、ボノボ、ゴリラ、オランウータン、[72] イヌ、[73] そしておそらくはカササギ、オウム、コンゴウインコ、インコ、オカメインコさえも含む多くの動物種が有する能力である。[74] 誰に聞いても、イルカもこの課題をこなせるはずだと答える。この失敗が実験デザインのせいなのか、それともイルカが実際に隠された物体を追跡する能力を欠くせいなのか、まだはっきりとはわからない（「まえがき」にあるように、イルカもこの実験をパスした）。

まとめると、ここで挙げた概念を扱う技能に関する限り、イルカが他の動物種より優れているとする理由はない。それどころか、ハトやインコがイルカをしのぐとする研究さえある。しかし、シンボル使用を伴う概念関連技能では、イルカは先頭を走っている。これらの知見は、イルカの心の中にある概念や心的表象の豊かさ／複雑性は、たとえばハトの心にみられるものとは異なる性質を持ち、むしろ霊長類やオウムに近いものである可能性を示唆している。しかしこれは判断の難しい問題である。イルカや他の動物種が持つ概念化技能に関しては、これからもさまざまな実験結果が出てくるだろう。それを受けて、動物の心が世界をどのように理解しているのかについての我々の見方も変化していくと思われる。

記憶、計画、創造的な問題解決

ヒトでも他の動物でも、作業記憶（短期的、一時的な記憶）は多くの認知課題の成績と関連している。作業記憶はしばしば知能と直接的に結び付けられる。問題解決や推論を行う際には、脳は作業記憶として蓄えられた情報へアクセスし、それを操作しなければならない。一部の動物種では、作業記憶の効率を上げることで、認知テストの成績を向上させられる可能性がある（おそらくヒトには当てはまらないが）。[75]〜[76] 先述した見本合わせ課題の枠組みの中ではあるが、イルカの作業記憶に関する研究が行われ、イルカは最大八〇秒にわたって視覚的に提示された物体を覚えていることができた。また、音では最大三分であった。[77] イルカはまた、少なくとも四つの連続項目を覚えることができる。[78] これはヒトの「七プラスマイナス二」には届かず、霊長類やハトとほぼ同じ数字である。[79]これらの事実は、イルカの知能について何か大事なことを教えてくれるのだろうか？　実際には、それほど重要な事実を示しているとは思えない。このような実験結果に基づいてイルカの記憶能力を「印象的なものだ」[80]と評価する人もいるが、作業記憶に関してイルカが優れているか劣っているかを示すような、動物の作業記憶に対する包括的な比較研究は行われていない。

イルカの長期記憶に関する研究にしても、さらなる考察を与えてくれるものではない。イルカは明らかに、学習した行動を生涯覚えていられる。また、シンボルとそれが示す対象との間の任意の関係（たとえばハーマンのジェスチャー言語）を、何年ものあいだ思い出す能力を持つ。しかし、どのような記憶をどの程度の長さ維持できるのか、あるいは関係をいくつ覚えていられるのかなどを確かめた直接的な長期記憶テストはない。他の動物種に対する研究では、ハトとヒヒがそれぞれ最大一二〇〇と五〇〇〇の画像と、それに対応する適切な応答（画面の右か左の標的に触る）との関係を、五年間覚えていられることが示された。[81]イルカはこのような課題をハトやヒヒと同じようにうまくこなせるだろうか？　答えはまだ出ていない。

複雑な、そしておそらくはヒトに特有の記憶という観点からみると、エピソード記憶を取り上げる必要があるだろう。エピソード記憶は、「過去の特定事象（イベント）の想起であり、想起者は自らがそれを経験したという感覚を持つ」[82]と定義される。エピソード記憶では、単に過去の意味論的知識（事実など）の想起だけでなく、特に重要な事象についての大量の個人的な情報のコード化を伴う。たとえば、イヌが鋭い歯を持つと知ることは意味論的知識である。しかし、庭の端に落ちていたおもちゃ（イヌが咬むと音の出るやつだった）をどけようとしたときに隣の家のイヌに手を咬まれたという酷い体験を思い出すことには、エピソード記憶が関与する。現時点では、ヒト以外の動物が真のエピソード記憶を持つかどうかについては意見が分かれている。そのため、エピソード記憶を想起した結果として起こりうる（しかし、そうでないかもしれない）行動を動物が示した場合には、「エピソード様（episodic-like）」という言葉が使われる。動物がヒトと同じようにエピソード記憶を経験するためには、どの程度の自己覚知が必要となるのか、あるいはどの程度のメタ表象や心の理論、言語能力を持つ必要があるのか、まだよくわかっていない。エピソード記憶と意味記憶の区別を提唱したエンデル・タルヴィングは、エピソード記憶には何らかの自己覚知――彼はオートノエティックな意識（autonoetic consciousness）と呼んだ――が必要だという仮説を打ち出した。[83] 動物は、過去の事象に関する事実（意味記憶）は覚えているが、それを「個人的な経験」や「自分の過去」として見ることはできないのかもしれない。これは、三〜四歳未満の幼児の過去の理解に似ている。ヒトの子どもにおける言語能力や心の理論の発達は、エピソード記憶の発達と同じ時期に起こる。この事実は、先のタルヴィングの仮説を支持するものである。既にみてきたように、自分の考えを表現する言語能力を持たない動物で、自己覚知や心の理論、その他の主観的経験を確認することは非常に難しい。したがって、動物でエピソード記憶の疑いない証拠がいまだ得られていないのは、仕方のないことだといえる。

イルカのエピソード様記憶を考える際に手がかりとなる、いくつかの実験がある。ケワロ湾のイルカにいま実行したばかりの複雑な行動（手を振るようにヒレを動かしながら輪をくぐるなど）を繰り返すように指示を出すと、イルカは簡単にそれをこなす。[84] さらに、イルカはまず新しい行動（最近とっていない行動）をとるように指示され、次にそれを繰り返すよう指示が出された。この指示をこなすためには、イルカは行動の細部を思い出す必要がある（つまり、「いまあなたがとった相対的に新しい反応は何か？」という疑問に答える必要がある）[85]。ここでは単に行動と関連したジェスチャーによる指示を思い出しているわけではない。イルカは、物体と位置とを組み合わせながら行動を繰り返さなければならない別の実験でも、同様によい成績をあげた[86]。これらの結果からは、ケワロ湾のイルカは近過去の事象のかなり複雑な心的表象を持っているはずで、自身の行動を自己模倣できる限りにおいて、記憶の中心に自らを置いていることが（一定程度は）示唆される。

しかし、動物のエピソード様記憶に関する最も強い証拠は、イルカや類人猿ではなく、アメリカカケスからもたらされた[87]。他の鳥と同じようにアメリカカケスも、後で空腹になった際に回収するために食べ物を貯蔵する（隠す）。カケスは、ある種類の食べ物（イモムシなど）がすぐダメになる一方で、長く貯蔵できる食べ物（木の実など）があるのを理解している。食べ物を貯蔵した後、もし食べ物がダメになってしまうのに十分な時間（カケスが学習可能な概念である）が経ってしまったら、カケスはもうその食べ物を貯蔵した場所に行くような無駄なことはしない。これは、カケスが時間の経過と、食べ物をおおよそいつ貯蔵したかについて、何らかの心的表象を持っていることを示唆している。アメリカカケスはどの種類の食べ物が貯蔵場所から回収できるか覚えているようで、貯蔵場所にある食べ物によって回収計画を変えている。たとえば、カケスは、腐敗したイモムシを発見すれば、イモムシの隠し場所に行くのをやめるといった具合である。カケスは、「何を」「どこに」「いつ」貯蔵したかを覚えており、「何」と「どこ」に変化しないが、「いつ」が異なることを理解しているようにみえる。さらにカケスは、食べ物を隠すところを「誰」が見ていたか覚えている可能性さえある。最初に食べ物を貯蔵するところを自分より上位（下位の場合では異なる）のアメリカカケスが見ていた場合には、食べ物を移動させる。(88) 動物のエピソード様記憶の最も説得的な事例として頻繁に持ちだされるのはアメリカカケスであるが、他にもアカゲザル、ラット、ゴリラ、リスザル、マウス、チンパンジー、ハタネズミも同様の行動を示す。(89)〜(91)

短期記憶であれ長期記憶であれ、あるいはエピソード記憶の形をとるものであれ、過去の経験の記憶は、現在や未来の事象に動物がいかに対処するかに対してきわめて大きな意味を持つ。過去の記憶を現在あるいは未来の行動の指針として使うことは、動物が示す数多くの形の学習の基礎である。この点に関して言うと、記憶の最も高度で知的な（つまり人間と似た）利用法は、それを現在や未来の問題解決に利用することである。食べ物の見つけ方から人を月に送ることまで、人間の歴史上の偉大な達成は、問題に対する新たな解決法を作り出す能力を中心に展開してきた。もちろん、すべての動物種も、食べ物をどうやって発見するかという問題をそれぞれの方法で解決している。しかし、そのためにエピソード記憶を用いるアメリカカケスのような種はまれで、多くの場合で本能、試行錯誤、連合学習などに頼っている。ヒトはこれらの能力も持つが、以下を含む複雑な認知技能を利用できる：

① 心的時間旅行（未来の心的状態の予測も含む）
② 計画

③　洞察（insight）

理論的には、もし動物（ヒトのような）がエピソード記憶を形成し、過去の経験を覚えている能力を持っているのなら、それを未来に投影し、未来に起こりうる事象を予測することも可能なはずである（心的時間旅行）。もし動物が自己という概念を持ち、自分の心的状態への気づきも含めたメタ表象を形成する能力を持つのなら（これが心的時間旅行の必須条件なのかはわからないが）、その動物は現在時点では感じていない未来の心的状態（飢餓など）を予測できるだろう。これらの能力を組み合わせることにより、動物は予測される問題を心の目によって解決することが可能になる（つまりは洞察）。これは、過去の個人的な経験を考えること（エピソード記憶と心的時間旅行）と、未来に起こりうる事象と心的状態を考えること（心的時間旅行）によって達成される。ヒトがこれらすべての能力を持つのは明らかである。一方で動物は、これらを特定の組み合わせでしか使えないのかもしれない。しかし、動物がこれらの技能を組み合わせているとする確かな証明はなされていない。

たとえば、動物で観察されている非常に多くの行動が、未来に向けての「計画」として説明が可能である。リスは冬に向けて木の実を貯蔵するし、クマは冬眠する。しかし、このような行動のほとんどは本能的なものであり、過去や未来の事象という概念を必要とせず、柔軟性もない（たとえばリスは、それまでに冬を経験したことがない場合でも木の実を貯蔵する）。当然、未来で起こるかもしれない心的状態という概念もないだろう。洞察的な問題解決が動物でも起こっている可能性はある（たとえば、ヴォルフガング・ケーラーの有名な実験で、チンパンジーは届かない場所にあるバナナを二つの棒をつなげれば手繰り寄せられることに突然気づいた）。[92] しかし、このような解決は、未来の問題ではなく、目の前の問題解決に限られることが多い（例：「いま」自分はお腹が空いている。どうやってバナナを手に入れよう）。実験環境下では、心的時間旅行が関与する洞察的計画に見える行動を動物が示すことはある。しかし、このような行動はしばしば、特定の学習行動や連合を意図せず強化してしまう実験デザインの結果として起こっている場合がある。真の計画行動であるためには、その行動は過去の経験の記憶に基づき、目の前の問題ではなく未来の必要性に応えるものでなければならない。たとえばネコは、飼い主がボウルに飲み水を入れ忘れたまま週末を不在にしたときのことを覚えているかもしれない。また同じ事態が起こっては困る。そこでネコはその時点では喉が渇いていなくても、この先不注意な飼い主が準備を忘れても水が飲めるように、ベッドの下のボウルに水をいっぱいに入れさせる。このような行動であれば、真の計画行動が示されたといえるだろう。

真の計画行動かもしれない例として、フールヴィック動物園のオスのチンパンジー、サンティノの悪名高い逸話がある。サンティノは開園前の早朝に、石ころなどの飛び道具を精を出して集める。そしてその日、動物園を訪れた無防備な人々にそれらを投げつけるのである。[93] 最近ではサンティノの行動はさらに進んだものとなっている。今では動物園を訪れる人たちは石が飛んでくることを知っており、警戒している。そこでサンティノは、訪問者からは見えないように、飼育エリアから集めてきた材木や干し草の後ろに石を隠すようになった。[94] サンティノは周囲に訪問者がいないことを確認して石を隠し、材木や干し草の近くに座って訪問者が十分近づくのを待つ。そして突然石をつかんで奇襲を敢行するのである。これは一個体に対する観察にすぎないが、サンティノが未来の問題に対し新たな解決策を作り出したこと、さらには待ち伏せ・騙し討ち攻撃の対象となる訪問者の注意の状態に（おそらくは心の状態にさえ）気づいている可能性を示唆している。サンティノは自らの未来の心的状態も予想し（近い未来に石を投げたくなるほどイライラするだろう）、まだ経験していない未来の状況（待ち伏せ攻撃）へと、類似のしかし同一ではない過去の状況に基づいて、自身を投影しているようである。

この二十年ほど、動物が心的時間旅行、計画、洞察といったものをどの程度示すのかを確かめようと、多くの実験が実施されてきた。最近の証拠からは、すべて揃ってではないにしても、一部の動物でこのような能力が個別に存在することは十分にありうると考えられている[95]。対照も設定された実験で、ボノボ、オランウータン、チンパンジーが、未来での食料収集に必要となるであろう道具を集め、蓄え、運ぶこと――前日の夜に道具を準備することも含め――が示された[96〜98]。この実験の対象となった類人猿は、空腹への対処に道具使用が必要だった過去の経験と同様の状況が発生すると考えられる、近未来への計画行動を明らかに示した。他にもリスザルのような種は[99]、動物が未来の事象を予想していることに対するさらに説得力あるエビデンスを提供してくれる。実験では、サルは容器いっぱいの水を飲んだ後すぐ、大きなボウルと小さなボウルに入った食べ物（食べた後すぐに喉が渇くような食べ物が使われる）を選ばされた。サルが大きなボウルを選んだ場合（通常はこちらを選ぶ）、しばらく水を再び受け取ることはできない。しかし、小さなボウルを選んだ場合は水がすぐに受け取れる。この場合、サルは小さなボウルを選ぶことをすぐに学ぶ。つまりは近未来に喉が渇くだろうと予想し、水が確実に手に入るほうを望んでいるようである。これは、サルが未来の事象と、自らの未来の心的状態を予測している十分な証拠となりうる。

しかし、アメリカカケスはここでも、一部の動物種が未来への計画に関与する心的時間旅行が可能だという、最も優れた実験的証拠を提供してくれる。ある実験でカケスは、貯蔵可能なたくさんの食べ物を夜の間に与えられた[100]。これ以前の六日前、カケスは二種類の区画のうちの一方で夜を過ごした。片方の区画ではカケスは朝食を与えられ、もう片方では与えられない。朝食の出ない区画に入れられたカケスはその夜、朝には空腹になってしまうだろうと予測を立てていると考えられる（つまり、過去の事象のエピソード記憶を、未来への投射や心的状態の予測と組み合わせている）。そのため、朝食が出ない区画に入れられたカケスはその解決策（洞察的な問題解決あるいは計画行動）として、朝食が出る区画のカケスの三倍も木の実を貯蔵する。

イルカに関して言うと、問題解決や計画行動のエビデンスの多くは、実験ではなく事例報告や観察報告から得られたものである[101]。備蓄したものを投げつけるサンティノの場合もそうだが、このような観察から以下を判断するのは難しい場合がある：

① 動物が未来へと自分あるいは自分の行動を投射する、豊かな心的表象に基づいた心的時間旅行を本当に行っているのか（アメリカカケスの実験で考えられているように）

② まぐれ当たり、セレンディピティ（偶発的に解決策を学ぶ）、試行錯誤による学習といった単

純な認知過程や事象によって、計画のように見える行動を達成しているだけではないのか
　動物の行動が計画や洞察の結果であると断定できるためには、どのように、そしていつ行動が生じるのか、確実に判明している必要がある。条件の制御が可能な研究室環境の外では、動物がどのように行動を学習しているのか確実に知ることは難しい[102]。イルカが問題解決や計画能力を持つことを表している可能性のある、いくつかの例がある。たとえば、交尾をより簡単にしようとして、オスイルカはメスイルカを囲い込むために協力する[103]。シャチは流氷からアザラシやペンギンを落とすために協同作業を行う[104]。イルカは食べ物を探す際の補助的な道具として、カイメンを吻に載せて使用する[105]。ハンドウイルカは空気の泡を使って獲物を混乱させて捕まえたりするし[106]、魚を捕まえるために集団でぬかるんだ海岸へと自ら乗り上げる[107]。飼育されているシャチのなかには、魚を使ってカモメをプールへとおびき寄せ、寄ってきたカモメを捕まえているところを観察された個体もいる[108]。飼育されているシワハイルカのある個体は、ダイバー用の足ヒレを使って二つのプールの間にある門を開けたままにする。また、水上に設置された足場をどけるために、水中からの発射物としてブイを使う個体もいる[109]。オーストラリアの野生のミナミハンドウイルカの一匹は、自分で工夫したと思われる特殊な（おそらくは固有の）技術を使ってコウイカを食べているところが観察されている。まずそのイルカはコウイカを殺した後、叩いて墨を外に出し、イカの甲や皮を取り除くためにイカを砂にこすりつけ、残りの部分を食べる[110]。この新しい一連の複雑な行動は、試行錯誤やセレンディピティによるものである可能性が排除されているわけではないものの、イルカ自身の洞察や計画の

結果である可能性は十分にある。ただし残念ながら、これらの例のいずれも、洞察や計画行動の決定的な証拠となるわけではない。問題となっている行動のアイデアを動物が最初にどのように思い付いたのか、研究者によって観察されていないためである。

しかしながら、計画行動の始まりがよく観察されている、研究から得られた問題解決のエビデンスがある。たとえば、変則的な順序で提示されるジェスチャーに対するアケの反応である。人工的なジェスチャー言語の構文知識に基づいて反応方法を考案している場合には、これは問題解決とみなすことができる。[111] 長い一日のトレーニングの後に、アケにプールに浮いている複数の物をとってくるように命令すると、アケはこの命令をプールにあるすべての物体を指しているものと理解し、一度に複数の物体を集めてくる回収パターンをとる。アケはプールの奥のほうから回収を始めるが、[112] これはアケが自分自身で思いついたと考えられる方法である。アケはまた、プールに異物が浮いていた場合には、近くのスタッフに独特の大きなホイッスルを発して報せることを学習した。そしてスタッフが回収しやすいよう、それを口で咥える。この行動には魚が報酬として与えられるが、明示的に教わったものではない。つまり、アケが直面した問題に対して、自ら創造的な解決法を思いついたことを示唆している。しかし、他のすべての観察と同じように、この行動に心的時間旅行、計画、洞察がどの程度関与しているのか、確かめることは困難である。

イルカの問題解決能力をテストした数少ない対照研究の一つが、「ディズニー・リビング・シー」のボブとトビーという二匹のイルカに対して行われた。[113]〜[114] ボブとトビーには最初の課題として、四つのおもりを回収して、それらを箱の中に落とすという作業が提示された（報酬としては魚がプールに放たれる）。まず二匹のイルカは人間のダイバーがこの課題をこなすところを見せられたが、その際にダイバーはおもりを一つずつ回収し、箱へ入れていった。報酬の魚は、四つのおもりすべてが箱へ入った後にだけ放たれた。イルカたちは同様の行動をすぐに学習し、おもりをそれぞれ順番に箱へ入れていった。しかし、おもりが箱から離れた場所（四五メートル）に置かれると、ボブとトビーはより早く報酬を得る解決法を思いついた。トビーは一度に二つのおもりを集め、ボブは四つすべてのおもりを一緒に運び、それらを一緒に箱の中に入れたのである。このような技術はイルカに対しそれまで一度も提示されたことはない。つまりこれは、洞察的なひらめきによるものと考えられる。二番目の課題では、使えるおもりは一つだけで、報酬の魚を得るためにはそれを再利用しながら三つの箱の中に落としていく必要がある。この際、箱の二つは底が抜けており、残り一つの箱には底がある。つまり、一回目もしくは二回目の作業で底のある箱におもりを入れてしまったら、おもりを回収できなくなるのである。ボブとトビーは、おもりを底のある箱に入れるのは最後にするのが魚を確実に得る唯一の方法だとすぐに気づいた。イルカがこの解決法をほとんどすぐに思い至った事実からすると、この結論は試行錯誤の結果ではなく、計画や洞察の結果であると考えられる。また、前述したボブとトビーによる体を使った自発的なポインティング行動も、食べ物の場所を人間のダイバーにどうやって伝えるかという問題に対する洞察的解決法として生まれたものだと主張されている。しかし、第三の問題解決課題では、箱の中におもりを入れてから一五秒間だけ開いたままになる箱の開口部に棒を指し込むことが要求されたが、イルカはまず棒を箱の近くに持ってきて（時間内に棒を使えるように）、その後でおもりを入れるという解決法を思いつかなかった。

最初の二つの「おもり／箱実験」の成功は、以下の点を示唆していた。つまり、「研究対象となったイルカは、野生では通常あり得ないような課題に直面した際にも、うまく計画を立てることができる。この事実からは、イルカが高度に般化された柔軟な計画能力を持つことが示唆される。さらに、イルカの進化は、生活のなかで通常遭遇する問題（配偶、採餌、子育てなど）を超えた課題にさえ対処可能な、一連の認知技能を生み出したと考えられる」[115]というわけである。ボブとトビーがみせたような洞察的な問題解決能力は、アジアゾウ[116]、チンパンジー[117]、ケアオウム[118]、カレドニアガラス[119]、ミヤマガラス[120]といった他の種でも観察されている。しかし、アメリカカケスやリスザルでの実験と異なり、ボブとトビー、そしてこれら他の種は、未来の心的状態の予測が関与する計画を立てることはなかった（目先の必要に応じて目の前の問題を解いたにとどまる）。ボブとトビー、サンティノ、アメリカカケス、あるいはその他の種によって、先述のような洞察的な問題解決が示されていることは事実である。しかしそれらが、エピソード記憶、心的時間旅行、メタ表象、オートノエティックな意識、自己覚知、メタ認知などに関して、どの程度人間と類似した能力を必要とするのかは、いまだ結論が出ていない。イルカの問題解決能力に関して現在までに得られているエビデンスからは、イルカが問題解決に際して複数のシナリオを心に思い描き、そこから最も望ましい結果が得られるであろう選択肢を選んでいることは示唆されていない（この点、大型類人猿やカラス科の証拠とは異なる）。もちろん、実際のところはわからないが、イルカがそれを行っている可能性も十分にある。また、実験による証拠は限られており、他の多くの動物も、イルカと同等あるいはより複雑な認知を持っている可能性も残る。その限りにおいて、問題解決や未来への計画行動に関してイルカが「特異な能力を持つ」とか「優れている」などと結論することはできない。

遊び

おもりと箱課題に直面したボブとトビーがみせたような問題解決の才能は、動物が遊びを模索したり行ったりする素因となっている可能性がある。遊びは、問題解決能力を磨く、あるいは頭を活発な状態に保つ方法なのかもしれない。では、遊び（play）とは正確には何なのか？　遊びは、知能やポルノ写真と同じく、ポッター判事の格言「見ればそれとわかる」類のものである。社会的交流、配偶、採餌などでみられる類似行動と遊びを区別する困難さはよく知られている。そのため、「遊びを科学的に研究することは不可能だ」と断言する研究者もいれば、諦めきった態度から「そもそもそんなものは存在しない」と言う人さえいる。もちろん、科学者の多く（あるいは多少の良識を持つ人）は、「それは存在する。それを受け入れ、取り組んでいこう」[121]というゴードン・バーガートの主張のほうに同意すると思う。バーガートは動物の遊びの専門家であり、遊びは五つの基準で特徴づけられると主張している。[122]それら基準は、大まかに次の定義へと落とし込める：「遊びとは、それが行われる文脈や時期からすると不完全な機能しか持たない繰り返される行動であり、動物やヒトがリラックスしていたり低ストレス状態にあるときに自発的に始められる」。[123]しかし、仮に私がこの定義をどれほど評価しようとも、心理学者ロバート・ミッチェルはおそらくまだ（そしてこれから先も）、「遊びは、失敗に終わった試みの数から判断するに、我々をむなしい努力へと誘う、動物の行動研究に関する手に負えない小鬼である。これこそが遊びの定義だ」[124]と主張することだろう。

遊びの機能は、その定義と同じくらい扱いの厄介な問題である。遊びは、対象物や環境に関する知識を得ること、後の使用に備えて行動を練習すること、社会的関係やヒエラルキーを確立すること、運動技能を鍛えること、安全な状態で柔軟な問題解決技能をテストする手段、予想外の状況に対処する準備、といった機能に関与している可能性がある。もちろん、遊びの唯一かつ直接的な機能が「楽しみ」を得ることにあるという可能性は十分にある。しかし、科学的に有用な形で「楽しみ」を定義することは、この先の成果に期待するしかない。あらゆる状況で、「楽しい」遊び行動は時間とエネルギーを消費する。さらにはケガや死といったリスクに動物をさらすことさえある。したがって、「楽しい」という報酬は、リスクを上回っていなければならない。これにはやはり適応的な説明が必要だろう。進化との関連で遊びの機能を理解することは、現在でも難しい問題である。しかし、その生物学的な機能が何であれ、イルカの知能を議論する場合には、遊びと問題解決技能の関係は取り組むべき重要なテーマとなる。

イルカは特に遊び好きな動物と考えられている。インターネットにはこの考えを裏付ける動画が溢れている。ネットにつなげば、泡、ボール、輪っか、イヌ、ネコ、クジラ、海藻、サメ、ビニール袋、人間、ボート、iPadと遊ぶイルカを見ることができる。飼育状態、あるいは野生のイルカの遊び行動に関する科学文献には、波乗り、空中に飛び出す、変わった泳ぎ方をするといった運動による[125]遊びに加え、喧嘩（押し合う、噛む、体当たり）、追いかけ合い、性的な遊び（通常はペニスを使う）

などの社会的な遊びのエビデンスが掲載されている。また文献には、海藻、棒、その他の浮遊物を使った遊びとともに、他の動物（他のイルカ、アザラシやアシカ、ウミガメ、魚など）[126]への嫌がらせも含めた、物を使った遊びの豊富なエビデンスが出ている。イルカは、他のイルカや人間と「海藻パス回し」や「ボール・トス」といったかなり高度なゲームを遊ぶことができる。[127]〜[129]また、水に浮かんでいる無防備なペリカンの羽をむしる遊びも観察されている。[130]飼育されている二匹のシワハイルカは、プールの周囲にあるフラフープを交互に引っ張ってくるゲームを発明した。[131]

なかでも認知的に最も複雑と考えられるのは、泡を使った遊びである。泡遊びはそれほど一般的なものではなく、飼育状態のアマゾンカワイルカ、シロイルカ、ハンドウイルカのみにみられる。これらの種はさまざまなテクニックを使って泡を発生させる。水面を棒で叩いて泡のカーテンを作りだしたり、[132]口で泡を作ってそれを水の中に出したり、[133]噴気孔から泡を放出したりといった具合である。イルカは泡を操作して輪にしたり、泡で軌跡を描いたり、泡をかき回して渦や螺旋状のパターンを作ったりする。イルカは作った泡を見ているだけの場合もあるが、泡に対してさらなる行動を起こすこともある。泡で作ったカーテンや大きな輪をくぐったり、小さな泡の輪を作り出し、それが浮かび上がる際により大きな泡の輪をくぐらせたりする。また「シーワールド・オーランド」のハンドウイルカのオンライン動画で有名になったように、[134]水圧を加えて押すことにより、泡の渦巻きを操作する個体もいる（回転させたり移動させたりする）。あるいは吻や尾ビレ、胸ビレで触ったり噛んだりすることで、泡の形を変えたり壊したりする。イルカはさらに、輪の中に空気を加えて輪のサイズを大きくしたり、二つの泡の輪をつなげようとさえする。[135]イルカは泡を使ったゲームの難易度をどんどん高くしているようであり、おそらくさらに難しい（つまりより楽しい／面白い）課題を作り出すだろう。生後一か月ほどの若いイルカから三七歳のイルカまでが、この種の泡遊びを行うところが観察されている。[136]〜[137]

これらのゲームは完全にイルカが発明したもので、行動計画を必要とするように見える。また、イルカが新たな問題（例：小さな泡をどうやって泡の輪に通しながら浮上させるか）に対する解決策を工夫できることを示しているように思える。もちろん、泡を使ったこれらの行動の基盤に、連合学習や観察学習がどの程度関与しているかを知るのは困難である（子イルカは母親が作る泡の輪を見て学習しているのかもしれない）。連合学習や観察学習が大きく関与している場合には、洞察の少ない、より「低レベル」の認知過程が働いていることになる。しかし、ある研究から、イルカは能動的に泡の輪の質を確認していることが明らかになった。この事実は、イルカが実際に行動の細部まで予測・計画していることを示唆している。[138] 一つの大きな泡の輪を作るタイプのゲームでは、イルカは最初に作った輪にくっつけることを意図して、数秒間待った後に二番目の輪を作る。二番目の輪を作る確率は、最初の輪の質がよかったとき（つまり輪がきれいにできたとき）に著しく高かった。これはつまり、イルカが輪の質に多大な注意を払っており、それに従って行動を変えていることを示唆している。もちろん、この行動もまた、真の洞察や計画を必要としない連合学習の結果である可能性はある。しかし、イルカの能力に関する実験的証拠からすると、イルカが自らの行動を先述のようなやり方でモニターしていると考えるのは、理屈の通らないことではない（むしろおそらくよりシンプルな解釈だと言える）。

遊びは動物界全体にみられ、バーガートが提示した遊びの定義に当てはまる行動を示す多くの種がいる。たとえば、霊長類、イヌ、有蹄類、齧歯類、鰭脚類、鳥類、爬虫類であり、さらには昆虫さえも含まれる可能性が高い。[139]~[140]そのため、多くの時間を遊びに費やす傾向があるからといって、それがそのままイルカが遊び行動に関して特殊な動物だという論拠にはならない。しかし、イルカや他の動物がみせる複雑な遊び（泡遊びのような）は、計画、問題解決、心的時間旅行などに関与する複雑な認知能力の存在を強く示唆している（それを証明するものではないが）。

道具使用

風刺新聞を発行する『ジ・オニオン』は、次のような記事を出したことがある：「人類文明の終わりは、イルカの親指が他の指と向かい合わせになるよう進化した後にやってきた。今やイルカは、道具を作製して使うのに必要な指を持ち、珊瑚‐ケイ素とケルプ基板を用いた生体マイクロチップを作り出せるようになった。まもなくイルカは人間を奴隷化するだろう」。[141]現実には、動物が道具を使うのに親指は必要ない。種の数という観点からすると、道具を作製して使う動物の多くは鳥類であると思われる。ヒト以外の霊長類も道具を使うが、その他にも、ゾウ、齧歯類、クマ、ラッコ、リス、頭足類、魚類、そしておそらくは甲殻類や昆虫さえも道具を使う。[142]~[144]昆虫が道具を使うと聞いて驚く読者もいるかもしれないが、これは長く知られた事実である。「小枝を使ったチンパンジーのシロアリ釣りをジェーン・グドールが発見するまで、道具の使用はヒトに特有なものだと考えられていた」[145]というよく引き合いに出される考え方もあるが、これは歴史的に間違っている。グドールの発見はおそらく、ヒト以外の動物が道具を「作製する」ことを示した最初の科学的報告であった。しかし少なくとも、チャールズ・ダーウィンがヒト以外の動物による道具使用を知っていたことにまでは遡るべきだろう。ダーウィンは『種の起源』に、サルが石をハンマーとして使い、ゾウが小枝をハエ叩きとして使うと記している。

道具使用の複雑性については、低レベルの認知処理（ハワイのキンチャクガニは種間闘争の際にイソギンチャクを振り回して威嚇するが、これはおそらく本能的な行動だろう）[146]から、高度な認知能力による道具作製や洞察を使った問題解決（カレドニアガラスは食べ物を得るために針金でフックを作る）[147]まで、定義の曖昧な連続体がある。道具作製には、課題をよりうまくこなせるように、動物が物体の構造を能動的に変える行為が関与する。そして、道具作製が連合学習の産物でないと仮定すれば、洞察に近い何らかの能力が必要になる。道具をどう定義するかによって、さらには道具の作製や使用に目標指向的な「思考」がどの程度関与しているかによって、道具の使用は動物界でまれな性質にもなるし（たとえば一握りの種しか能動的な道具作製はできない）、かなり一般的な性質にもなる。たとえば、ライオンは寝るときに日陰を作る樹を利用するが、これは道具使用と言えるのか？　鳥の巣は道具と言えるのだろうか？　イルカがゲームで使う海藻はどうだろうか？　ここで、道具使用に関してよく引用される基準をみてみよう：

他の物体、他の生物、あるいは使用者自身の形態／位置／状態をより効率的に変えるために、環境中の遊離物、あるいは操作可能な非遊離物を体外で利用すること。その際、道具使用者は使用

の途中あるいは使用前には道具を保持または直接的に操作し、道具の適切かつ効果的な方向性に責任を持つ。(148)

この基準に従う場合、先ほど挙げた樹や鳥の巣、海藻などの例は道具使用に当てはまらない。しかし、このかなり特異的な定義からでさえ、道具使用が動物界全体でみられるという結論を容易に引き出すことができる。

それでは、動物の道具使用全体を考えたとき、イルカはどこに位置づけられるのだろうか。イルカは、物体の操作、名前づけ、分類、存在／非存在の報告といった能力を持つことからわかるように、物体をかなり複雑に理解している。また、遊びで物を使用すると考えられている（複雑な泡の輪遊びなど）。しかし、先の定義に従うならば、物体と単純に相互作用することや物体の複雑な心的表象を持つことは、物体を道具として使うこととイコールではない。道具使用として分類されるには、特定形式での物の使用が必要である（つまり、「他の物体、他の生物、あるいは使用者自身の形態／位置／状態をより効率的に変えるために」物は使用されなければならない）。したがって、物体との単純な相互作用や遊びに使う例は、道具使用には含まれない。しかし、イルカは先ほどの定義に完全に適合する形で道具を使用する。

一九九七年、オーストラリアのシャーク湾でミナミハンドウイルカを研究していた科学者が、イルカの道具使用に関して初となる論文を発表した。(149)少数のイルカ（五五匹）(150)が、カイメンを吻にのせて運んでいるところが観察されたのである。この行動は「スポンジング（sponging）」と名づけられた（カイメンは英語でスポンジ）。イルカは、砂の中に隠れているバーレッドサンドパーチ——反響定位では探り出すのが難しいキスの仲間——を探すために海底をさらう際、鋭い物体（毒針を持つ生物など）から身を守るためにカイメンを使用していた。[151]~[152] 砂から飛び出した獲物を捕まえるためには、イルカはカイメンを一度落とし、採餌を続ける際には再びカイメンを拾ってくる必要がある。カイメンがボロボロになって身を守るのに役立たなくなると、海底から引きちぎってきた新しいものと交換する。これはほぼ例外なくメスのイルカにみられる行動で、母親の行動を子イルカが観察学習した結果として、母親から娘へと伝えられているようであった。[153]~[154] スポンジングはもともと一匹のメスイルカによって比較的最近（およそ一八〇年前）発明された行動のようで、[155] そのイルカは「スポンジング・イヴ」と呼ばれている。しかしこれとは別に、一〇〇キロほど離れた場所で、似たような生態学的環境に棲む二番目のスポンジング・イヴによるものらしき同じ行動が見つかっている。スポンジングは時間のかかる行動で、この行動を行う個体が使える時間の一七％を占める。そしてほとんど例外なく深い水域で餌を探す個体で観察されている。スポンジングは、生活圏を開拓する手段となっている可能性がある。この行動は、採餌に都合がいいように吻の形を「変化させる」という、道具使用の定義と明らかに合致している。しかし、より効率的な道具としてカイメンを使うためにその構造に手を加えているわけではないので、これは道具「作製」の例とはいえない。

それではスポンジングは、イルカが道具を使用できる特別な動物であり、一部の人が主張するようにイルカが高い知能を持つことを示す証拠となるのだろうか？[156] ある考えでは、一匹（または二匹）のイルカが問題解決のために開発した学習行動である可能性が高い限り（偶然見つけ出した可能性もあるが）、スポンジングは複雑な行動だと言える。そしてこの行動は、学習／教育／文化を通して次の世代へと受け継がれてきた。これは、ダチョウの卵を割るために石を使うエジプトハゲワシの行動——洞察や教育なしに本能的に生じると考えられる[157]——よりも複雑なシナリオである。イルカの道具使用は、石をハンマーとして使ってヤシの実を割るブラジルのヒゲオマキザルの行動と類似したものかもしれない。オマキザルのこの技術の起源ははっきりしていないものの、観察による学習を介して世代から世代へと伝えられる[158]。ただし現状わかっている情報からは、オマキザルにヤシの実の割り方を教えたり、イルカにカイメンを使って魚を見つけ出す方法を最初に教えたのは宇宙人かもしれない、などと言われても仕方がない。つまり、スポンジング・イヴが行った問題解決がどれほど複雑なものであったのか、実際のところはわからない。スポンジングが小さな集団内の二か所で別々に発生したという事実は、この行動が洞察や問題解決の産物であることを示唆している。しかしこれはかなり曖昧な論拠でしかない。

このシナリオでは、イルカのスポンジングは、新たな問題解決のための洞察による道具作製の明らかな例とはいえない。まず、具体的な「作製的」行動がない。二番目に、この行動の起源がわからない。スポンジング・イヴは、カイメンが吻に張り付いた際に偶然この技術を身に付けたのかもしれない。一方でカラスやチンパンジーは、新たな実験課題を解決するために複雑な道具を作製する能力を明確に示す。これらの動物での結果は、セレンディピティや手当たりしだいの試行によるものとは明確に違う。実験環境におけるイルカの問題解決能力（たとえばボブとトビーのおもりと箱実験）を考えると、同様の問題を解決するのにイルカも道具を作製できると仮定することに可能であるし、その蓋然性は高い。加えて、イルカの解剖学的特徴が、たとえばカレドニアガラスの嘴や爪に比べて微細な道具の操作に向いていないとする意見については、まだ議論の余地がある。この点は、なぜいまだにイルカの道具作製が観察されていないかの理由となる可能性がある。おそらく、シャーク湾でのスポンジングという非常に特殊な習慣を例外として、ほとんどのイルカが生きる生態学的環境は、道具を使用する行動の発達には単純に適していない。環境と手に入る物体に関して一定の条件が揃いさえすれば、イルカも道具作製の達人となる可能性はある。しかしこれはまだ確認された事実ではない。逆に、野生のイルカは道具を日常的に作製して使用しているが、単に人間がそれを観察できていないだけだという可能性も、もちろんある。いずれにせよ、イルカの道具使用がどの程度知的か（人間に似ているのか）を評価するにあたっては、道具作製に関する証拠の欠如からイルカを低くランクするかどうか、その判断は読者に委ねられている。

文化

二〇一〇年にヘルシンキで開催されたあるカンファレンスで、議題はクジラ類の権利に集中した。ここで科学者、哲学者、動物の権利擁護運動家からなるグループは、「クジラ類の権利宣言(Declaration of Right for Cetaceans)」を発表した。[159] この宣言に含まれる一〇の結論のなかでは、「クジラ類は、彼らの文化を途絶させてはならない権利を有する」と謳われた。「文化(culture)」という概念はしばしばヒトに特有なものだとみなされ、動物が本当の意味で文化を有するかどうかという問題に関しては、科学コミュニティーで現在でも議論が続いている。[160] これはある意味で定義の問題であり、「文化」と認定されるためにはどのような社会的行動の基準を満たせばよいのかについて、動物行動学者、比較心理学者、人類学者、社会学者、生物学者のなかでも意見は一致していない。文化には、集団内の個体間での行動の伝播を可能にする、何らかの社会的学習が必要となることには多くの人が同意すると思われる。しかし、そこに教育や模倣が必要となるのか、あるいは集団のどの程度の数が行動を学習すればよいのか[161]、同意はない。また、社会規範に類似するしきたりの確立（どう行動すべきかの暗黙の規則）、漸増性（慣習の複雑性や機能の増加および蓄積）[162]、あるいは人類が持つものと類似した、他者と共有できるアイデンティティや価値観の必要性などに関しても、意見は一致していない。もし文化を単純に「情報の伝達」と表現するのなら、細菌でさえこの基準に合致することになる[163]。逆に、信念・価値観・シンボル体系の共有を条件とすることが多い人類学者や社会学者流の定義を使うと、文化を持つヒト以外の動物はいなくなってしまう。

イルカ（より広くはクジラ類）に文化という概念を適用する考え方は、二〇〇一年のルーク・ランデルとハル・ホワイトヘッドによる論文の中で発表された[164]。この論文で採用された文化の定義は、「何らかの社会的学習を介して同種から獲得された情報あるいは行動」[165]というものであった。この定義はかなり広いもので、多数の種が示す数多くの社会的学習行動へと適用できる。文化的に獲得された行動は一般に、遺伝子の産物ではないとされる。また、それぞれの個体が個別に（つまり同種からの学習やモデル化なしに）行動を適応させることを学習するような、ある環境や生態系に特有の性質に基づいて集団に自然発生的に出現するものではない、という捉え方をされている。「文化」という言葉にやはりヒトに対してのみ使用すべきではないかという抵抗感から、社会的学習を介して情報が伝達される事象を表す際には、より議論の少ない「慣習（tradition）」という言葉を使うべきではないかとするイルカ学者がいる。[166] もちろん、文化こそが適切な用語だと強く主張する科学者もいる。[167]

最も有名なクジラ類の文化は、ザトウクジラの「歌」である。[168] 同じ海域／集団からやってきたザトウクジラの群れは、冬の繁殖地で同じ歌を歌う。この歌は数か月から数年以上にわたって変化し続ける。このような変化があるにもかかわらず、それぞれの個体は群れで共有された歌を歌い続ける。ホワイトヘッドによると、「このようなパターンが発生する理由として、動物が互いの歌を聴き、それに従って群れの行動として典型的なものになるよう自らの歌を調節している以外の機序は考えられない。つまりこれは文化である」[169] という。ランデルとホワイトヘッドは二〇〇一年の論文で、イルカについても以下のような多くの行動が文化の定義に合致すると主張した：

1　シャーク湾でのスポンジング行動。社会的学習を介して母から娘へと垂直的に伝えられる文化的慣習である。

2　シャチの「方言」。シャチの母系集団は鳴き声の方言を共有する。これは遺伝的なものではなく、社会的な学習の結果によるもののようである。

3　世界中のシャチやハンドウイルカにみられる、さまざまな狩りのテクニック（協同での狩りも含まれることがある）や、群れが狩りを行う場所。

4　シャチにみられる群れ特有の「挨拶儀式」。

5　オーストラリアのモンキー・マイアで人間から餌をもらうイルカの行動。若いイルカは母親の行動を見てヒトから餌を受けとることを学んでいるらしい。

6　ハンドウイルカとカワゴンドウにみられる人間の漁師との協力（それぞれブラジルのラグナとミャンマーのエイヤワディー川）。

7　クローゼー諸島のシャチの狩りの技術。アザラシを捕まえるために浜に意図的に乗り上げることを子イルカに教える。

これらの例のうち、最も強く文化に当てはまるのはシャチの方言で、これはほとんど間違いなく社会的な学習の産物である。ハンドウイルカの子どもが身につけるシグネチャーホイッスルもまた、明らかに社会的な学習の成果といえる。しかし、右のような行動がランデルとホワイトヘッドによって提示された動物の文化の広い定義に合致するかどうかでさえ、すべてのイルカ学者で意見の一致があるわけではない。イルカは少なくとも実験環境では、鳴き声と運動の双方における模倣や観察による学習能力が証明されている。また母と子は、長期的な関係を作り、複雑な社会構造を持つ。したがってイルカは、社会的学習から利益を得ている蓋然性が特に高い。しかし、野生個体で観察された行動では、社会的に学習した（つまり文化的な）行動と、生態学的環境や遺伝的要素に由来する個々の学習行動との区別は難しい。たとえば、モンキー・マイアで人間から餌をもらうイルカは、他のイルカの観察からこの行動を覚えたのだろうか。それとも、他個体の行動とは完全に独立した形で、ビーチの人間の行為の結果としてこの行動をとるようになるのだろうか。その答えはっきりしていない。[170〜171] ただし、オーストラリアのパース周辺のハンドウイルカが、人間が与える餌（ちなみに違法行為である）を受けとることを社会的学習を介して学習していると示唆する最近の研究もある。[172] 同じような問題は、人間と協力して狩りをするイルカについても当てはまる。人間との共同作業は、文化というよりはそれぞれの個体が自ら学んだ戦略であり、ある行動をした後に報酬が増えることによって強化された行動だというものである。クジラ類の集団がみせる特殊な採餌方法——カープランキング[※]（kerplunking）、浜への乗り上げ、魚をヒレで水面から外に叩き出す、吻を砂地に押しつけるなど——を最もよく説明するのは、社会的学習や文化ではなく、環境の多様性だと主張する科学者もいる。[173〜179] また、浜へ乗り上げることを子どもに教えるシャチの例はメディアでよく引き合いに出されるが、これが本当に教育によるものである（したがって行動の文化的側面を支えるものである）とするエビデンスは、ほとんどが弱いか事例的なものだと多くの科学者が指摘している（「教育」の定義に適う確固たるエビデンスの報告が待たれる）。[180〜183] 教育を通した社会的学習をより強力に示す報告が、バハマのマダライルカの観察からもたらされている。この海域の母イルカは、魚を追うときに意図的にスピードを落とし、子イルカが狩りの正しい技術を学ぶ機会を作る。また、自らの獲物を特殊な方法で扱い、子イルカに獲物を捕まえる技能を練習させていると考えられる。[184] もちろん、あまりいい説明とはいえないが、母イルカがスピードを落としたのは子イルカに気を取られただけといった可能性もある。またハラジロカマイルカは、季節によって異なる狩場の選択を、血縁のない個体間での知識伝達を通して学ぶことが示唆されている。これは一種の世代間文化伝達、社会的学習である。[185]

イルカ文化の明確な実例とされるスポンジングが、完全に（あるいは主に）社会的学習の結果による行動なのかどうか、議論が行われてきた。[186]〜[187] スポンジングは深い海域で行われる行動で、同時に血縁的に近い個体間でみられるため、遺伝的要素と生態学的／環境的要素の双方が関与している可能性がある。[188] この議論の勝者を決めるのは時期尚早とはいえ、最近の研究からは、シャーク湾のイルカのスポンジング行動（加えて他の採餌行動も）を説明するには、おそらく社会的学習のほうがより適しているということが示されている。[189] ただし、この採餌法はかなり小さな集団でしか観察されておらず、「文化」という名前を与えるほどシャーク湾のイルカ全体に十分な広がりがあるかについては、いくらかの議論がある。[190] 一方で、スポンジング行動は、スポンジングを行う個体（スポンジングを行わない個体でなく）との社会的行動に多くの時間を費やす小集団に限定されるようだという事実がある(イルカが実際にスポンジング行動をとるときは一匹ずつであるが)。このことは、グループ・アイデンティティと規範の共有という、人間の文化の定義の一つを思い起こさせる。[191] 現状では、文化を定義することも、野生イルカで社会的学習の存在を証明することも困難である。そのため議論は、イルカが文化を持つと考えることがどの程度適切かという論点で進むだろう。ここまでに挙げた多くの例は、文化的あるいは社会的学習の関与を強く示唆している。しかし、スタン・クジャイが指摘するように、「社会的学習の示唆は、社会的学習の証明と同じではない」。[192]

※：尾ビレで水面を叩いて音や衝撃波を発生させる行為。魚の方向感覚を狂わせたり混乱を引き起こしたりして、獲物をとりやすくしていると考えられている。

最後に、イルカの文化の固有性に話を移そう。「何らかの社会的学習を介して同種から獲得された情報あるいは行動」と定義される文化は、明らかにイルカだけにみられるものではない。たとえば、アリはある種の社会的学習を行う。[193] 食べ物の場所を発見した「教師役」のアリは、他の個体へ食べ物のありかを教えるために行動を変える（移動スピードを落とし、密な連絡を行い、待つ）。[194] これは実験で確かめられた知見であり、おそらくはイルカよりもアリの教育に関する証拠のほうが確かなものであるとさえいえる。対照も設定されたミーアキャットの実験では、技術を習得している他個体との相互作用を通し、技術を持たない個体が食べ物を得るための新たな技術を学ぶことができた。[195] この結果は、生きた獲物との接触の機会を子どもに与えることで、子どもへ狩りの方法を教えているという、野生のミーアキャットにおける発見とうまく合致する。[196] 一般的には社会的動物とみなされていないアカアシガメも、仲間の行動の観察を通して、障害物を回避して食べ物を得る方法を学ぶことができる。[197] 魚類でも、仲間との相互作用を介した社会的学習は広くみられるようである。[198] とくに、捕食者への対抗行動、捕食者の認識、[199] 繁殖場所決め、[200] 移動ルートの学習などが注目される。レモンザメは、先に実験課題を解く方法を学習した同種個体を観察し、その個体と相互作用することで、課題をより素早く解決できる。[201] もちろんチンパンジーも、道具使用や毛づくろいなどで幅広い社会的学習を示し、これらの行動は集団間で大きな違いがある。[202]〜[204] リスザルはおそらく、社会的慣習／文化に関しては、大型類人猿よりも高い能力を示す。[205] しかし、ヒト以外の動物でこれまでに発見された、文化的に伝達される行動の最も顕著な例は、鳥のさえずりの方言である。[206]〜[207] もちろん、イルカ以外の動物種から得られたこれらの知見も、定義や方法論、その解釈に関して、イルカと同じ種類の批判の対象となる。それでは、これらの動物の文化論争は、イルカの知能について何を明らかにしてくれるのか？　この質問に答えるのは難しい。ヒトの文化と動物の文化との間に何らかの線をひくことは可能である。しかし、人間に似た文化を持つことをもって知的であること（ひいては「特別な配慮」を必要とすること）[208]の証拠としていいのかという問題は残されている。

第5章

イルカ語は存在するか

動物は驚くほど豊かな精神を持っているが、それをシグナルとして表現する能力は驚くほど限られている。(1)

W・テカムセ・フィッチ

言語について現在広く受け入れられている考え方からすると、言語学者による言語の定義を満たすコミュニケーションシステムを有するヒト以外の種は存在しないとされる。これは認知科学でも特に議論のある考え方ではなく、著名な学者が書いた一般書にもよく出てくる。

スティーブン・ピンカー：「ゾウの鼻が他の動物の鼻と異なるように、言語は他の動物のコミュニケーションシステムとは明らかに異なる」(2)（『言語を生みだす本能』椋田直子訳、NHK出版）。

スティーブン・R・アンダーソン：「科学的に検証すると、ヒトの言語は他の動物のコミュニケーションシステムとは根本的なところで大きく異なっている」(3)。

テレンス・ディーコン：「言語は一つの種だけに一定の仕方でのみ進化した前例のない事実である」(4)（『ヒトはいかにして人となったか』金子隆芳訳、新曜社）。

デレク・ビッカートン：「あなたを人たらしめているすべてのこと、あなたができて他の種ができない数えきれないことは、言語に決定的に依存している。我々を人たらしめているものが言語である」(5)。

マイケル・コーバリス：「動物のコミュニケーションや行動に人間の言語と関わるものが全くないわけ

ではない。しかし、人間と動物のコミュニケーションにはとても大きなギャップが存在するのは明らかだ」[6]（『言葉は身振りから進化した』大久保街亜訳、勁草書房）。

ノーム・チョムスキー：「人間の言語は独特の現象であって、動物の世界には特別似たような現象は、どうもないように思える」[7]（『言語と精神』町田健、河出書房新社）。

これは、専門家が一般向けに書いた話を過剰に単純化して抜き出したものではない。似たような内容の文章は、同じような簡潔さや直接さでピアレビュー文献にも記されている。たとえば以下は、『*Animal Cognition*』誌に二〇一一年に掲載された、チンパンジーのジェスチャーの構造や機能について書かれた論文の出だしの文章である：「ヒトと他の動物の間にある最も大きな認知的な違いが言語の使用であるというのは、普遍的に認められている真実である」[8]。

「普遍的に認められている真実」[9]というフレーズは、ジェーン・オースティンの小説に出てくる場合はともかくとして、科学誌で使われる言葉としては相当に強い表現といえる。論文の著者、レビュアー、編集者がこの文章の出版を認めたという事実は、言語と動物のコミュニケーションシステムは根本的に異なるという事実がいかに確立されたものであるかを物語っている。ある動物のコミュニケーションシステム全体（システムの一部分の性質ではなく）が、ヒトの言語の相似（analogous）システムだと積極的に主張する科学者を見つけるのは困難だろう。まして、それを共通の起源を持つ相同（homologous）システムであるとみなしているような人はまずいないと思われる[10]。

それで全部？　イルカは言語を持たないという結論で話は終わり？　答えはノーである。これは、

「知的なイルカ」という神話がイルカ語の可能性、そしてそこから必然的に導かれるヒトとイルカの種間コミュニケーションという魅惑的な展望を伴って登場する際の、ポイントとなる論題である。動物は言語を持たないという「普遍的に認められている真実」の偉大なる例外がイルカ語であると考える多くの人がいる。

ジョン・リリーがイルカは言語を持つという主張を始め、いつの日か人類はイルカ語を解読してイルカと会話するようになるだろうと強硬に断言して以来、[11] イルカ語というアイデアは敬虔かつ声高な支持者を獲得してきた。懐疑主義的な科学者とイルカ語の支持者たちとの間にある関係は、この四〇年でますます緊張の度合いを高めている。一九七二年にはすでに、メインストリームの科学界は、「イルカ語は存在しないようである」という暫定的な結論を出している。しかし、当時の科学者がこのような意見を公にしたときに起こった大衆からの反発と過激な怒りは、当人たちも何が起こっているのか理解できないほど強烈なものだった。[12] 米国での環境運動の勃興、海洋哺乳類保護法の議会通過、『人間とイルカ(*Man and Dolphin*)』[13]、『*The Mind of the Dolphin*(イルカの心)』[14]、『イルカと話す日(*Communication Between Man and Dolphin*)』[15] といったリリーの著作の出版をみれば、一九七〇年代がどういう時代だったかわかろうというものである。イルカ語に対しては冷静になるべきだという対話を科学者が呼びかけるには、まだ適当な時代ではなかった。

今日でも、イルカ語という概念は一般メディアに登場し続けている。イルカの言語という漠然としたアイデアは、読者の気をひく見出しをつけたい編集者によってしばしば使われるが、「言語」が何を指しているのか、あるいはイルカのコミュニケーションを言語と呼ぶことが適切かどうかといった議論を通常は欠いている。たとえば、『ディスカバリー』誌の「イルカ語を覚える」[16]という記事や、『ワイアード・サイエンス』誌の「イルカはヒトと同じように話しているかもしれない」[17]といった記事は、言葉のあやとして見出しでイルカ語について言及しているだけで、実際にイルカのコミュニケーションがヒトの言語に相当するものだと本文内で議論しているわけではない。これらの見出しは正確な情報を伝えるというよりは言葉を飾るためのものであり、「言語」や「話す」といった言葉は「コミュニケーション」のかわりに使われているだけである。その結果、奇妙な報道も起こる。FOXニュースは、リズ・ホーキンスによるハンドウイルカのホイッスル研究に関する記事に「オーストラリアの研究者、イルカの言語を一部解読」という見出しを付けたが、同じ記事の中で当のホーキンスは、「言語学の専門家はこれを言語とは呼ばないでしょう」[18]と述べているのである。しかし、言語という言葉を使わない場合でさえ、メディアは誇張に熱心である。たとえば『ディスカバリー・ニュース』は、「イルカは動物界で最も洗練されたコミュニケーションシステムの一つを有し、おそらく人間のそれより優れているとする証拠が多く集まりつつある」[19]と主張した。

メインストリームの科学界がイルカ語を非現実的だと捉えているという事実、特にリリーの信念を熱心に布教しているイルカ語の支持者たちについて研究者が考えていることを、メディアはしっかりと伝えていない。しかし、そんなメディアにあまり厳しく言うべきではないのかもしれない。リリーの元同僚によって設立されたハワイのシリウス研究所は、「おそらくは他のクジラ類も含め、イルカが複雑な言語（最大で一兆もの「言葉」を使うらしい）を有することは、周知の事実である」と断言している。[20]二〇一一年十一月には、「イルカとヒトの会話」の発展を目標に掲げるイルカ研究組織グローバル・ハート（Global Heart Inc.）が、「イルカ語の発見」を謳ったプレスリリースを公開した。[21]ジャーナリストの机の上をこのような話が飛び交っていると、イルカ語に対して科学者コミュニティーに存在する非対称性（大多数の科学者はイルカのコミュニケーションを言語に分類しない）は、逆の立場からの報道によってかすんでしまう。こうしてメディア上では、「イルカ語の発見」といったピアレビューに基づかない言説が、そうではないことを示唆する山のようなエビデンスと対等な立場に立ってしまう状況が発生している。

公平に言うなら、私も含めた多くの科学者にも、イルカ語に関する混乱を招いた責任がある。科学を手短かに語ろうとして、我々は時にイルカ語の存在を示唆しているともとれるような表現を使ってしまう。あるいは、言語と動物のコミュニケーションの境を実際よりも曖昧にしてしまう言い回しを使うこともある。カール・セーガンが「イルカ語」[22]や「クジラ語」[23]と書くとき、あるいはフィリップ・リーバーマンが「動物はそれぞれの言語を持っている」[24]と言うとき、彼らは動物のコミュニケーションが言語学的／哲学的な意味での「自然言語」（つまりヒトの言語）に匹敵すると言っているわけではない。[25]彼らは単に、動物のコミュニケーション研究を一般向けに説明する際に、わかりやすい例えとしてこういった言葉を使用しているだけである。専門家のなかには、言語はヒトに固有なものだと明確に主張しているにもかかわらず、「動物のコミュニケーション」ではなく「動物の言語」という言葉を使って説明を行う人もいる。[26]そうして、リリーの言う文脈での「イルカのコミュニケーションはヒトの言語に匹敵する」という信念が意図せず強化されていく。

手ごわいほど強力に確立された神話と、さまざまな情報源から発せられる一貫性のない情報を考えれば、イルカ語に対して一般社会と多くの科学者が異なる考えを持つことは、ある意味では仕方がないのかもしれない。なぜ科学者がイルカ語はおそらく存在しないと主張しているのかを理解するためには、まずは言語学者による言語の定義を理解する必要がある。そのうえで初めて、イルカの自然コミュニケーションシステム（natural communication system）について知られていることと、言語の定義とを比較できる。私が主流派科学の代弁者としての役割をうまく果たすことができたなら、本章を読み終わるころには「イルカのコミュニケーションは魅力的な研究対象だが、それを言語として分類する確かな証拠はない」という意見に同意してくれるのではないかと思う。

言語とは何か？

自然言語（natural language）という言葉は、英語や中国語といったヒトの使う言語を指す。科学者や哲学者が自然言語という用語を使う際には、言語そのものと、言語という表現を冠するその他のコミュニケーションシステム――プログラミング言語（C＋＋、ＰＨＰ、Ｊａｖａなど）、数学的言語（数学で使われる表記体系）、疑いなく詩的な意味での「愛の言語」など――を区別する手段として使われる。私がしばしば使う自然言語の定義は以下のようなものである：

　ある集団が共有する、学習された任意のシンボル（通常は音声）の集合。文法規則に従って組み合わされる離散要素から構成され、無限の具体的意味と抽象的意味を表現する。

有限の音素（言語において意味を持つ最小の音声単位）を使い、それを一連のルール（統語法／文法）に従って組み合わせ、自然言語は語、句、文を生む新たな音素の組み合わせを作り出す。言語学者はこれを、離散的組み合わせシステム（discrete combinatorial system）と呼ぶ。理論的には、離散的組み合わせシステムから作り出される新たな組み合わせの数に限度はない。また、これらのシンボルの組み合わせに対応させられる概念の数も無限で、想像可能ないかなる概念も表現できる。人間が思考可能なものならば、それを表現する言語手段が存在するはずである。このような特性から、自然言語は単なるコミュニケーションシステム以上のものだといえる。信号機（コミュニケーションシステムだが言語ではない）もまた、決まったシステムに従って情報（止まれ、注意せよ、進め）を伝える任意のシンボル（色）を使う。[27] しかし、信号機、C++、愛の言語は、無限の具体的／抽象的意味を表すことはできない。言語とは異なり、ほとんどのコミュニケーションシステムで使われるシンボルは、新たな方法で組み合わせて新たな概念を生み出すことはできない。ほとんどのコミュニケーションシステムは、有限の結果を生み出す、閉じた、柔軟性のない体系である。無限の表現（limitless expression）という特性は、「自然言語」と「動物のコミュニケーションシステム（animal communication system、以降はデレク・ビッカートンが使ったACSという略語で表す）」の間にある決定的な違いである。[28]

なにも言語学者は、ACSが言語と呼ばれることを阻止しようという人間中心主義的な態度から言語の定義を作ったわけではない。表現の無限性を示すACSが発見されたら、研究者は喜んでそれを自然言語と考えるだろう。しかし、単純にそうではないのである。表現の無限性は、自然言語の最終産物である。そしてこの特性は、動物界を見渡してもヒトに固有のものである蓋然性が非常に高い。しかし、ヒトの脳がこの特性をどうやって獲得したのか、その基盤となる認知能力が他の動物種とどの程度共通しているのか、わかっていない。そもそも、この能力がなぜ、どのように進化したのかという問題も未解決である。

我々の霊長類の祖先種がACSを自然言語へと変化させたことに対し、どのような説明が可能なのだろうか。「言語が進化するためには正確にどんな進化的環境と認知特性が必要なのか」という論争は、いずれは決着するのかもしれないが、少なくとも当面は収まりそうにない。言語の進化に関する激しい議論には、長い歴史がある。このテーマを巡る論争の収拾不能具合と進捗のなさにうんざりしたパリ言語学会は一八六六年、言語の進化に関する論文の発表を禁止した。一五〇年後の現在、この禁止が解除されて久しいことは明白である。私はいま、机の上に積み上げられた大量の本と論文を見つめている。そのどれもが、言語がどのように、なぜ進化したのかについて、現代の科学者が自らの見解を記したものである。言語が進化した理由に対する主張を目につくところから少し例を挙げてみると、シンボルを使って思考する能力（テレンス・ディーコン）[29]、再帰的思考（マイケル・コーバリス）[30]、ニッチ構築理論（デレク・ビッカートン）[31]、ジェスチャーと協調的コミュニケーション（マイケル・トマセロ）[32]、発話解剖構造の変化（フィリップ・リーバーマン）[33]、音声グルーミング（ロビン・ダンバー）[34]、ACS形質の言語への自然選択（スティーブン・ピンカー）[35]、血縁選択の決定的役割（W・テカムセ・フィッチ）[36]、ある幸運な変異（ノーム・チョムスキー）[37]、などがある。正解にはこれらすべてが関与するかもしれないし、どれもまったく関係ないかもしれない。

幸い、イルカのコミュニケーションがなぜ言語とは言えないのかを理解するのに、言語がどのように進化したかを正確に把握する必要はない。すべてを明らかにする魔法の弾丸など不要である。議論の中心となる二つのシステム間にある根本的な違いは、既にはっきりしている。つまり、言語は表現の無限性を示すが、ＡＣＳはそうではない。そして、表現の無限性を達成するために脳内でどのような相互作用が起きているのか、あるいはそれらがなぜ進化したのかは完全には理解できていなくとも、関与の確実な多くの認知特性が同定されている。研究者は、言語に必須となる構成要素のリストを何十年も蓄積してきた。そのなかで最も有名で影響力があったのは、ホケットが提唱した「言語の一三の特徴」だろう。[38] しかし、これまでの動物の認知研究は一つの事実を明らかにした。すなわち、「言語の特徴リストに加えられるどんな認知特性も、ヒト以外の動物種においても何らかの形で存在しうる、または存在が確認されている」のである。それにもかかわらず、そしてこれが重要な点なのだが、このように半ば普遍的にみられる認知的要素の集合から、ヒトのみが言語を作り出せるようなのである。これからイルカのコミュニケーションを検証していくわけだが、言語を持つ動物が有すると予想される多くの認知特性をイルカは持っている。しかしそれでも、自然言語に似たシステムをイルカが保持するところまではまったく届いていないことがわかるだろう。

言語の必須要素

イルカのコミュニケーションシステムが言語として分類されるためには、言語学者が使う自然言語の定義を満たす必要がある。しばらく自由に語らせてくれるなら、私が言語に必須と考える一〇の特性をここで議論し、それを基にヒトとイルカをもっと厳密に比較してみたいと思う。次のリストは、これまでに言及してきた偉大な研究者たち（ホケット、チョムスキー、フィッチといった人たち）[39]の考えをおおまかにまとめたものである。このリストは、自然言語と呼べるコミュニケーションシステムの産出（production）と理解（comprehension）の双方にきわめて重要となることが明らかにされている要素を含んでいる。

1　表現の無限性：いかなる考え方や概念でも表現できる能力。言語の本質となる特性／産物。
2　離散的組み合わせシステム：意味を持つ有限の小単位を組み合わせ、意味を持つ無限の組み合わせを作り出す統語法／文法システム。
3　再帰性：統語構造を同様の統語構造へと「無限に」埋め込む能力。離散的組み合わせシステムの機能に貢献する。
4　言葉に関する特別な記憶：言葉のような離散的シンボル（通常は音声シンボル）の意味の貯蔵に特化した記憶システム。
5　空間的置換と心的時間旅行：実際に見ることのできない事象、あるいは未来や過去の事象についての情報を伝える能力。
6　環境からの入力の必要性：言語は自然発生しないという考え方。言語のすべての性質（文法や音声など）は、その技能を持った話者との相互作用を通して学習する必要がある。
7　任意性：言語で使用されるシンボルは、それが表す対象と類似性を持っていないという考え。

8　情動からの自由：言語的に表される概念は、内的状態（情動や動機）の象徴的表現に限定されない。

9　新規性の生成：新たな概念を学習／作り出し、新たなシンボルでそれを表す能力（造語）。

10　社会的認知能：相手が何を知っていて何を知らないのかに応じて情報を伝える能力。これはある程度、心を読む能力（心の理論の保有）を必要とする。

この議論では、ホケット、ハウザー、チョムスキー、フィッチ、リーバーマンらによって提示された、感覚運動系の特殊化と関連する言語特性は無視した。会話や音声処理に関連する解剖学的な進化上の変化は、現代的な言語定義に決定的に重要だとは思えないからである。喉の発声器官は、言語に伴う発声に間違いなく重要である。その進化は、言語（たとえば音声の模倣）を作り出すのに必要な認知能力と密接に絡み合っているのかもしれない。しかし、現在のヒトが持つ表現型にとって、これは大きな問題ではない。たとえば人間が発展させてきた手話では、大多数の言語システムとは異なる感覚や知覚系が利用される（聴覚のかわりに視覚を使い、発声のかわりにジェスチャーを使う）。この事実は、現代のヒトが言語を産出／理解する際、声道や聴覚系は単に利用されているというだけで、必須の要素ではないことを示している。

先に挙げた一〇の要素のそれぞれは、ヒト以外の動物のコミュニケーションシステムにもある程度は見出すことができる。ヒトとそれ以外の動物の認知能力の間に、根本的な断絶はない。我々生物は本質的に、共通する基本的な認知機構の上にコミュニケーションシステムを築いている（他の行動も同じであるが）。このことは、「人間と高等動物の精神との間の差がいかに大きいとしても、それは程度の問題であって、質の問題ではない」[40]（チャールズ・ダーウィン『ダーウィン著作集〈１〉人間の進化と性淘汰』長谷川真理子訳、文一総合出版）というダーウィンの発言と方向を同じくするものである。しかし、その機構をヒトがいかに使っているかにある違いこそが、ＡＣＳと言語とを決定的に隔てているという考え方がある。これは、デレク・ペン、キース・ホリオーク、ダニエル・ポヴィネリらが二〇〇六年に『*Behavioral and Brain Sciences*』誌に発表した論文に登場する認知の「機能的不連続性」と類似した考え方である。[41] ヒトと動物の認知は非常に大きなギャップによって切り離されており、ダーウィンはおそらくそれを程度の差として「誤って」表現したのだろうという考えは、科学コミュニティーに大きな反応を巻き起こした（つまりダーウィンの名誉を守ろうという動きが起こった）。[42] ルイス・ハーマン、ロバート・ウエヤマ、アダム・パックといったイルカ研究者は、認知的差異に関する先の著者たちの説明に対し、イルカのシンボル理解能力を例に引きながら反論した。[43] この論文に続く活発な論争の多くは、「ヒトとそれ以外の動物の認知能力（そして言語能力）の間にあるギャップをどのようにとらえるべきか」という点に集中した。つまり、それは程度の違いなのか、種類の違いなのか。機能的な不連続性なのか、質的で現象論的な違いなのか。不連続性は強いのか、弱いのか。そもそも明確に区別できるものなのか、などである。しかし、過剰に導入された専門用語によって泥沼にはまった論争は、非生産的なものとなるのが常である。いずれにせよ、ＡＣＳと言語の間には何らかの差異がある。ここで必要となるのは、最終的には個人的な好みの問題となる定性的な（意見の分かれる）指標ではなく、その差異を定量化できる方法である。[44]

定量的な比較を試みるにあたって、先の「言語の一〇の必須要素」が、イルカやその他の動物にどの程度みられるかを採点していく方法を提案したいと思う。これら特性の多くがACSにも何らかの程度で存在することを考えると、程度を問題にするのではなく、その存在の有無を単純に判定していくのは、明らかにバカげたやり方である。それぞれの必須要素の評価には、「はい／いいえ」といった形式は採用せず、〇～五までの値をとる言語評価スケールを使う。ゼロはまったく存在しないこと、五は十分に発達した特性を持つことを表す。全評価点が五〇に近づくにつれ、イルカは自然言語を有するより高い蓋然性を持つことになる。それぞれの評価は、イルカの自然コミュニケーションシステムの研究、イルカに人工的なシンボルコミュニケーションシステムを教えようとする実験、そしてイルカの認知能力に対するより広い意味での研究、に基づいている。

イルカの言語評価

④表現の無限性＝〇点

イルカは言語を持つとリリーが主張した後、イルカ語の存在を仮定した研究者がその証拠として、イルカの音声コミュニケーションシステム内に言語を示す特徴（新しく、抽象的な情報をやり取りする能力）を探し始めたのは、自然な流れであった。この能力を確かめようとした最初の研究者は、カリフォルニア大学デービス校の心理言語学者、ジャービス・バスティアンだった。バスティアンは一九六〇年、ある実験を計画した。この実験でイルカは、食べ物を得るために、ある任意の事象について何らかのコミュニケーション技能を使って互いに情報を知らせ合うことが要求された。[45] バズ（オス）とドリス（メス）という二匹のイルカが同じプールに入れられ、プールは網によって二つに分けられた。二匹は互いに視認できるし、互いの声を聴くこともできる。イルカはプールの上に据えられたライトの状態（点滅または点きっぱなし）に対応してパドルを押すよう訓練を受けた。バズが先にパドルを押し、二匹のイルカ双方が正しいパドルを押したときにのみ報酬が得られる。これはイルカの認知能力からすれば取るに足らないレベルの課題で、二匹のイルカはほとんど問題なくこの課題を学習した。次の実験段階では、二つのプールの間に仕切りが設けられ、イルカは互いを視認できなくなった。ただし、互いの声を聴くことはまだ可能である。もう一つ重要な点として、バズはもうライトを見ることができない状況が作られ、ライトが点滅しているか点きっぱなしになっているかを確認できるのはドリスだけとなった。したがって、バズが正しいパドルを押して二匹のイルカが食べ物を得るためには、バズへライトの状態を「教える」ドリスの役割が重要となる。実際ではまさに期待されていた通りの行動が起こり、研究者を喜ばせた。ライトの状態に対応したパドルの前に位置しながらドリスは鳴き声を発し、ほとんどすべての試行でバズは正しいパドルを押した。ここで出された暫定的な結論は、ドリスは鳴き声を使ってコミュニケーションを行い、バズへ任意の新しい情報（この場合ライトの状態）を伝えた、というものであった。

しかし、バスティアンはこの実験に満足しなかった。科学的に厳密を期すために、この刺激的な結論を覆してしまう可能性のある潜在的な交絡因子を洗い出す厳密な対照を設定し、続く実験を始めた。すると、バズからライトが見えるかどうかにかかわらず、ドリスは同じ鳴き声を発していた(46)ことが判明した。バズがプールにいない場合でさえ、ドリスは同じ鳴き声を発していた。この発見は、ドリスがバズへライトの状態に関する情報を意図的に伝えているという考えに疑問符を突きつけるものであった。そして、最初の実験結果に対するより自然な説明として、どのパドルを押すべきかを決めるのに、バズは別の情報を使っていたのではないかという考えが出てくる。最終的な結論は、バズは鳴き声によってドリスがプールのどこにいるか（つまりどちらのパドルの前にいるのか）を定位できていた、というものであった。バズは、単に声を出すドリスが近くにいるか遠くにいるかを判別することで、正しいパドルを選んでいたのである。バズの行動は、鳴き声による言語学的な情報伝達を介したものではなかった。[47]~[48] オランダのハルデルウェイクにあるテーマパーク「ドルフィナリウム」の研究者がバスティアンの研究を繰り返したところ、ほとんど同じ結果が得られた。[49] ハルデルウェイクの研究者はイルカの鳴き声を分析し、「イルカが発する鳴き声には、ライトの状態に対応した音声構造的な違いはない。正しい選択を可能にしているのは、声を発するイルカの位置である」[50] という結論をくだした。しかし、ディスカバリーチャンネルやアニマルプラネット[51]、さらにはその他複数の本の著者は[52]、「イルカは抽象的な概念を伝達できる」とするバスティアンの最初の結論だけを広め、「この結論は明らかに間違っていた」とするその後の主張（バスティアン自身のものも含む）は無視してしまった。

イルカのコミュニケーションシステムに表現の無限性が存在するかどうかに関する実験的証拠となるかもしれない研究が、少ないながらも存在する。ソ連の研究者による二つの出版物である。この出版物は大多数の科学者からはほとんど無視されているが、イルカのコミュニケーションに「開かれた語彙」があることの科学的エビデンスとして、イルカ語の支持者によってしばしば引用される。[53]この論文がどうやって一般向け（科学者向けではない）議論の中に入ってきたかについては、ここで簡単に説明しておく必要があるだろう。

ソ連崩壊二年前の一九八九年、イタリアのローマで、クジラ類の感覚と関連する能力をテーマとしたカンファレンスが開催された。ソ連からも多くの研究者が参加し、英語での発表が行われた。これはミハイル・ゴルバチョフによるグラスノスチが実施される前の時代には、珍しい出来事だった。鉄のカーテンの向こう側でイルカの認知能力について活発な研究が行われていることに、西側の研究者は長い間気づいていなかった。そして、この手のワークショップやシンポジウムではままあることだが、研究者は発表した内容を書籍体裁の会議録・論文集へまとめないかと尋ねられる。ここで重要なのは、このような発表物はその分野の専門家によって編集されるものの、基本的にピアレビューの対象にはなっていないということである。この点、学術的なジャーナルとは異なる。したがって、著者の選んだ研究方法、統計分析法、論点などは、同業者による批判的評価を受けていないのが普通である。

アレクサンドル・V・ツアニンが筆頭著者となった一番目の論文は、バスティアンが行った最初の実験のデザインを、黒海のイルカへと適用した実験を報告したものだった。[54]論文の導入部では、「イルカの自然コミュニケーションシステムは任意の複雑な情報を伝達できる」という意見が表明されていた。著者たちは、「野生および飼育状態のイルカの行動にみられる複数の特徴をはじめとして、この見地を支持する間接的証拠がある」と主張した。しかし、具体的にどのような行動について言っているのかに関しては、引用も言及もなかった。イルカが任意の複雑な情報伝達能を持つことを示す実証的証拠を得ようとそれまでに行われてきた実験（特にドリスとバズを使ったバスティアンの実験）は、失敗に終わっていた。そこで著者たちは、イルカが鳴き声を介して任意の意味情報を伝達できることを明確に示す実験を考案しようとした。

そうして、ある実験がデザインされた。一匹のイルカが視覚的な合図を見せられ、水槽内に浮かぶ二つのボール（小さなボールと大きなボール）から一つを選ぶ。このイルカと、隣の水槽にいる二匹目のイルカの両方が正しいボールを選ぶと、報酬が与えられる。二匹目のイルカは、正しいボールを示す視覚的な合図も隣のイルカも視認できないが、音声情報だけは得ることができる。つまり二匹のイルカは、互いの鳴き声だけは聞き取れるというわけである。正しい選択行動が観察され、これはイルカAが鳴き声を通して任意の意味情報（どちらのボールをイルカBが選ぶべきか）を送ったものと解釈された。ただし残念ながら、バスティアンの実験で起こったような、音声による単純な合図がイルカBが正しい選択をする手がかりとなっている可能性を排除する対照実験についての言及はない（小さなボールではなく大きなボールの前にいるときに発する声は周波数が異なるなど）。バスティアンの実験と同じくこの実験は、自然なシグナルを通して任意の意味情報を伝える能力を試す適切なテストとみなすことはできない。

二番目は、ウラジーミル・I・マルコフとベラ・オストロフスカヤによって会議録に発表された研究である。[55] イルカの音声に含まれる意味内容を示すにあたり、この論文では「ランク分配法（つまりはジップの法則、後述する）」が使われた。そして計算によると、イルカの発する音声単位を組み合わせると、階層構造を持つ一〇の一二乗にも達するシグナルを生み出せることが示された。

もしイルカが実際にこの膨大な数のシグナルに意味情報を対応させていけば、イルカは表現の無限性の基準を実質的に満たすことになる。しかし、このような主張を行うためには、著者は「ビルディングブロックの誤謬（後述）」からの批判に直接的に対処しなければならない。さらに、動物のコミュニケーション研究に情報理論（ジップの法則など）を用いることに対する現在の理解からすると、意味内容とイルカのシグナルとを結びつける際にこの論文で取り上げられたような方法を使うことには、かなりの問題がある。この論題は、本章後半の情報理論を扱うところで詳しく解説する。

一九九一年のソ連崩壊の後、これらソ連の研究者たちが同様のテーマに関して再び発表を行うことはなかった。同じくロシアの研究者、サンクトペテルブルク大学のミハイル・イワノフはこの研究に刺激を受け、飼育されたイルカに複雑なコミュニケーション行動を見出すための実験デザインを発表した[56]。しかし、ツアニンの実験とは異なり、任意の意味論的情報の伝達に関する直接的なテストは組み込まれていなかった。したがって、会議録『*Sensory Abilities of Cetaceans*（クジラ類の感覚能力）』に掲載されたこれら二つの論文は、「イルカの自然コミュニケーションシステムが表現の無限性を持つことを示す実験的証拠がある」と主張する唯一の科学的発表物（私が英語圏で知る限り）として、特異な立場にある。私がいま概説したこれら研究の問題点を考えれば、メインストリームの科学コミュニティーがなぜ「イルカのコミュニケーションには言語に必須の表現の無限性がない」という結論を変更しようとしないのか、理解できるだろう。

ソ連が行った二つの実験と、バスティアンおよびハルデルウェイクの実験が、表現の無限性に関するイルカの能力を確かめようとした唯一の科学的試みである。これらの実験に、イルカのコミュニケーションに表現の無限性は存在しないと結論するに十分なものなのだろうか？　何世代もの科学者たちにとって、答えはイエスであった。私は以前にあるインタビューで、「本質的にイルカは複雑で興味深い行動をとる。しかし、彼らがやっていることに、言語によってのみ説明が可能となるような大きな謎はない」[57]と発言したことがある。私が言いたかったのは、それが明らかに複雑にみえたとしても、野生あるいは飼育状態で観察されたイルカの行動に、無限の意味情報の伝達能力を欠くACSで達成できない行動など何もないということである。協力して狩りをしたり、複雑な離合集散社会を形成したりするイルカの能力は、標準的なACSでもある程度まで説明できる。実際、ウツボ[58]やゾウ[59]もこのような行動をとるが、これら動物のコミュニケーションシステムが表現の無限性を有すると主張する人はいない。イルカの行動を説明するために、わざわざ言語を持ちだしてくる必要はない。また、イルカは表現の無限性に関する初期の実験をパスできなかった。こうした理由から、この方向の研究は、現在の研究者からはあまり興味を持たれていない。

誤解しないでほしいのだが、動物のコミュニケーションには研究を進めるべき大きな謎がまだたくさんある。一八世紀には既に、ハチは食べ物がある場所についての抽象的な情報を、ダンスによって伝達できるのではないかと疑われていた。カール・フォン・フリッシュがハチのダンスの機序を解明するまで、これがどのように達成されているのかは謎であった。我々はいま、プレーリードッグがどのようにして対象物のサイズ、形、色といった情報を鳴き声を介して伝達しているのかという謎に直面している。ちなみにプレーリードッグはおそらく、意味情報を伝達するという観点では、これまでに発見された動物のコミュニケーションシステムの中でも最も驚くべき例である（言語評価スケールの「表現の無限性」では少なくとも二点は与えられる)[60]。しかし悲しいかなイルカでは、花の場所を見つけるハチの神秘的な習性や、私が着ているシャツの色を互いに伝えあうプレーリードッグの能力と匹敵するような、謎の多い行動は見つかっていない。他の動物の行動とイルカの行動を比べてみても、イルカの鳴き声に表現の無限性が隠されているかもしれないと思わせるような違いは何もない。

●離散的組み合わせシステム＝一点

一九六〇年代前半、イルカ語の基本的性質を調べようとする初期の実験が、ジョン・J・ドレハーによって行われた。数理言語学者であり音響エンジニアでもあったドレハーはこのとき、イルカの鳴き声を研究するために米国海軍と提携したロッキード社（当時はLockheed Aircraft Corporation）に所属していた。ドレハーたちは、野生のイルカや「マリンランド・オブ・ザ・パシフィック」（ロサンゼルスにあったテーマパーク）で飼育されている動物の鳴き声を録音し、行動と強く相関する鳴き声を同定しようとした。これは、離散的組み合わせシステムの基本要素である「語(word)」の存在を明らかにしようという試みだった[61]。この研究の基本的な考え方は、「イルカのホイッスル(抑揚の割合や程度が異なる多数のパターンがある）は個々の語や音素に相当する」というもので、特定のホイッスル（語）を特定の行動と関連付けることができれば、「イルカ語の解読」が始まったというわけである。ドレハーの実験から、イルカのホイッスルの初期カタログが得られ、その潜在的な情報内容を数学的に計算しようという試みが行われた[62]〜[63]。ジョン・リリーによる実験を含めたその他の初期研究でも、イルカが発するホイッスルとパルス音のカタログが作成された。[64]〜[65] 一部の科学者は当時から既に、イルカの鳴き声は本質的に言語であるという、かなり広まっていた仮説を批判していた。そのような科学者の一人は、書籍『*Whales, Dolphins and Porpoises*（クジラ、イルカ、ネズミイルカ）』（一九六三年に開催された第一回クジラ類研究国際シンポジウムの寄稿論文からまとめられたもの）の中で、イルカのコミュニケーションに関するドレハーの論文に対して、次のような予言的な発言を残している：

私は、今日この会合でみられたような文脈で使用される「言語」という言葉を聞くたびに、身震いをしている。……今日ドレハー博士が、先の機会では別の科学者が、ネズミイルカの鳴き声を指して「言語」という用語を使ったが、彼らはこの言葉を、昔から使われている一般的な意味とは違った意味で使用していることを説明する必要性を感じていた。こんなやり方を続けていけば、一つの用語に二つのまったく違う意味を与えることになってしまう。コミュニケーションの研究者にとって、これは疑いなく効率的ではない。私には、より広い意味を持つ「コミュニケーション」という言葉が、クジラ類の出す音という論題について今日私がここで聞いたあらゆる意味を伝えるもののように思える。[66]

後の研究者によって、ホイッスルに関するこれら初期の研究は、イルカが離散的組み合わせシステムに合致した形でこれらの音を組み合わせている場合に必要となる多様性の証拠を提供するものではないことが確認された。[67] 目的こそ異なるが、イルカのホイッスルをカタログ化する作業は今日でも続いている。コンピューターを使った高度な方法によって、さまざまな性質に基づいてホイッスルが分析・分類されている。[68] ホイッスルを分類する我々の能力は、イルカ自身のホイッスル分類と一致する地点にまで至っている。[69]

観察された行動と、ホイッスルあるいはその性質との相関をみることは、イルカのコミュニケーション研究では有効なアプローチである。ホイッスルは、それぞれの個体が行っている行動の種類（採餌行動から社会的行動まで）についての情報伝達に使用されているようである。[70] シグネチャーホイッスルは、それを発する個体の「身元」についての情報を伝える。ホイッスルはまた、接触の維持、泳ぐ方向の合図、仲間に食べ物の存在を知らせることなどにも使われる。[71] ホイッスルの長さや変曲点（ホイッスルの音波曲線が反転する位置）の数の変化は、異なるレベルの情動（警戒、恐怖、攻撃性など）を伝えることに使われている可能性がある。[72] バーストパルスやその他のパルス音も、集合の合図、個体認識、攻撃的な接触の合図、そして食べ物の合図として使われている。これらすべての機能はＡＣＳとして分類でき、言語を持たない動物のコミュニケーションに典型的なものである。ホイッスルやパルス音を統語システムに従って組み合わせ、意味論的に豊かな文章を生み出しているという考え方は、ここ数十年は科学論文からは姿を消している（先に記したソ連の研究を除けば）。イルカのコミュニケーションの専門家であるセントアンドリュース大学のヴィンセント・ジャニクは、二〇〇九年に出版された書籍『*Vocal Communication in Bird and Mammals*（鳥類と哺乳類の音声コミュニケーション）』のなかで、イルカのコミュニケーションについて一章を割いている。そこで彼は、次の一文でこの論題を表現している：「人工的なシグナル体系が持つ比較的複雑な統語構造をイルカが理解できることが示されてはいるものの、イルカの鳴き声が統語論的規則を示す証拠はほとんどない」。[73] しかしジャニクは、イルカのクリック音やパルス音による合図には、統語構造が存在する「大きな可能性」があると主張している。[74] ただし、離散的組み合わせシステムにつながる意味論的に豊かなコミュニケーションシステムに、必ずしも統語構造を対応させる必要はないとも言っている（鳥の歌のように）。イルカのホイッスルのレパートリーには十分な多様性があり、それが規則性を持った形で生み出されているとする、いくつかのエビデンスがある。そしてこれは、イルカが多量の情報を伝達する能力を持つことを示唆するものであるとされる（この考えは最初にドレハーが研究したものである）。しかし、本章後半でとりあげる情報理論についての議論から明らかなように、これは離散的組み合わせシステムが存在する証拠というわけではない。

イルカが離散的組み合わせシステムに関して一点を獲得する理由は、イルカの自然コミュニケーションシステムにみられる要因からではない。そうではなく、ジャニクが指摘したように、「人工的なシグナル体系」を使う能力が原因である。ケワロ湾での研究でアケとフェニックスは、視覚的および聴覚的なシグナルからなる人工的な言語システムを使うよう訓練を受けた。ここで提示されたシグナルは、対象物、行動、場所を指し示す合図であった。二つ以上の合図を組み合わせれば、固有の指示を伝える文を作ることができる。重要な点として、合図の順番が変わると、指示の内容も変化する。たとえば、「人間　サーフボード　取る」という順番で提示された文は、「人間のところへサーフボードを持ってこい」を意味する。しかし、「サーフボード　人間　取る」では、「サーフボードのところへ人間を持っていけ」となる。アケとフェニックスはこの違いを言葉の順序と関連させて学習し、新しい合図の組み合わせにも応用した。つまり、合図の組み合わせ方に関する基本的な統語規則を理解する能力を示したのである。イルカがこの能力を自らの鳴き声にも使っているとする証拠はないものの、意味を持った文を作り出す離散要素の組み合わせを理解する能力は、イルカの精神に存在する。ただし、イルカが理解できるのは、比較的短い文（最大五単語）の基本的な語順に限定されている。この能力は、完全な自然言語を支える離散的組み合わせシステムに必要な統語特性のほんの一部でしかない（そしておそらくは、非常に限定的な定義の「統語」にしか該当しない）。[75] これが、この項目の評価点で一より高い点を与えられない理由である。なお、このような能力が、訓練を積んだイルカに特有なものでないことは指摘しておくべきだろう。言語的才能のある動物、特にオウムのアレックスやボノボのカンジは、基本的な合図の組み合わせから構成される発声情報を理解し、作り出す能力を示す。[76] さらに、さまざまな状況で名詞と動詞の組み合わせから成る指示（「ボール　取る」のような）を理解するイヌの能力もよく知られている。イヌもまた、合図の組み合わせから成る基本的な統語形式を理解できる。[77]

●再帰性＝一点

言語学的な意味での再帰性とは、出力文を入力文として使うような、構造を構造の中に埋め込む文法的な能力のことである。次の例では、再帰性は中央埋め込み（center-embedding）という統語規則の基礎となっている。ある句は別の句へと無限に埋め込みが可能である。

The rat ate the cheese.（ラットはチーズを食べた）

The rat **that cat chased** ate the cheese.（ネコが追いかけたラットはチーズを食べた）

The rat that cat **that the dog bit** chased ate the cheese.（イヌが咬んだネコが追いかけたラットはチーズを食べた）[78]

再帰的な言語構造を生み出す能力はヒトの精神に特徴的なものであり、言語に必須の性質だと主張する人がいる。[79] イルカが再帰的構造を理解できるかどうかに関して唯一の言及があるのは、単語のつながりを理解するアケとフェニックスの能力を試した研究である。ここで著者たちは、「等位結合された構成素と等位結合された文を含む再帰形式」[80]に対するイルカの理解能力を記述した。フェニックスには、二つの文を連結した指示が出された。たとえば、「パイプ　尻尾 - 触れる　パイプ越える」といった具合である。[81] この指示は、「最初にパイプに尻尾で触れ、その後パイプを飛び越えろ」を意味している。フェニックスはこの統語構造の意味解析にほとんど困難を示さず、新たに出された一五の結合文のうち一一で正しい行動をとった。ただし、この種の再帰性は、末尾再帰（tail recursion）に分類される。[82] 末尾再帰とは、句の最後に構成素がつながる形式である。中央埋め込みと同じく、この形式でも無限の長さの文が作成できる(現実的には記憶能力による限界があるが)。しかし中央埋め込みとは異なり、末尾再帰では、一番目の句と二番目の句は独立したもので（同じ文の中で提示されるわけではあるが）、互いの参照は伴わない。つまり、二番目の句の意味を理解するために、一番目の句の意味を思い出す必要はない。これは反復性の強い統語処理であり、一連の鳴き声を単純に繰り返す鳥類や霊長類のコミュニケーションでよくみられる[83]。反復性（そしてフェニックスが示したような末尾再帰の理解能力）が、ヒトの言語にみられる無限の生産性を持つ統語システムに寄与している情報処理法なのかに関しては、議論がある[84]。

以上が、私が再帰性について一点を与えた理由である。しかし多くの研究者からは、末尾再帰は離散的組み合わせシステム（つまり言語）に必須の再帰構造とはみなされていない[85]。ザトウクジラ[86]やジュウシマツ[87]と異なり、イルカが中央埋め込み、あるいはそれに類する階層的な統語構造を、理解または作り出すことはまだ確認されていない。そしてこれらの生物種のいずれも、離散的組み合わせシステムや表現の無限性といえるものを生み出すほどの再帰能力は持っていないようである[88]〜[89]。

●言葉に関する特別な記憶＝一点

ヒトの精神は、さまざまな言葉に対応した意味を蓄える、驚異的な能力を持つようである。しかし、たとえば次のような理由から、言語使用者の平均的な語彙の推定は非常に難しい。

①　発することが可能な単語と、理解あるいは認識できる単語の間の差異をどのように定量するのか。

②　ある単語と、そこから変化あるいは派生した単語（word family）——元の語と異なる意味を

持つこともある――を区別する場合に、どこにその境界線を引くのか。例を挙げるとchoose、chooses、chosen、chooser、choosyでは、「選ぶ」という元の意味から大きく変化しない単なる活用形とみなせる単語もあれば、たとえばchoosyでは「気難しい」などの意味が派生している。

③ 同じ意味を持つ異なる言語の言葉を知っている場合はどうするのか（たとえばairplane、vliegtuig、avionはすべて「飛行機」を意味する）。

これらの問題をどう扱うかによって、大学教育を受けた人の平均的な推定語彙（母語）は一万七〇〇〇語[90]～二一万六〇〇〇語[91]まで変動する。外国語や第二言語を覚えれば、この推定数は数倍に膨れ上がる可能性もある。

「語」という概念の相同物がＡＣＳに存在するというのは正確ではないが、多くの人は警戒声を単語の相似概念と考えることができると主張している。[92] 警戒声は、ヘビやタカといった環境中の脅威に直面した際に、多くの種（チンパンジー、ベルベットモンキー、ミーアキャット、ニワトリなど）によって使われる音声シグナルである。このシグナルを聞いた他の個体（同種の個体はもちろん、異なる種の個体も含まれることがある）は、特定の警戒声と関連付けられた、緊急事態や捕食者に応じた回避行動をとる。ただし、これはいくぶん単純化した概説で、シグナルとその指示対象がどの程度強力に結び付いているのかについては不明な点が多い。また、警戒声が指していると思われる特定の脅威の心的表象を動物がつくり出しているかどうかに関しても、まだ熱心な議論が続いている。[93] しかし、類推に基づいた議論に寛容な態度をとり、それぞれの警戒声が機能的に単語に相当すると仮定した場合でさえ、警戒声を出す動物種の持つ「語彙」は、ヒトと比べると悲しくなるほど少ない（通常は六種類を超えない）。[94] もちろん、同一の警戒声が、たとえば緊急性や驚異の距離に応じて異なる情報を伝えるような形で利用されている可能性はある。その意味でこれは厳密にフェアな比較ではない。しかしそれでも、警戒声が語彙的に豊かだとはとても言えない。

人為的なトレーニングプログラムを受けた動物は、それぞれ異なる意味を持つ多数のシンボルを学習できる。これまで報告されたなかで最も多くシンボルを覚えたのは、ボノボのカンジ（二〇〇以上の絵文字）、[95] ボーダー・コリーのリコ（二〇〇以上の名前）、[96] そしてオウムのアレックス（一五〇以上の名前）[97] である。イルカでは、アケとフェニックスは四五～五〇程度のシンボルとその意味を覚えることができた。[98] これは確かに素晴らしい結果で、「言葉に関する特別な記憶」項目に関して少なくとも一点には値する。しかし、より広い視野でみてみると、アケやフェニックスではなく、ボーダー・コリーのチェイサーこそが、動物の語彙オリンピックの真のスターだということがわかる。チェイサーは一〇二二もの対象物の名称を覚えた（ここで使われたほとんどの名称は、それまでヒト以外の動物が覚えたものが選ばれた）。[99] しかし、そのチェイサーでさえ、ヒトの平均からすると語彙の数は一～二ケタ少ない。ヒト以外の動物は、ヒトほどにはシンボルを記憶できない。また、ヒトは、語を句や文へと組み合わせ、語単体のときとは違った意味を与えることができる。たとえば、「dog（イヌ：動物）」、「dog-food（ドッグフード：食べ物）」、「dog-food-dispenser（ドッグフードディスペンサー：容器／配給器）」は違った意味を持つ。現在知られている限り、ＡＣＳ

ではこれができない。言語訓練を受けた動物でさえ、限られた範囲でこの課題をこなせるだけである（二～三の単語を組み合わせて新しい概念を作る程度）。

●空間的置換と心的時間旅行＝三点

自然言語の柔軟性と開放性に不可欠な、二つの概念がある。①目の前で知覚可能ではない対象物や事象（視認できる範囲外の出来事など）を指し示す能力、②過去や未来の対象物や事象を指し示す能力、である。これらの概念はそれぞれ、空間的置換（displacement）と心的時間旅行（mental time travel）として知られている。ケワロ湾での実験で、これらの能力がイルカにもある程度存在するエビデンスが得られた。アケは、特定の物体が水槽内にあるかどうかをイエス／ノーパドルを押して報告できた。たとえば「フリスビーはあるか？」という質問が出され、視界の中にフリスビーがなければ、アケは間違えることなく正しい答え（ノー）を出した。[100] この行動をとるためには、アケは知っている物体が存在し（対象物の心的表象、あるいは対象物と関連する過去の経験の心的表象に基づいて）、しかしそれが現在視界内になく、にもかかわらず自分がいる水槽以外の場所で存在し続けていることを理解している必要がある。そして重要な点として、アケはこの情報を伝えることができた（空間的置換の基準を満たして）。直接的には知覚できない物体を指すのに、イルカは自然コミュニケーションシステムを使っている可能性もある。イルカは時に、社会的パートナーに固有のシグネチャーホイッスルを模倣し、視界内にいない場合もある対象（つまりもう一匹のイルカ）を効果的に指し示すことが示されている。[101] 身元情報を伝えているのは、鳴く側の声の特性で

はなく、シグネチャーホイッスルの波形であることも知られている。[102] しかし、

①シグネチャーホイッスルの機能が本当に指示的なものなのか

②社会的パートナーのホイッスルは、単に共有されたコンタクトコールの一種なだけで、信号を出す側が実際に「特定のホイッスルと結びついた特定個体の心的表象」を持っているのか

といった疑問の答えはまだわかっていない。[103] いずれにせよ、イルカは確実にこの心的能力を有している。

ケワロ湾の二匹のイルカ、エレレとヒアポは、物体だけではなく過去に起こった事象を覚えており、したがってその心的表象を持つことを示した。これら二匹のイルカは、「前の行動を繰り返せ」や「最近実行した以外の行動をとれ」といった指示に従うことができた。このような行動をうまくこなせることから、エレレとヒアポが過去の行為の表象能力を持つことは明らかである。これが先に述べた心的時間旅行の特性である。イルカが過去の事象を表象でき（そしてそれについてある程度コミュニケーションでき）、直接的には知覚できない物体や事象を参照できることを示すこれら一連の実験結果から、この項目の評価は三点となる。五点に届かないのは、未来の事象を表象する能力がまだ確かめられておらず、またイルカ自身のコミュニケーションシステム内でこれらの能力が実際に使われていることが示されていないためである。

●環境からの入力の必要性＝三点

ヒトの子どもは、既に言語をマスターしている人（成人や年長の子ども）との相互作用を通して言語を習得する。長い年数をかけながら、音韻や統語の規則、その他の要素を暗黙のうちに学んでいく。自然言語の完全な母語話者となるにあたっては、はっきりとした言語教育は必要ない。しかし、長期にわたる言語への曝露が必要となる。この過程が、人間の精神が備える特殊な言語獲得の仕組みによって担われているのか、それともより一般的な学習モジュールを応用したものなのか、まだ議論が続いている。それでも、環境からの長期的入力は、自然言語の獲得に必須の要素である。

「本能ではなく模倣を通して発声法を獲得する能力」と定義される音声学習は、動物界ではまれである。ヒト、スズメ目、ハチドリ、コウモリ、オウム、アザラシ、クジラ類などのみがこの能力を持つ。[104〜105] イルカは特に音声模倣能力が高いことが知られており、[106] 新たな人工的ホイッスルを簡単に再現できる。[107] 模倣能力は、若いイルカがコミュニケーションシステムを発達させるために必須である。幼いイルカがホイッスルのレパートリー——特にハンドウイルカのシグネチャーホイッスル——を増やすにあたり、環境からの入力は非常に重要な要素となる。若いイルカは、同じ水槽の仲間のホイッスル（常にではないが母親のホイッスルも含む）に加え、研究者が作り出した人工的ホイッスル、さらにはトレーナーが使うホイッスルを模倣することを学ぶ。[108〜109] ハンドウイルカでは、生後一年はシグネチャーホイッスルの形成に関して決定的に重要な期間のようである。[110] しかし、イルカは生涯新しいホイッスルを習得する能力を維持しており、時に自らのシグネチャーホイッスルを変更したり、[111] 社会的なパートナーの変更を反映してホイッスルのレパートリーを更新したりしている。[112]

シャチの群れは、方言と呼ばれる特殊な音声レパートリーを持つ。方言は母系の群れに固有のもので、幼いイルカは生後数年をかけて学ぶ。[113] ハンドウイルカとは違い、これらの鳴き声は主に母から子どもへと垂直伝播しているようである。しかし、他の群れに固有の鳴き声を模倣するシャチも観察されている。[114] 現在では、群れ特異的な方言の発達は、「ライバル」の群れの鳴き声から特徴を（ある程度）拝借しているのではないかと考えられている。[115] まとめると、これまでの知見は、イルカが自然コミュニケーションシステムを獲得するために環境入力を必要とする、まれな哺乳類であることを示唆している。したがって、この項目の言語評価は三点になる。しかしヒトとは異なり、仲間の発声への曝露を欠いたイルカが、自然言語の場合で起こるようなコミュニケーション能力の喪失を起こすかどうかを示すエビデンスはない（もっとも、これは明確にテストが実施されたわけではないが）。このため、五点の評価は与えていない。

●任意性＝四点

任意性の最も単純な解釈（ホケットによって最初に広く知られるものとなった）は、非類像性(non-iconicity)と同義とするものである。シンボル（象徴）と異なり類像（icon）は、それが指し示す対象との類似性を有している。「カップから何かを飲む」という概念を表すためにその動作のパントマイムをしたり、クラクションを表すのにその音を真似したりするのは、非任意的あるいは類像的シグナルの例と言えるかもしれない。一方で、チンパンジーやベルベットモンキーの警戒声を例にすると、ヘビやヒョウがいるときの鳴き声は、その音が実際のヒョウと物理的あるいはその他の類似性を持たない場合、非類像的なものといえる。また、この警戒声は、「木に登れ」や「隠れろ」を示唆するような、他の解釈を直接的に表すわけでもない。警戒声は元々ただのランダムな音の振動であり、サルの進化過程で、ヒョウの存在や捕食者を避ける行動と結びつけられるようになったものである。

イルカが発し、自然コミュニケーションに使っているすべての鳴き声に、任意性があることは間違いない。ただし、シグネチャーホイッスル以外のイルカの鳴き声が、対象物や事象を指し示しているとする直接のエビデンスはない。このため、指示的な性質を持つ可能性が高い警戒声と同じように扱うわけにはいかず、イルカの鳴き声の類像性／非類像性に関する議論は少々難しいものになっている。しかし、ケワロ湾で行われた多くの研究が立証しているように、任意の音や視覚的合図と、物体／行動／事象とを関連付ける能力がイルカにあることに疑いはない。このことから、任意性に関しては四点を与えた。

●情動からの自由＝二点

「必ずではないにしても、ACSは主に動物の内的な生理学的／情動的な状態についての情報を伝える手段として使われている」という考えが、何世紀にもわたり広く受け入れられてきた[116]。ドナルド・グリフィンはこれを、動物の情報伝達の「苦痛のうめき（groan of pain：GOP）」解釈と名づけた[117]。この名称は、ACSが多くの動物でどのように働いているかをある程度うまく表現してくれる。ライオンの唸り声、ブタのキーキー声、ネコのゴロゴロ声などはすべて、動物の精神状態についての情報を受け手へと伝えるシグナルである。ヒトも類似したシグナルを発する。恥ずかしいときには赤面し、恐ろしいときには叫び、嬉しいときには笑う。ヒトの言語においてさえ、通常は無意識的に付随するさまざまなパラ言語的要素（言語に伴って情報を伝える、言語そのもの以外の要素）が、情動状態についての情報を伝えている。たとえば、普段より高い音での早い発話は恐怖を表すことがあるし、嬉しいことを暗に伝えるさまざまな話し方もある[118]。しかしＡＣＳにも、ヒトの言語と同じように、単なる情動状態以外の情報を伝える多くのシグナルが存在する。確かに、ミーアキャットの警戒声やヒヒのムーブ・グラント（移動を促す鳴き声の一種）のような指示的シグナルも、感情的な情報を含むことがある。しかし、これらのシグナルは、発する個体の精神外部の行動的／社会的／環境的な情報を伝達する鳴き声に基盤を持っており、情動状態とは独立したものである。

物体や事象を指すシグナルを使ったコミュニケーションの訓練を受けた動物は、自らの情動状態だけでなく、対象物についての情報を伝える能力も明らかに示す。これは、アケ、フェニックス、言語訓練を受けた他のイルカにもみられたことである。しかし、イルカの自然コミュニケーションシステムがどの程度感情以外の情報（指示的あるいは意味的情報）を伝えているのかは、まだはっきりしていない。シグネチャーホイッスルは、捕食者に対する警戒声と同じように、指示的情報と感情的情報の両方を伝えるシグナルである可能性もある。しかし、イルカが出す他のホイッスルやパルス音はどう考えればいいのだろうか？　多くの研究結果から考えると、シグネチャーホイッスルも含めた発声パターン（ホイッスルの割合、振幅、波形の変曲点、長さ）[119]の変化は、覚醒（情動）

状態と行動文脈の双方と関連していると思われる。[120] これはACSと情動の典型例な関係である。共同での狩りや絆の維持にかかわる複雑な社会性でさえ、指示的なシグナルではなく感情的なシグナルに依存しているようである。イルカは、任意性を持つシグナルを使って非感情的な情報を表現できることがわかっている。しかし、エビデンスからは、イルカの自然コミュニケーションシステム内でこの能力は使われていないことが示唆されている。したがって、この項目の評価は二点となる。

●新規性の生成＝二点

新規性生成の核心部分には、まだそれを表す記号が存在しない物体／事象／概念（たとえば電子書籍、クラウドコンピューティング、フォトボムなど）の代替物となる、新たな記号の創造がある。イルカのコミュニケーションに、物体／事象／概念の代替となる単語のような明確な言語単位が存在する証拠がないことを考えると、新規性の生成がイルカの自然コミュニケーションシステムの一部に組み込まれている蓋然性は低い。実験環境では、イルカは新しい記号を覚えることができる（たとえば対象物を指すホイッスルを自発的に学習し、模倣する）。[121] また、既に知っている記号を使った新しい文の意味を理解することも可能である。一九八〇年代の半ば、人工的なホイッスルを使ったコミュニケーションシステムを作り出そうとする研究が、二匹のイルカを使って行われた。研究を率いたのはダイアナ・ライスだった。この研究のなかで、二つの物体（ボールと輪っか）について学んだホイッスルをイルカが自発的に組み合わせ、ボールと輪っかを同時に使って遊ぶ際に発する、単一のホイッスルを作り出したことが観察された。この行動は、新規性の生成と明らかに類似している。[122] このような新規性の生成は、イルカの自然コミュニケーションシステムには存在しないようであるが、右の実験観察は二点を与えるに十分なものである。

●社会的認知能＝三点

多くのACSシグナルは、GOP解釈が示唆するように、無意識的あるいは反射的に作り出される。真のGOPシグナル（食卓に小指をぶつけてしまった際の叫び声など）は、シグナルの受け手が存在するかどうかに関係なく発せられる。一方で、自然言語はまったく異なる性質を持つコミュニケーションシステムである。自然言語にしても、聞き手に利益を与えるために意識的にのみ発せられるわけではない。しかし自然言語は、議論の対象について聴者が何を知っていて何を知らないかに関する話者の仮定の上に成り立っている。私がディナー・テーブルで妻と会話する際には、言語生成の意識的な制御が必要とされるだけではなく、情報を効果的に伝えるために、私は妻の精神について絶えず予測を立てなければならない。たとえば、私が昨晩テレビで『ミッドナイト・イン・パリ』を観たことを妻は知っているだろうか？　知らないのであれば、それを話したほうがいいだろう。しかし彼女がその映画をまだ観ていなければ、エンディングシーンについて話すのはやめたほうがいい。このように、自然言語を発するために私は、心の理論にまで完全に発達した社会的認知能力を利用している。

ニワトリの発する警戒声、[123] シロクロヤブチメドリの集合声、[124] トウギョ（ベタ）の恐怖表示行動、[125] が、シグナルの受け手の存在やその構成によって変化するというエビデンスがある。このような「観客効果」は、従来考えられていたよりも動物界全体に広くみられる。動物が意識を持っているかどうか、あるいはシグナルを意識的に制御しているかどうかに関係なく、シグナルの受け手に対する気づきは、シグナルの発信に影響することが示唆されている。チンパンジーでは、警戒声に影響を与えるのは観客の存在だけではない。ヒトと同じようにチンパンジーも、互いの精神がどのような情報を持っているかを考慮に入れている可能性がある。二〇一一年の研究で、野生のチンパンジーは、ヘビを視認していない（ヘビに視覚的な注意が向いていない）仲間、あるいはその前の警戒声を聴きとれないほど遠くにいた仲間が存在するときには、危険な捕食者（クサリヘビ）と関連する警戒声をより多く発することがわかった。報告者によれば、チンパンジーは「他のチンパンジーが得られる情報を把握しており、他の個体へ選択的に情報を伝えるために発声を調節している」[126]という。

野生のイルカが、野生のチンパンジーのように仲間の精神状態に応じた形でシグネチャーホイッスル（あるいは他の指示的／意味を伝える鳴き声）を発することを示すエビデンスはない。しかし、視線追跡とポインティング理解／行動に関する研究から考えると、イルカが他の存在へと心的状態を帰属している可能性は十分にある。同様の能力は他にも多くの動物種（ヤギやワタリガラスなど）で観察されている。しかしイルカは、チンパンジーやヒトと同じく、精神状態とはいわないまでも、他者の注意状態に関して洗練された理解をしている可能性がある。そして、表象情報を伝えるために、意図的にコミュニケーションシグナルを発することができる。これは完全に発達した心の理論と捉えるには不十分かもしれないが、それでも社会的認知能の評価を補強するものではある。残念なことに、イルカがこの能力をチンパンジーのように自然コミュニケーションシステム内で利用している実例は見つかっていない。このため、言語評価において三を超える点は与えていない。

五種の動物で言語評価を比較する

先の一〇項目でイルカの得点を集計すると、最大五〇点中の二〇点ということになる。ヒトはすべての項目について五点を獲得するので、総計は五〇点である。五〇点に届かなければ（あるいはきわめて近い値をとらない限りは）、イルカのコミュニケーションシステムがどんなものであろうとも、「言語」という用語を使うわけにはいかない。この得点差を機能的な不連続性と考えるのか、あるいはそうでない証拠と考えるべきなのか、判断は読者に委ねたいと思う。ここではイルカの言語能がどの程度「特異」なのかを判断する参考として、他の三つの動物種（ハチ、チンパンジー、ニワトリ）と言語評価点を比較してみよう。チンパンジーを選んだのは、イルカと匹敵する認知能力を持つからである。言語に似た有名なダンス行動をとるハチも比較対象とした。ニワトリは一般的には言語を使うとは考えられていない動物を代表する、ある種の基準点として選んだ。

得点を表にしてみると、ヒトが認知スペクトルで突出した位置にいるのは明らかである。意図的なジェスチャーによるコミュニケーションシステムや、受け手の心的状態や無知を考慮に入れている警戒声に関してチンパンジーを高く評価した場合でさえ、チンパンジーのコミュニケーションは言語とは遠く隔たっている。チンパンジーが心の理論を持つとするエビデンスが存在し（議論もあるが）、実験環境でチンパンジーが未来や過去の物体・事象をシンボルを用いてうまく表現できるという事実がある。それでも、チンパンジーのコミュニケーションと認知能力が、十分に発達した

イルカ、ニワトリ、チンパンジー、ハチ、ヒトを比較した言語評価表

特性	イルカ	ニワトリ	チンパンジー	ハチ	ヒト
表現の無限性	0	0	0	1	5
離散的組み合わせシステム	1	0	1	1	5
再帰性	1	0	1	0	5
言葉に関する特別な記憶	1	0	2	1	5
空間的置換と心的時間旅行	3	0	3	4	5
環境からの入力の必要性	3	0	1	0	5
任意性	4	4	4	3	5
情動からの自由	2	1	2	3	5
新規性の生成	2	0	2	2	5
社会的な認知能	3	2	4	1	5
言語評価	20	7	20	16	50

再帰性、離散的組み合わせシステム、表現の無限性を全般的に欠いているという事実から逃れることはできない。ハチの驚くべきダンスは、花の方向や距離に関する情報を伝達するのに十分な柔軟性を持っている。ハチのダンスには、空間的置換と心的時間旅行に関して高い評価が与えられる。さらにハチは、距離や太陽の角度といった、連続的な変数からなる組み合わせシステムを使う。このため、「花のある場所」という目的に対する表現の無限性に関しても、高い評価が可能である。連続的な変数を使ったシステムは、離散的な変数に基づいたシステムよりも強力な可能性がある。(127) しかし、ハチのコミュニケーションは再帰性を伴わないし、仲間の意図や心的状態を考慮に入れることもない。そして、この議論に新たな論点を持ち込むような要素もない。決定的な点として、ハチのコミュニケーションは、花の場所と新しい巣の場所に関する情報伝達以外では、無限性を持たない。動物のコミュニケーションに関して言えば、ニワトリが標準的なレベルを表しているように思われ、イルカ、チンパンジー、ハチは平均的な動物よりも高い言語様能力を持っていると考えられる。しかし、動物のコミュニケーション界のスターでさえ、ＡＣＳと言語の間の断絶を飛び越えることはできない。

私が挙げた言語評価表も含め、言語と動物のコミュニケーションとを直接比較しようという試みに科学的な価値はほとんどないと主張する人がいる。(128) また、意味のある比較ができるほど、ヒトの言語と動物のコミュニケーションに関して十分にわかっていない、という意見もある。(129) すべての研究者に許されているのは、単にそれぞれの意見を述べることだけである、とする人もいる。(130) このような意見にはそれぞれ一理あり、私の意見をここで表明はしないが、私が試みているのは多数派と思われる見解の説明である。結局のところ、ほぼすべてに近い科学者コミュニティーがイルカ語という概念を否定していることには、何かもっともな理由が存在するはずなのである。しかし、イルカ語の存在を支持する証拠は弱いとする科学的合意に、一般の人々が同意しているわけではないことは私も認識している。私が一般の人々向けにイルカ語について話すときに、「イルカは言語を持っていません」などと言うと、反論の集中砲火を浴びるのが通例である。以下には、私がこれまでに出会った反対意見で多いものを取り上げてある。同時に、なぜそれらが「イルカ語はおそらく存在しない」という結論に修正を迫るほどの影響力を持たないかについても説明している。

研究室内の言語

実験環境下で人工的なシンボルを使ったコミュニケーションシステムを動物に教え込もうとする言語プログラムは、イルカがシンボル使用に関して非常に優れた種であることを明らかにしてきた。イルカが示した実験成績は、任意性、新規性の生成、言葉に関する特別な記憶、といった認知特性に関する言語評価を押し上げた。しかし、人工的な言語理解の達成度は、動物が自然コミュニケーションシステムをどう使っているかに関する直接のテストにはならない。それにもかかわらず、人工的な言語テストにおけるイルカの成績が、イルカの自然コミュニケーションシステムが言語と同様に機能することの「証明」として扱われる場合がある。シリウス研究所は、彼らがイルカ語の存在をどのように「知ったか」を、以下のように説明している[131]（他のイルカ語支持者も類似の主張をしている）：

（飼育環境での研究において）イルカが理解できる言語的語彙と意味論的広がりは、言語を使ってコミュニケーションするイルカの生得的な能力を保証するものである。[132]

トーマス・ホワイトは著書『*In Defense of Dolphins*（イルカを守る）』で同じ点を論じており、次のように言っている：「イルカが発達した認知技能、そしてヒトの言語の何らかの相似システムを持っているという考え方がある。これは、ハーマンが行った実験でアケとフェニックスがみせた成績に対する最もシンプルで可能性の高い説明なのかもしれない」。[133] ハージングとホワイトは別の場所で、以下のような発言もしている：「ハーマンの知見は、ヒトの言語能力にも匹敵する認知的複雑さを持つ何らかの能力（詳細はまだ同定されていない）を、イルカが生活の中で使っているという事実を強く示唆している」。[134] ロリ・マリーノはこの考えに共鳴し、イルカが大きな脳を持つ理由のひとつは「言語の相似物」としてのコミュニケーションシステムを支えるためであり、これによって「人工言語に関する天才的才能」が説明できると主張した。[135]

僭越ながら、私はこれらの結論に同意できない。ケワロ湾での実験で、イルカが複雑な抽象的思考とシンボル理解を示したことにまったく疑いはない。これは動物界ではまれな認知能力に支えられている。そして先の言語評価表が明らかにしたように、それら認知能力の多くは言語機能には必須である。しかし、「そこを通って」や「イエス」といった抽象的概念を理解するアケの技能、あるいは語順が文の意味を変えるという理解を可能にする能力が、イルカのコミュニケーション内に存在するヒト言語の対応概念に由来していると主張するのは、完全に推測でしかない。これは可能性のある説明ではあるが、とりわけ高い蓋然性を持つわけでも、必要な仮定が少なくすむわけでもない。また、この概念を支持するような、イルカのコミュニケーション研究自体から得られたエビデンスがあるわけでもない。ハーマンは、これらの技能は実験中に表出してくる潜在的な認知能力であり、自然コミュニケーションシステムでは表に現れていないのかもしれないと言っている。(136) また、新しい生態学的環境(つまり実験状態という異質な認知環境(137))が、もともとコミュニケーションや言語とは関係のない問題解決のために進化した認知技能を利用する(そして組み合わせる)よう、イルカに促しているらしいという意見もある。

これは、異質な認知環境でほとんどの種が行っていることに対する説明にすぎない。イルカ語の存在に関して我々が持つバイアス以外に、この点に関してイルカを例外とする科学的に妥当な理由はない。チンパンジーもまた、語順による意味の変化を理解でき、「イエス」や「そこを通って」のような複雑な抽象概念を理解し、物体の存在/非存在を報告できる。しかしチンパンジーの場合には、「チンパンジーの自然言語(あるいはその相似システム)が持つ要素を、人工言語実験に対して応用/適用しているはずだ」などという主張は普通行われない。最も広く引き合いに出され、また可能性の高そうな説明は、これらに関連する認知技能は普段は言語やコミュニケーション以外の目的で使われており、新たな実験環境で発生した必要性に応じてそれを利用しているというものである。W・テカムセ・フィッチによると、「ヒトが作り出したシステムを学習する生物の能力は、その種に典型的なコミュニケーションシステムを支える能力というよりは、その生物の認知能力を反映している」[138]。

人工的な言語プログラムで観察された認知技能がイルカ自身のコミュニケーションシステム内で利用されているかどうかを知りたいと思えば、それを直接確かめる必要がある。関連する周辺的な実験結果から結論を類推すべきではない。多くの条件が管理された認知実験の成績から、野生／自然環境での行動を類推することは、間違ったアプローチとなりうる。ある有名な実験で、オマキザルは食べ物の「支払い」のために交換券を使うよう訓練を受けた[139]。食べ物の「価格」が下がるにつれ、オマキザルは人間に予測されるものと同じ行動をとった。つまり、食べ物をより多く買ったのである。続いて実施されたものも含めた一連の実験により、サルが商取引に重要ないくつかの基本原理（参照点依存性や損失回避など）を理解していることが示された。しかし、この実験から、「食物の購入に通貨が使われる（あるいはそれに類似した）状況で、オマキザルの社会的システムの一部として損失回避に関する能力が進化した」などと結論することは可能なのだろうか？　答えはノーである。この実験が明らかにしたのは、損失回避に似た生得的認知バイアスが、商取引実験で発生した必要性に応じて使いまわせるということである。ただし、これらのバイアスはほとんど間違いなく、商取引とは本質的に関係のない生態学的状況に対処するために進化したものである。上述の実験でのパフォーマンスをシンプルに説明しようとして、「野生のオマキザルは商取引の類似行為を行っているはずだ」などと主張することは無理がある。

実験環境下で人工的言語の習得を支えていることが知られている認知特性が複数発見されているが、このような発見をどんなに高く評価しても、動物の自然コミュニケーションシステムがそれら技能を利用しているかもしれないという可能性を教えてくれるものでしかない。しかし、人工的言語システムとイルカのコミュニケーション（対象物への名前付けやシグネチャーホイッスルなど）の両方に機能的に類似する行動が見出された場合でさえ、これらの行動がまったく異なる認知特性によって支えられている可能性がある。結局のところ、ボーダー・コリーのチェイサーが地球上で最も多くの名称を学習した動物だとはいえ、イヌは警戒声のような指示的シグナルを出さない。ACSの機能や構造と、人工的言語プラグラムとの間にあるとされるつながりは、ACSで存在の証拠が得られるまでは未検証の仮説あるいは希望的観測に類するものと考えるべきである。これまでみてきたように、エビデンスはいまのところ不足している。実験環境では高いシンボル操作技能を示すにもかかわらず、「野生のイルカがヒトの自然言語に近い何かを持つとするエビデンスはない」[140]とルイス・ハーマンが結論した理由がここにある。

イルカの言語産出能

イルカの研究者は、シンボルや記号の理解ではなく産出能力のテストに失敗してきたことに対して、しばしば批判を受ける。アケとフェニックスが参加したケワロ湾での研究は、記号の理解のみをテストするよう設計されたものだった。ただし、これには理由がある。他の動物の言語プラグラムに対して出された批判、つまり被検動物がシンボルの産出と理解の両方を行っている場合に発生する実験状況や刺激に関する対照を欠いていたのではないか、という懸念に対応した結果だったのである。人工的な言語産出に利用できるようなシンボル体系を水生環境で作り出すことは難しいとはいえ、科学者もこの方向からのアプローチを無視してきたわけではない。実際、ケワロ湾での実験の前からずっと、言語あるいは人工的シンボル体系を使って意味を持つ発声を作り出すイルカの能力と興味の検証は行われてきた。つい最近、ナックという名前のシロイルカ（ハクジラの仲間）による実験で、ナックは四つの対象物と対応した四つの音声を理解し、作り出すことが示された。[141]イルカの人工言語産出に関する研究も同様の結果を残しているが、これ以上の結論は得られていない。

ジョン・リリーと研究助手のマルグレット・ハウが行った、一九六〇年代を象徴する実験がある。この実験でイルカのピーターは、英語の理解だけではなく、「話す」ことを教えられた。[142]マルグレットは二か月半ものあいだ、かなりのスペースが水に浸かった二部屋の家でピーターと一緒に生活した。結果、ピーターは人間の発声のいくつかをそこそこのレベルで模倣できたが、全体的な実験デザインは満足のいくものではなく、言語産出に関する証拠はほとんど得られなかった。一九八〇年代初頭、リリーはカリフォルニア州のマリンワールドで、ＪＡＮＵＳ（Joint Analog Numerical Understanding System）と呼ばれる研究プログラムに着手した。人間とイルカが共有できる、双方向のコミュニケーション記号を作り出すことを意図したものであった。水中のイルカと音をやり取りできるコンピューターが導入され、物体や行動と対応するホイッスルの「ヒト‐イルカ辞典」を作ることに目標が設定された。[143]リリーは五年以内にイルカと人間のコミュニケーションにブレイクスルーを起こすと請け合ったものの、ＪＡＮＵＳプロジェクトの結果が発表されることはなかった。

一九八〇年代、ダイアナ・ライスによってある長期的な研究プログラムが実施された（マリンワールドでＪＡＮＵＳプロジェクトと同時期に行われた）。ボールや魚といった環境中の物体を指す人工的なホイッスルと、水中のキーボードに描かれたシンボルとの関係を、イルカに学習させようとする研究であった[144]。イルカはこの関係を理解し、人工的なホイッスルを模倣した。単一の事例報告ではあるものの、一匹のイルカが他の個体とコミュニケーションする際に、要求（指示的名称）として「ボール」のホイッスルを発している可能性が示された。これ以外にも、イルカは特定の行動的文脈で物体と接触する際、ほとんどの場合でホイッスルを発していた（たとえば、ボールで遊ぶ際にはボールのホイッスルを発する）。ライスらによる後の研究では、特定の物体と相互作用する際に研究者によって発せられるホイッスルを、イルカは自発的に学習していることが明らかにされた。しかし、最初の研究とは異なり、イルカが物で遊ぶときにそれと関連するホイッスルを使うことはなかった[145]。先述した新しいホイッスルの自発的な作成は別としても、これらの実験から得られる主な知見は、イルカはホイッスルを容易に模倣できるということである。この点で、イルカはほとんどの哺乳類と異なる。同様の研究が実施され[146]〜[147]、イルカは人工的なホイッスルを学習でき、仮説上ではこれを人工的な言語産出研究で使用できることが示された（つまり双方向のコミュニケーションの可能性）。しかし、双方向のコミュニケーションに関する実験段階はまだ報告されていない（報告されることはないかもしれない）。

ハワイのアーストラスト・プロジェクトのイルカ研究室に所属していたケン・マーチンとファビエンヌ・デルフォアは一九九〇年代、赤外線を用いた水中タッチスクリーンを開発し、イルカがビデオやオーディオを操作できるようにした。マーチンとデルフォアは後に、シンボルを用いたホイッスル体系をイルカと共同で作り出すプロジェクトを始めた。単語の意味と、イルカの出すさまざまなホイッスル音とを結びつけようという試みであった。[148]マーチンは被検イルカに報酬の魚は与えず、実験に対するイルカの自然な好奇心を利用した。残念なことに、マーチンは二〇一〇年に亡くなり、イルカの言語産出能を確認するようなブレイクスルーは科学文献には発表されていない。

一九九〇年代初頭、「エプコット・リビング・シーズ」（ディズニーが運営するフロリダ州にあるテーマパークの旧名）で実験を行っていた研究者は、実験にキーボードシステムを導入した。ダイバーやイルカがキーを押し、水槽の中で対象物の場所を指し示すことができるものである。[149]六か月の訓練の後、イルカにキーボードを使って場所／対象物を示させることが目標として設定された。この実験は、作業中により優れたポインティング実験が考案されたため、段階的に中止された。

デニーズ・ハージングは双方向のコミュニケーションを開発するために、一九九七年から複数段階を踏む長期的な実験に着手した。この研究では野生のイルカが使われ、研究者との自発的な情報共有を目的とした、人工的なシンボル体系使用の学習が試みられた。[150〜151]最初の段階では、研究者はバハマ沖の野生のマダライルカとハンドウイルカのよく研究されている群れと接触する。そして、特定の行動（潜水、キープアウェイ遊びなど）を行っている間、腕輪に組み込まれたコンピューターから一連の音が出る。その後に、聴覚的／視覚的シンボルと組み合わせられたキーボードが導入される。それぞれのシンボルは、スカーフ、ロープ、ホンダワラ、バウライド（船とイルカの並走）という四つの物体および概念と関連している。イルカにこのシステムを使ったコミュニケーションに興味を持たせるためには、「社会的‐競争的フレームワーク」が応用された。アイリーン・ペッパーバーグが、アレックスや他のオウムにシンボル使用を訓練した際に使った方法である。このフレームワークでは、研究者は望む行動（他の人の注意を引き、ポインティングやシンボルによって対象物を要求するなど）のモデル役を演じる。イルカが得られる報酬は、対象となった物体で仲間や人間と遊んだ際に得られる楽しみだけである（キープアウェイ遊びなど）。なお研究で使われた行動は、実験が始まる前から日常的に行われていたものである。

実験がバハマで行われるようになってから四年内に、イルカたちは遊びの対象物に対するポインティング行動によく反応するようになった（自発的に作り出しさえした）。また、概して研究者との交流に大きな興味を持っているようであった。一部のイルカは物体／行動を要求する際に、キーボード上の特定のキーを向くようになった。遊ぶ道具をとってこいという研究者による要求に反応した場合もあった。しかし、イルカは人工的なホイッスル音を模倣したり発したりはしなかったようで、シンボルキーを決して実際にタッチしなかった（これは野生のイルカがとる行動ではない）。この研究は続行中で、水中で音響的なシンボルを発し、イルカの声を録音できる最新の技術も採り入れて、新たな段階に入っている。[152]

イルカの言語産出に関する実験結果が、チンパンジー、ゴリラ、ボノボ、オウムのような種よりも印象的でなかったことについて触れておくのは、おそらく公平な態度だろう。ボノボのカンジが使っていたコミュニケーションボードは、物体、行動、抽象的概念を表す数百のシンボル（絵文字）を表示できた。一方で、イルカが使ったコミュニケーションデバイスは、対象物を表すために一握りのシンボル（絵文字／ホイッスル）の使用／産出しかできないものだった。イルカの貧弱なパフォーマンスの理由の一つは間違いなく、この類の実験を水中で行う困難さにある。イルカがシンボル理解のテストではボノボやチンパンジーと同様の成績を残すことを考えると、イルカのシンボル産出能力も同様に印象的なものだろうと期待したくなる。ヒトと双方向のコミュニケーションを確立するためのツールがイルカに与えられ、多くの実験環境や野生環境の下で、さまざまな人工的なシンボルシステムが使用されてきた。しかし、イルカは一般に、これらのシステム使用に関して霊長類や鳥類と比べてあまり興味を持たないようである。これは興味深い知見といえる。遊びを用いたハージングの実験では、野生イルカによるポインティング様ジェスチャーの理解と使用が観察された。仮にポインティングが訓練を受けていないイルカが理解／使用できる能力でなく、双方向のコミュニケーションに鍵となるものであれば、注目に値する結果である。しかし、この実験でイルカがみせた物体とシンボルの対応に関する反応は、大型類人猿にみられるシンボル産出よりも、むしろ飼いイヌのほうに近い。[153]〜[154] この類の研究に関する私の個人的見解は、イルカはヒトとの社会的な触れ合いに明確な、それどころか尋常でないほどの興味を示すが、イルカとのコミュニケーションにシンボル体系は必ずしも必要ないというものである。これは、このような実験で期待される結果を出すために必要となる言語様コミュニケーションの基本的な性質は、イルカにとっては完全に異質なものである表れと解釈できる。あるいは、成功の鍵となる正しい動機に、研究者がまだたどり着いていないことを表しているのかもしれない。ハージングの使った遊びの「社会的・競争的フレームワーク」は、少なくとも文献上では成功の候補要因のようである。[155] このフレームワークを展開させていけば、長く期待されてきたイルカのシンボル産出に関するブレイクスルーがもたらされるのだろうか。時が経てばわかるのかもしれないが、まだ実現はしていない。ともかく、長年にわたってテストが行われてきたが、コミュニケーションを意図したシンボルの産出は、明らかにイルカが容易に行えるものではない。

ビルディングブロックの誤謬

「イルカが発するさまざまな音（つまりすべてのクリック音とホイッスル）は、離散的組み合わせ文法システムによって容易に連結が可能で、コミュニケーションに表現の無限性を与える無数の〈語〉を生み出すことができる」という主張がある。(156) この意見は正しい。実際、自然界から適当な要素を取り出し、それを離散的組み合わせシステムの基礎として使うことは可能である。テッポウエビはハサミを使って特定のパターンでモールス信号のような音を出す。ここで、テッポウエビが特定の意味を離散的なハサミ音のパターンへと対応させるのに必要な認知能を持っていると仮定すれば、ハサミ音によって無限の情報を伝えられることになる。自然言語に必須とされるヒトの声道が発する音素そのものには、固有の特性は何もない。実際、ヒトの手話は、音素のかわりに手のジェスチャーと表情を組み合わせて使い、先に挙げた定義からすると明らかに自然言語とみなせるコミュニケーションシステムを生み出す。進化の途中でヒトは、自然言語を組み立てる声のかわりに、拍手、まばたき、足踏みなども使用できたはずである。チンパンジーのジェスチャー、コオロギの鳴き声、イルカのホイッスルにしても、進化過程で自然言語の特性である離散的組み合わせシステムのビルディングブロック（基本的構成要素）として利用できない理由はない。しかし、これがこの論点の最重要事項なのだが、動物が実際にそれを行ったとする証拠はないのである。ホモ・サピエンス以外で、自然言語ほど制限のない形でビルディングブロックをシステムへと実際に組み合わせていくことに必須の認知能力を進化させた動物種はいない。離散要素を組み合わせて無限の表現を作り出す可能性は、自然界のいたるところ、そしてイルカも含めたあらゆる動物種のコミュニケーションシステム内に存在している。しかし、可能性があることと存在することは同じではない。イルカが言語を持つことの証明として、ビルディングブロックとなりうる要素の存在を持ちだすことは、論理的に適切ではない。これは「ビルディングブロックの誤謬」として知られている。

情報理論

イルカが言語様のコミュニケーションシステムを持つという考えを支持する議論のなかで、情報理論が使われることがある。情報理論をイルカの鳴き声研究に応用したところ、イルカのコミュニケーションが非常に複雑で、イルカの自然コミュニケーションシステムにみられる構造はヒト言語のそれに非常に近いことが明らかになった、というわけである。[157] 情報理論という分野は、数学者であり暗号研究者でもあったクロード・シャノンによって打ち立てられた。[158] 一九四八年の有名な論文でシャノンは、コミュニケーションシステムがビット（データ量を表すために彼が持ち込んだ用語である）を含む系として記述できることを示した。あるシンボル・記号が含む情報の平均的な量（ビット数）を、シャノンはエントロピーの単位と呼んだ。これに現在、「シャノンのエントロピー」として知られている。一九六〇年代、ジョン・J・ドレハーは、イルカのホイッスルデータが持つシャノンのエントロピーを計算し、それぞれのホイッスル波形が持つビット数は一・六〇〜二・一七であると報告した。これは、英語の書き文字が持つエントロピーを計算した値（二・〇二）と同程度であるとされた。[159] さらに、イルカが伝達している可能性のある情報という観点からみると、これはイルカのホイッスルが機能的にはヒトの単語に類似している可能性を示すものとされた。現在では、イルカの鳴き声が有する情報量の計算、そしておそらくはその複雑性の計算にさえ、情報理論を使うことが可能である。しかし、この研究路線に対する著名なクジラ学者の支援にもかかわらず、[160] 四〇年近く情報理論がイルカの鳴き声研究に再び使われることはなかった（少なくともアメリカでは）。[161]

一九八〇年代、ソ連の科学者が情報理論をハンドウイルカの鳴き声研究へと応用した。[162] ウラジーミル・マルコフ[163]と共著者のベラ・オストロフスカヤは、シャノンのエントロピーを計算するのではなく、鳴き声の順位分布をみて、この分布が自然言語のそれとどのくらい近いかを確かめた。サンプル言語（一連の文章やスピーチの音写など）に出てくる個々の言語単位（字、語など）の頻度をプロットしていた数学者たちは、言語単位の頻度と、その頻度の順位との間に、奇妙な関係があることに気づいていた。たとえば、ある英文サンプルに最も多く出てくる語が「the」だと仮定しよう。この語は一〇〇〇回登場し、最も頻度高く登場する語としてナンバーワンに順位付けられる。二番目に多い語は「of」で、登場五〇〇回である。ここで「the」は「of」の二倍登場している。三番目に頻度の高い語が「at」だとすると、およそ三三〇回登場する。頻度と順番の間にあるこの関係は、仮説的なものではない。人間が使うほぼすべての言語に実際にみられる現象だとされている。これはハーバード大のジョージ・ジップにちなみ、「ジップの法則（またはジップ分布）」と呼ばれている。ほとんどの言語に対するこの分布の両対数グラフは、傾きがマイナス一（ジップ統計量）の直線となる。言語がなぜこのような分布に従い、ジップ統計量を生み出すのか、理由はいまだ不明である。マルコフとオストロフスカヤがイルカの音声データからさまざまな鳴き声の頻度を順位づけたところ、ジップ統計量に近いものが見つかった。このことから彼らは、ヒトの会話とほぼ同等レベルの「最適な符号化」をイルカが行っていると結論した。

カリフォルニア大学デービス校の行動科学者ブレンダ・マッカウアン、そしてとりわけＳＥＴＩのローレンス・Ｒ・ドイルによって、西側世界でもイルカのコミュニケーション研究で情報理論の復活が行われた。同僚のセス・ショスタックと同じく「エイリアン・ハンター」であるドイルは、動物のコミュニケーションシグナル内に、そして地球外生命から発信されたものかもしれないシグナルの中に知能を見出すために、情報理論を適用した。一連の研究でこれらの研究者たちは情報理論をさまざまに応用し、動物のコミュニケーションシグナルの構造や複雑性を調べる際に、ジップの法則やシャノンのエントロピーは有効な手段になると主張した。マルコフとオストロフスカヤが得た結果と同様に、マッカウアンのイルカのホイッスルデータにも、マイナス〇・九五のジップ統計量が見出された。これはヒトの言語にみられるものと非常に近い(164)。

マッカウアンたちは、「ジップ統計量は、動物の鳴き声によるコミュニケーションシグナルが持つ情報量の指標として使用できる」と主張した。ジップ統計量がマイナス一に近づくと（つまりヒトの言語でみられる値に近づくと）、音声レパートリーはより大きな構造的多様性を含むようになると考えられる。したがってジップ統計量は、イルカのコミュニケーションで使われる鳴き声が、必須情報を伝えるシグナルと、余分な「冗長的」シグナル（ノイズの多いコミュニケーションにおいて情報の喪失からシステムを守ったり緩衝したりする）との間の、最適なバランスを有していることを示している可能性があるという。ジップ統計量が実際に表しているヒト言語の特徴は、情報を運ぶビットと情報を運ばないビットの間の最適なバランスなのではないか、という主張がある。マルコフとオストロフスカヤも、イルカのホイッスル分析で同じ発見をしたと報告し、それを「最適な符号化」と表現したわけである。

多様性や構造の分析ではなく、コミュニケーションシステム内の複雑性の分析は、より高次の（シャノンの）エントロピー計算から実行できる。これに関してはデータ不足のため、著者たちは暫定的な分析しかできていない。エントロピー分析を用いることで、あるホイッスルが別のホイッスルに続く確率の計算が可能となった。この確率は、一連のホイッスルが非ランダムな（つまり何らかの構造を持つ）複雑なコミュニケーションシステムに支配されていることを表す指標として使用できる。つまり、ホイッスルが統語規則に類する構造を持つかどうかの判断材料になるというわけである。著者は、このタイプの構造がより多くみられれば、イルカが「コミュニケーション能力」を持つより高い可能性があり、さらにこの能力は「エントロピーの傾き」の算出によって計算できると主張した。

マッカウアンたちは、構造的多様性（ジップ統計量）と構造的複雑性（エントロピーの傾き）の

計算により、以下の三つのことが可能になると主張した。すなわち、

①個々の種がどのようにコミュニケーションシステムを学習しているのかを研究できる（幼若個体と成体の間にあるレパートリーの複雑性の差を調べることによって）

②その種の生態史や進化史について知られている事実に基づいて、シグナルの構造と複雑性の予測値計算を公式化できる

③二つの種が持つコミュニケーションシステムの潜在的複雑性を、直接比較することが可能になる

動物のコミュニケーション研究に情報理論を持ちこんだマッカウアンたちに対し、「ジップ統計量はイルカのホイッスルが情報伝達的な内容を持つかどうかについて教えてくれるものではなく、ましてその内容が意味論や統語論的に言語に似ているかどうかについてはわかるはずもない」という批判も出た。[165] しかしマッカウアンたちは、このアプローチを次のように擁護した。確かに情報理論はイルカのコミュニケーションが言語と同等であるかどうかを教えてくれるものではないかもしれない。しかし、そのシステムが何らかの情報や構造を含んでおり（これは言語学的な意味ではない）、ジップ統計量がマイナス一に近づいたとするならば、それはイルカのコミュニケーションが構造的複雑性を持つ可能性を意味しており、おそらくさらなる研究に値するものだろう、と。[166]〜[167] わかりやすく言うなら、情報理論はあくまでシグナルに潜在する多様性と複雑性の指標でしかなく、言語の指標ではない。動物が発するシグナルのなかに、情報、意味、言語様構造の存在を見つけよう

とするなら、もっと直接的な手段が必要である。まずは適切な行動的文脈の中で鳴き声を発しているところを実際に観察しなければならない。そして、動物の鳴き声中のパターンや意味の検知に関して最も強力なツール、つまりヒトの脳を利用する必要がある。[168]

3Dホログラフィック・コミュニケーション

『イルカと話す日（*Communication Between Man and Dolphin*）』のなかでリリーは、イルカの反響定位研究についてこう言っている：「こうした研究から、次の結論が導き出される。仮説上のイルカの言語、すなわち〝イルカ語〟は、基本的に〝音響画像〟の中央処理を通じて組み立てられる。この音響画像が仮説上のイルカ語の基本要素である」[169]（J・C・リリー『イルカと話す日』神谷敏郎／尾沢和幸訳、NTT出版）。この考えは、一九七八年に出版されたものである。一九六〇年代から七〇年代にかけて実施された多くの実験は、イルカは鳴き声を介した複雑な情報伝達など行っていないことを示唆していた。これらの知見がイルカ語に関してリリーに翻意を促し、かわりにリリーは右のような新しいアイデアに肩入れするようになったのではないかと私は疑っている。イルカは、自然言語のような離散的シンボルとしての音声単位と結びつけられることはなくなった。そのかわりに、「イルカはバイオセンサーを使ってホログラフィックな3D音響画像を伝達している」という見解が登場したわけである。これはいまだに広く普及している考え方で、NPOのグローバル・ハートは、ホログラフィックな「音響写真」を解読する研究に打ち込んでいる。[170] この研究では、通常は反響定位に使っているクリック音を介して、イルカが音響写真を互いに送り合っていると仮定されている。

しかし、このようなことをイルカが行っているとする証拠はいまだ出ていない。グローバル・ハートの研究者は、本書執筆時点では査読付き論文をまだ発表しておらず、この試みの評価は現状では不可能である。また、このアイデアが音響学的技術やデータ解析から得られた実証的な証拠に基づいているのか、それともリリーのアイデアから派生した単なる臆測なのかを知ることもできない。実際のところ、米国海軍の熱心な興味のおかげもあって、イルカの反響定位能を支えるメカニズムはおそらく、いまのところ最もよく研究されているイルカの行動である。(171) そして反響定位能に関する我々の知識（現時点でもかなりの蓄積がある）からすると、音響画像に類するものを再現あるいは伝達するという目的では、イルカは発するクリック音のパラメータを変えない／変えられないことが示唆されている。

反響定位の基本的な考え方は、イルカがクリック音を出し、それが水中の物体に当たって跳ね返り、反響（エコー）を発生させるというものである。エコーを聞いたイルカは、その反響中に含まれる情報を基に、対象物の位置、大きさ、動き、内部構造などを識別できる。単一のクリックの音波が魚のような対象物と接触すると、多くのことが起こる。魚はさまざまな有機要素からなり、それぞれの有機物は異なる反響特性を持つ。たとえば、魚の浮き袋（空気が入っている）は高い反響率を示す一方で、眼のような軟組織は反響率が低い。音波が魚の体を通過すると、それぞれの組織は異なる性質を持ったエコーを作り出し、音響学者が「後方錯乱」と呼ぶものが発生する。たとえば、浮き袋からのエコーは非常に大きく、肝臓は音波を吸収するため小さなエコーしか発生させないといった具合である。音波が魚の体を通過すると、時差をもって一連のエコーが反射してくる。そのため、たとえば魚の頭部からのエコーは、尻尾からのエコーより先にイルカに返ってくる。後方錯乱エコーには周波数の差もあり、それぞれのエコーは周波数ごとにさまざまなエネルギーを含んでいる。したがって、単一のクリックからイルカへと返ってくる一連のエコーは非常に複雑であるが、イルカにとって多くの有用な情報が含まれているのは間違いない。ソナーシステムと同じ仕組みを持つこの処理をイルカがどのように行っているのかについて、強い関心が持たれてきた。やがて人工的なクリックエコー生成機（イルカに対してクリックエコーを作成・調整できる）が利用できるようになり、どのエコー特性がイルカの認識に重要なのかを確かめることができるようになった[172]。言い換えればこの段階で、音波の当たる物質に応じてクリックエコーがどのように構造的に異なるか、そしてイルカが情報を得るためにエコーのどの部分を利用しているのかに関する、有用な研究手段が手に入ったことになる[173]。

イルカから出ていくクリック音の構造も研究されている。イルカはいくつかの理由から、発するクリックのパラメータをさまざまな方法で変化させる[174]。たとえば、より遠くからのエコーを受け取るためや、対象物のより深くまで音を通過させるため、あるいは環境中のノイズの影響を小さくするために、イルカはクリックの強度（ボリューム）を上げることができる。また、識別上の必要に応じて、クリックを構成する周波数を変えることもできる[175]。クリック音のパラメータを変え、メロン（前頭部にある脂肪組織）の形を変え、頭の位置を動かすことで（ヘッド・スキャニング）、イルカは反響定位ビームの方向や形を操る[176]。多くの研究が、概してイルカはクリックエコーから得られる情報を最大化するという目的のために、発するクリック音のパラメータを変化させることを示唆している[177]。

３Ｄホログラフィック・コミュニケーション仮説についてまとめると、イルカが音響（３Ｄ）イメージを伝達するために反響定位クリックを操作しているというアイデアを支持するエビデンスは何もない。エコー内に存在することがわかっているレベルで対象物についての詳細な情報を伝達するためには、イルカは反射によって作られるエコーや複雑な後方錯乱と同じような出力クリック音を作り出す必要がある。これはほとんど考えにくい。「出力クリック」と「クリックの反響音」は根本的に構造が違う。大きな魚群から反射された複雑な後方錯乱を想像してみよう。イルカは、この聴覚的な乱雑さをまとめ上げ、そこから役に立つ情報を引き出すことができる[178]。しかし、イルカが出力クリックをどのように作り出しているかに関する知識に照らすと、この悪夢のように複雑な後方錯乱は、イルカ自身で作り出せるものでないことは明らかである。したがって、イルカが出力クリックを使って「音響イメージ」のようなものを再現できるとする考え方に妥当性はないと思われる。互いが出したクリックの反響を聞くことで対象物の情報を識別できることが示されてはいるものの[179]〜[180]、出力側の反響定位音によって同様の情報を直接伝えているとする（またはそれができるとする）証拠はない。

それでもイルカ語はあるとする人たち

ここまでの議論は、主流派の科学がイルカは言語を持たないという結論に至った理由についての概観である。しかし、この一般的な結論に納得しない人々（科学者も非科学者も含む）がいる。「それでもイルカ語はあるとする人たち」は、以下の三つに大別できる。①熱狂的信者。②言語再定義派。③暗号解読者。彼らの反論や主張を検証してみよう。

熱狂的信者

イルカのコミュニケーションがヒトの言語と同じ機能を持つと考えられない理由について、私の説明を聞いた思慮深い人々とメールを交換することがある。彼らの最終的な反応は、だいたい以下のようなものである：

「僕が本当に知りたいのは、どんな証拠があればイルカが言語能を持っていないと結論できるのかということだ」

「でもあなたの言うことは、言語本能がイルカにないことを決定的に示すものではないように思える」[181]

一見、非常に明快で洞察に満ちた、痛いところを突く指摘のように思える。しかし、これらは実際にはよくある（しかし厄介な）論理的誤謬からの疑問である。つまり、「無知に基づいた論証(argumentum ad ignorantiam)」なのである。論理に潜むこの種の落とし穴を説明するために、ここでバートランド・ラッセルの知恵を拝借しよう。ティーポットを使った彼の巧みなアナロジーにより、この問題はより明確になる：

仮に私が、「地球と火星の間には、太陽を中心とした楕円軌道で回る陶器のティーポットが存在している」と主張したとする。ここで、ティーポットは地球で最も高性能な望遠鏡でも発見できないほど小さいと注意深く付け加えれば、私の主張を反証できる人は誰もいない。しかし、私の主張が反証できないことを理由に、「ティーポットの存在を疑うのは人間の理性からすると受け入れ難い臆測である」などと言ったら、私は何をバカなことを言っているのだと思われるだけだろう。[182]

イルカに関する議論もしばしばこの誤謬を孕んでいる。つまり、ヒトの言語に機能的に相当するコミュニケーションシステムを持たないことが科学的に証明できていない（あるいは証明不能）という理由から、イルカがそれを持つと考えるべきだという論法が使われているからである。しかしラッセルが指摘したように、このような論法は現実世界の実証的探究でうまく機能するものではない。論証責任は常に、その事象（今回の場合ではイルカ語）が存在すると主張する側にある。イルカがタイムトラベルできないとする証拠はないし、スプーン曲げができない証拠も、噴気孔からレーザーを出せないという証拠もない。しかし、できないことがまだ証明されていないという理由から、イルカがこのような能力を持つと主張する人はいない。

この議論はまた、科学はまだイルカ語の存在を検証できていない――あるいは適切に検証できていない――という考えの上に成り立っている。しかし、これは明らかに間違いである。科学者に何十年にもわたって、「イルカは言語を持つ」という仮説を検証してきた。構成要素を分解・分析し、イルカの自然コミュニケーションシステムの基本要素を探求し、コミュニケーションと認知に関する実験を繰り返してきた。そして得られたのが、ここまで述べてきたような、「イルカに完全な言語と呼べるものが存在する証拠はない」ことを示す結果なのである。科学は、イルカ語はおそらく存在しないという結論を導く十分な証拠を蓄積してきた。イルカ語の存在を主張し続けるには、誤謬を孕む論理に頼るのではなく、その仮説を支持する説得力ある証拠が必要である。私が提示した言語定義に合致するイルカ語の存在が発見されれば、それは動物のコミュニケーションに関する我々の理解に対する根本的な挑戦となるだろう。実際、これはかなり思い切った主張であり、それを支持するためには相当に強い証拠が必要となる。「それが存在しないことをあなたは証明していない」というのは、検証の際の空虚な言い訳と思える。イルカのコミュニケーション内の言語特性は、動物の情動という主観的経験(科学的な方法でテストすることが究極的には不可能である)と異なり、あるいはラッセルのティーポットと異なり、ACSの中に容易に発見できるはずのものである。そして、これまでにそのような言語特性の存在を示す証拠が出ていないという事実は、それが存在しないという仮定の方へと論理的な強さを与えている。

しかし「熱狂的信者」は、このような議論には動じない。イルカは完全な言語を持つという考えに魅了されている人たちにとって、彼らに翻意を迫るような非存在の十分な証拠というものは存在しないかのようである。リリーの主張、そして彼らを煽る文化的な刷り込みは、簡単には抜き去れないほど深く埋め込まれている。ここで、「熱狂的信者」(そもそも「それでもイルカ語はあるとする人たち」のほんの小さな割合しか占めないのではないかと私は疑っているが）に対し、私の最終的な考えを示したいと思う。仮に、これまでの科学がまったく間違っていたとしよう。さらに、イルカがヒトと同じ複雑さの言語を実際に持っており、それが先述した言語の必須要素には依存していなかったと仮定しよう。その場合でも、言語様の機能を持つためには、表現の無限性に関する基準だけは絶対に満たす必要がある。私が挙げた言語の必須要素を使用せず、イルカがどのようにこれを達成しているかに関し、どんな仮説を思い描こうが自由である（３Ｄホログラフィック・コミュニケーションでも、超能力的なものでもいい）。しかし、イルカが無限のトピックに関する意味論的に豊かなシグナルを交換しているとするエビデンスが出るまでは、そのような考え方はＳＦに留まる（検証は十分に可能で、実際既にかなりの検証が行われてきた仮説であるのだが）。必要なのは、イルカが意味論的に豊かなシグナルを互いに交換していること、あるいはそれが可能なことを示す、しっかりとデザインされた実験である。それさえあれば、全科学コミュニティーは喜んでイルカ語に対する意見を変えるだろう。結局のところ、どんな挑戦でもそれが証拠に基づいている限り、科学は公平である。これこそが、「熱狂的信者」に通常欠けている姿勢ではあるのだが。

言語再定義派

「言語再定義派」はよく理解できる反論者である。彼らは単に、私が提示したような狭い定義に当てはまるシステムのみを言語とする考え方に違和感を感じているだけである。これは、「動物学者はＡＣＳを言語の劣化版とみなすことによって、ヒトとその行動の固有性を維持したがっている」

という（時代遅れの）考えに関連して、よくみられる反応である。彼らの意見では、我々は言語のより広い定義を受け入れ、ヒトの精神と動物の精神との間には根本的な違いがあるという神話から脱却すべきだという。[183] 私はこの議論に共感はするが、あまり有用だとは思わない。ゴールポスト（判断基準）を少し動かして、「言語に必要となる多くの認知領域に関して優れた能力を示すイルカやチンパンジーのような動物は、言語と呼ぶに値するＡＣＳを有する」と主張することは可能である。しかし、これは語義的な（場合によっては政治的な）操作でしかなく、問題の本質からは離れている。ヒトとイルカの認知能力には、質的／量的な差異がある。これらの相違に対して機能的不連続性といった用語を使うかどうかなどは、それが存在するという事実には影響しない。差異の本質を明らかにしようとする努力は、動物のコミュニケーションとヒトの言語の両方を理解する有用なアプローチとなる。その間にある差異をどう呼ぶのか、あるいはそれを行動的複雑性の連続体のどこに、どの程度離して配置するのかなどは、問題の本質ではない。言語様行動と関連するとされるいかなる認知テストも、イルカはヒトと同じレベルでは行えない。そして、なぜそうでないのかは考える価値があるというのが、最終結論となる。

暗号解読者

イルカのコミュニケーションに関して我々が知らないことは多い。イルカの鳴き声の録音や野生個体の行動観察には、困難がつきまとう。録音技術による制約はあるし、人間にとっては厳しい環境でフィールドワークを行う必要もある。このような困難にもかかわらず、ここ五〇年ほどイルカは、特に認知やコミュニケーションに関して多くの研究者の注目を集めてきた。長期的な研究プロジェクトが多数実施され（たとえばリチャード・コナー、キャサリン・ダジンスキー、ジョン・K・フォード、デニーズ・ハージング、ジャネット・マン、ランドル・ウェルズらによるもの）、陸棲動物に匹敵する研究が蓄積されている。その結果、イルカのコミュニケーションシステムに関して多くのことがわかってきている。しかし、その構造や機能に関してデータに基づいた推測を行うことがまったく意味のない試みだというわけではない。まだわからないことは多くあるものの、イルカのコミュニケーションとはいったい何なのかについて、我々は理解し始めた[184]。

残念なことに、これまで使われてきた「わからないことが多くある」という科学的な但し書きは、イルカ語というアイデアを裏口から招き入れることを可能にしていた。イルカの鳴き声が何に使われているかいまだ理解できていないとすれば、その基盤にはまだ解読できていない言語システムが存在するのかもしれない。我々は暗号をまだ解読していないだけで、暗号解読者の出番だ、というわけである。しかしなぜ、このようなことを考えるべきなのだろうか。イルカの鳴き声のいったい何が、言語的暗号の存在を疑わせるのか？　それはアメリカコガラ（スズメの仲間）の歌やホエザルの鳴き声には存在しないのか？　この疑問に対する答えは、イルカのコミュニケーションそのものの研究の中ではなく、どうやらジョン・リリーの足元にあるようである。

「暗号を破る」というアイデアは、リリーがイルカ語という概念を最初に提起してからずっと存在している。半世紀後の現在、リリーが予想したように、想定されていた暗号を破るにはほど遠い。イルカのコミュニケーションは間違いなく魅力的な題材である。そしてリリーが最初に指摘したように、イルカは膨大な鳴き声のレパートリーを持つ（一部の鳥類には及ばないとはいえ）。しかし、他の動物のコミュニケーションシステムと同様に、言語との類似性は表層的なものである。ここまで概観してきた証拠は、イルカのコミュニケーションは言語ではなくACSにすぎないことを示唆している。解読の対象となるような言語を持つ動物としてイルカだけに注目し続けることに、どんな理由があるというのだろうか。

暗号解読者がイルカ語の存在を信じる理由として持ちだすのは、単なる鳴き声の多様性ではない。イルカの行動的複雑性そのものである。しかし、これもまた奇妙な議論である。ヒトに最も近い動物種であるチンパンジーは、言語を使用する種に予想される複雑な社会‐認知的な技能の多くを有する。もし、社会構造、認知能力、人工的言語実験におけるシンボル操作能力に基づいてどの動物種が言語を持っているかに賭ける必要があるなら、みなチンパンジーに賭けるだろう。しかし、これらの行動的な基準は、動物が自身のコミュニケーションシステムにおいて言語様の技能を発揮することの有用な指標にはならない。プレーリードッグは知力の点ではチンパンジーやイルカと比肩できないが、地球上で最も複雑で意味論的に豊かなシグナル体系を有している。さらには驚くことにというべきか、昆虫であるミツバチのダンスも言語に要求される多くの基準を満たす。言語使用ができる種の候補を判断する際に使われる従来的な考え方（つまりどの種が最も人間に近い行動をとるかを基準にする考え方）は、言語様の能力を示す動物種に関する現実とは明らかに一致していない。強いて言うなら、言語様の能力を持つ最も強力な候補生物は齧歯類である。そういう意味では、イルカの暗号よりもプレーリードッグ（一応言っておくがイヌではなくネズミである）の暗号解読について語るほうが筋が通っていると言える。

暗号解読者はまた、言語的暗号があることの証拠として、イルカの鳴き声中の潜在的構造に関し、情報理論から導き出された知見をアピールする。しかし、既にみてきたように、情報理論はイルカのコミュニケーションがＡＣＳではなく言語様のものであることを必ずしも示唆しているわけではなく、イルカのコミュニケーション内の言語様構造についてそれほど多くを教えてくれるわけではない。

「イルカのコミュニケーションに複雑かつ未知の言語様構造が存在する可能性は除外できない」という主張が、まったく理屈が通らないだとか非科学的なものというわけではない。暗号解読者としてこのような論証をするために、必ずしもラッセルのティーポットのような議論を行う必要はない。イルカ研究の結果を総合的に考えると、イルカが多様な鳴き声のレパートリーを持ち、また多くの動物と比べても人工的なシンボル体系の特異なほどの理解能力を有する、知的かつ行動的に複雑な動物であることは明らかなのである。しかし、ここまでの議論で伝えられていればと期待しているのだが、これらの事実それぞれだけでは――あるいはそれらすべてを考え合わせた場合でも――、イルカの言葉がオランウータンやイヌの言葉以上であると考えるには不十分なのである。総体としてのヒト言語とＡＣＳとの間にあるギャップ、この大きな機能的不連続性からすると、解読の対象となるような暗号が存在すると主張することは難しい。年月が流れ、イルカのコミュニケーションがどのように働いているかについて多くの知識が得られてきている。しかし、イルカのコミュニケーション中に言語様の特性があるとする新たな証拠がそれでも得られないところをみると、暗号解読者の議論は「熱狂的信者」の主張に近づきつつあるように思える。

引退間近のイルカ語

そもそもの問題として、動物のコミュニケーションシステムを言語と比較することは妥当なアプローチなのだろうか？　進化的観点からは、ACSを完全には形成されていない言語システムの集合体とみなすことはおそらく正しくない。このような態度には、言語それ自体が進化過程のある種の終着点であるという仮定が含意されている。この目的論的な視点は質の悪い科学へとつながり、問題を混乱させる。言語は進化によって鍛えあげられた精妙な行動であり、この特性はヒトにだけみられ、他の動物にはみられない。イルカのコミュニケーションがどのように、そしてなぜ進化したのかと同じように、人間の言語がどのように、なぜ進化したのかと問いかけることができる。しかし、その際には、あるシステムが他のシステムより優れているだとか、劣ったものだとか主張する必要はない。それぞれのシステムがそれぞれに進化的役割を担っている。同じように、イルカの噴気孔は巧妙な形態学的デザインをしている。しかし、その形、機能、進化に関して生物学的に深い理解を得ようとするなら、噴気孔をヒトの鼻孔と比べることは完全に非生産的な試みである。噴気孔はそれ自体として理解されねばならず、他の類似器官と比較する類のものではない。

とはいうものの、イルカのコミュニケーションが自然言語とどの程度比較できるかを確かめるために言語評価点を算出してみることには、有益な部分もある。まず、言語を生み出すためにヒトの脳で何が起こっているのかについて、考えを向けさせてくれる。また、イルカの示す言語様行動の諸側面をテストすることで、イルカの精神について何がしかの理解が得られる。しかしその結果得られた得点表は、むしろイルカのコミュニケーションの不完全さを示すもののように思える。イルカは表現の無限性を持たないし、高度に発達した社会‐認知的能力の基準には届かないし、離散的組み合わせシステムも持たない、等々。イルカのコミュニケーション内に言語の必須要素を探すことにこれ以上執心するなら、我々はこれら否定的要素と取り組み続けなければならず、大切なものを見失うだろう。ＡＣＳについてわかっている事実からすると、ＡＣＳに音素や言語様の統語構造が存在する蓋然性はきわめて低い。その探究に集中してしまうと、我々は本当に存在する現象――言語に似たものではないかもしれないが、それでもイルカにとって非常に重要なもの――を見逃すかもしれない。イルカ語の研究に気を取られてはいけない。イルカ語は我々の限られたリソースをあさっての方向へ誘導する罠であり、注意を向けるべき重要な問題から若き研究者を引き離してしまう誘惑である。ここ数十年にイルカの精神やコミュニケーションに関するブレイクスルーをもたらしたのは、リリーのアイデアや疑問ではなかった。それを達成したのは、イルカ語の解読という目標に見切りをつけて久しい研究者たちの熱心な仕事であった。もうイルカ語というアイデアには引退してもらうべき時期である。そしてイルカのコミュニケーションが持つ本当の謎を明らかにする、より意味のある行動を起こすべきときに来ている。

第6章

最も優しい動物

誰にでも好かれる海の王様、彼はとっても親切で優しいんだ。(1)

イルカの知能に関するリリーの考えでは、イルカは感情をコントロールできる洗練された能力を持つとされる。(2)麻酔をかけていないイルカの脳に電極を刺し込む際、イルカがリリーを攻撃しなかった理由として使われたアイデアである。この考え方は一般の人々にも広く普及し、イルカはふつう平和的で、周囲の生物と調和を保ちながら生きている友好的な動物だと考えられるようになった。ニューエイジ的な本『*In the Presence of High Beings: What Dolphins Want You to Know*(高等生物の前で:イルカがあなたに知ってほしいこと)』は、この側面に多くの焦点を当てている。この本では、イルカが人間と共有したいと望んでいる第一の「才能」あるいは「特別な性質」として、「尽きない友好と優しさ」を挙げている:

私がまず挙げるイルカの特性は、イルカがどれほど一貫して人類への友好性と優しさを示すかということである。環境や仲間同士、音楽との調和(ハーモニー)に加え、イルカは他の生物種との友好的な触れ合いを楽しんでいる。(3)

このアイデアとセットにされるのは、イルカは社会的に複雑な動物だという主張である。「イルカは豊かな社会的生活を送っている」という考えは、イルカに人間性を認めるべきという議論(イルカを人間と同じに扱うべきだとする主張）のなかでよく持ちだされる。(4) そしてシャチが示す洗練された社会構造は、ＰＥＴＡの訴訟、つまりシャチを原告としたシーワールドに対する「反奴隷訴訟」の理由の一つとなっている：

オルカは大きく複雑な群れで生活し、長期間維持される絆、高度な同盟関係、協力的なネットワークなど、非常に細分化された関係を持つ。オルカは複雑な社会を形成し、入り組んだネットワーク内でダイナミックな社会的役割を果たし、鳴き声、社会性、採餌、遊び行動に関して多くの特有の文化的特性を有している。(5)

それでは、「知的な精神を持つことで、イルカは特異なほど社会的・友好的・平和的な、環境と調和して生きる動物となった」という考えは、科学的にはどう評価できるのだろうか？

平和的な行動

イルカの平和的あるいは友好的な行動を示す事例報告も科学的証拠も、間違いなく豊富に存在する。弱っていたり溺れていたりする仲間や人間、あるいは死骸を助けようとする行動は、古代から西洋文化の伝承中に発見できる。幸運にも野生のイルカを特に水中で観察する機会を得た人は、イルカが遊び好きで、お互いに愛情深く接しているところを目撃するだろう（愛情は同種のイルカ、さらには異なる種のイルカにも向けられる）。(6) イルカはしばしば身体的接触を行い、胸ビレを使って他のイルカの体を優しく撫でたりといった行動をとる。[(7)〜(9)] 海洋で人間と遭遇した際には用心深かったり引っ込み思案なこともあるが、野生のイルカが人間と交流しようとする例は数多く報告されている。そのなかには明確な友好的好奇心を示す例や、親密な身体的接触さえも含まれている。[(10)]

もちろん、友好性や親しさを表す社会的行動が、イルカに特有なものというわけではない。ほとんどすべての動物種――ナメクジ[(11)]からチンパンジー[(12)]まで――は、親密な社会的パートナーや家族が苦しんでいるのをみると、優しく平和的な身体的接触や慰めが関与する行動をとる。そしてイルカと同じく、サル[(13)]から鳥[(14)]に至る種で、種の壁を越えた友好的な社会的交流が観察されている。どうやら、「イルカがふつうは友好的で、他個体や環境と平和裏に調和を保って生活している」という印象を作り出しているのは、親和的行動の存在ではなく、むしろ攻撃的行動の不在によるものと考えられる。

しかし、イルカが平和的な動物だという考えの頑固な支持者たちにしても、イルカが時に暴力的な行動をとることを最近まで知らなかったとは考えづらい。ナショナルジオグラフィックのドキュメンタリー『*Dolphins: The Dark Side*（イルカ：裏の顔）』[(15)]は、「愛らしい〝フリッパー〟[(※)]はずる賢くも、攻撃的にも、野蛮にもなる」[(16)]ことを示唆していたし、平和的とはとても言えないイルカの行動を知る機会はたくさんあった。しかし問題は、このような暴力的行動がイルカにとって一般的なものなのか、それとも例外的なものなのか、ということである。書籍『*Dolphins and Their Power of to Heal*（イルカとそのヒーリングパワー）』は、攻撃的な行動を、イルカが怒ったときに起こる特殊例として撥ねつけた。[(17)] そして攻撃的行動は、「普段は大人しく心優しい善良なイルカを柄にもなく我儘で攻撃的にしてしまう、社会的ストレスやプレッシャー」を作り出す、飼育状態のような例外的な状況で起こるものだと強く主張した[18]。同じ結論に達した他の著者も、イルカに観察される攻撃的な行動は、異常なストレス要因（通常は人間）や人工的環境によって発生するものだと考えた[19]。彼らによると、飼育環境はイルカの攻撃性の主な原因になるという：

半飼育あるいは飼育状態のイルカにみられる最も顕著な変化には、食べ物に対する競合の始まりと、それに続く負傷を伴うことさえある闘争や攻撃が含まれる。しかし、私はいまだ野生状態では一度も争いを見た経験はなく、一〇年の観察で傷ついた野生のイルカを見たのは一度だけである[20]。

シリウス研究所は、「これまでにわかっている事実からすると、極端に怒った状態を例外として、イルカは人間を優しく扱う」と主張している[21]。野生あるいは飼育されているイルカの攻撃的行動を説明する際によく使われる「怒った」というのは曖昧な言葉である。そして、攻撃的な行動をイルカにとって例外的なものだとする考え方は、むしろ一般的なものといえる。ここには、「攻撃性そのものは、イルカやヒト、あるいはその他の社会的動物に一般的にみられる重要な通常行動ではな

※：一九六〇年代にアメリカで放映されたテレビドラマ『*Flipper*』に出てくるイルカの名前。日本でも『わんぱくフリッパー』として放映された。なおこのドラマでイルカの調教を担当していたリック・オバリーはイルカ保護運動家となり、日本のイルカ漁を批判的に取り上げた映画『ザ・コーヴ』にも出演している。

く、望ましくない例外的な行動である」とする視点が含意されている。しかし、これからみていくように、「怒っていない」野生のイルカにも攻撃的行動があることを示す、多くの証拠がある。この事実を考慮に入れると、「イルカにとって攻撃性は例外的な行動である」とする考えは受け入れがたいものになる。

「ネズミイルカ殺し」と「子殺し」

相手を死に至らしめることもある種間攻撃性と、子殺し行動から、この議論を始めよう。率直に言って、イルカをいい奴リストから外すにはこの例だけで十分だろう。ニュースが大げさに伝えたように、ハンドウイルカは近年、湾内のネズミイルカ（ハクジラに属する小型種）を攻撃して殺しているという悪評を獲得した（たとえば、「殺し屋イルカ、サンフランシスコでネズミイルカを虐殺および性的暴行」という見出しも出た）[22]。この行動のために二〇一一年に正式につくられた用語は、「porpicide（ネズミイルカ殺し）」であった[23]。メディアが集中的なキャンペーンを張ったのは最近だったことから、ネズミイルカ殺しは新しく起こった出来事だという印象を受ける。しかし、単に今まで誰も気づかなかっただけで、数千年来ずっと起こり続けてきた行動だった可能性は十分にある。

波の下がのどかな理性的世界などではないことを最初に科学者に感づかせたのは、一九九〇年代前半のある出来事だった。スコットランド東沿岸にあるマレー湾のネズミイルカが、原因のわからないひどい傷を負った状態で打ち上げられ始めたのである。一九九一〜一九九三年の間に海岸で見つかったネズミイルカの死骸の六三%が、他のハクジラに攻撃を受けた跡を残していた[24]。ネズミイルカには、「特に頭部・背中・胸壁上部と側部に顕著な、皮下および筋組織の非常に激しい損傷と出血によって特徴づけられる、多数の、身体内部の、生きている間に受けた傷」[25]があった。これらの傷は鈍的な衝撃によるもので、肝臓や肺の破裂、脊椎骨折を起こすほど強烈なものであった。死骸の皮膚に残された歯型が調べられ、ネズミイルカへこのような攻撃を仕掛けた動物の正体が調査された。そしてただ一種だけ証拠と完全に合致したのが、ハンドウイルカであった。マレー湾ではそれまでも、ネズミイルカとハンドウイルカの攻撃的な接触は、観光客や研究者によって目撃されていた。しかし、そのような目撃例はここに至って初めて、イルカ同士の接触がどの程度一般的で、時に致死的なものとなるのかを示すパズルの一ピースとなったのである。加えて研究者は、「この種間接触は非常に暴力的で、消費を目的としているわけではない」[26]ことに気づいた。つまり、ハンドウイルカは食べるためにネズミイルカを殺しているのではなく、ただ殺していた。残虐に。

ネズミイルカ殺しは、マレー湾の一部のイルカ集団に限定された行動ではない。二〇〇七〜二〇〇九年の間に、カリフォルニア州ハンボルト郡からサンルイスオビスポ郡の海岸で四四匹の死んだネズミイルカが打ち上げられているのが見つかり、「ハンドウイルカによる継続的な外傷」[27]を受けていることが確認された。外傷には「肋骨、脊椎、頭蓋骨、肩甲骨や鼓胞の骨折、肺や軟組織の裂傷および挫傷」があり、これらはハンドウイルカの暴力性を示す陰惨なリストとして現在ではよく知られるものとなっている。カリフォルニア州の科学者はまた、ハンドウイルカがネズミイルカを襲っているところを三度も目撃、報告している。そのうちの一回はネズミイルカが死ぬまで行われた。襲撃は以下のような行動を含んでいた：

体当たり：吻や体をネズミイルカへ高速で打ちつける。繰り返し体当たりし、複数個体が同時に行う場合もある。

放り投げ：吻や尾を使ってネズミイルカを打ちつけるという手荒かつ暴力的な方法で、ネズミイルカの体の一部あるいはすべてを水中から放り出す。しばしば連続して行われる。ネズミイルカを両サイドから攻撃しながら大きなノイズを発し、犠牲となったネズミイルカは空中へと回転しながら弾き飛ばされることもある。

溺れさせる：自分の上半身を水の外へ四五度の角度で繰り返し持ち上げ、それをネズミイルカの頭の上へと勢いよく落とし、水中へと抑え込む。また、吻をネズミイルカの尾の下へ持っていき、その状態で頭を水中から持ち上げることで、ネズミイルカの頭が常に水中に入ったままにする。このような行動によりネズミイルカを効果的に疲弊させせながら体のコントロールを奪い、息をさせないようにする。(28)

カリフォルニアで記録された死んだネズミイルカの数は衝撃的なもので、アメリカ海洋漁業局は「致死的な異常事態」だと宣言を出した。しかし最終的には、ネズミイルカの突然の減少の最も可能性の高い原因は、「鈍的外傷を与える持続的かつ日常的に行われているハンドウイルカによる攻撃」だと結論した。(29) ネズミイルカ殺しは二つのハンドウイルカ集団で長期間にわたって定期的に行われているようで、異常行動には分類できない。打ち上げられた死んだネズミイルカの数、そして死亡にまで至らない襲撃の推定数からすると、ネズミイルカへの襲撃はこれらのハンドウイルカ集団にとってはかなり一般的な行動のようである。

それでは、何が襲撃の引き金となっているのだろうか？　縄張り争いというわけではなさそうである。ネズミイルカはハンドウイルカと同じ物を食べるわけではなく、競合関係はない。興味深いことに、襲撃の主な実行犯がオスの成体イルカであることを示唆する証拠がある。これは重要な手掛かりである。また、スコットランドで襲撃の標的とされたネズミイルカは完全に成長した個体ではなく、一・〇～一・五メートルの体長であった。これで疑問は少し具体的になった。なぜオスの成体ハンドウイルカは、中型サイズのネズミイルカを殺すことに興味を持つのか？　現時点で最も可能性の高そうな推測は、ハンドウイルカは殺傷技術を訓練しており、最終的な標的――ハンドウイルカの子どもである――が実際に目の前に現れる日のために技術に磨きをかけているというものである。ハンドウイルカの子どもと中型サイズのネズミイルカはほぼ同じ大きさで、ネズミイルカを殺す技術は、必要となればハンドウイルカの子どもを殺す技術に容易に転用できる。別の仮説もある。オスのハンドウイルカは、ハンドウイルカの子どもとネズミイルカを混同しているというものである。いずれにせよ、これらの仮説からすると、ネズミイルカ殺しに対する最も可能性の高い説明は、友好的でも平和的でもない「子殺し」行動の変形だということになる。

子殺し

子殺し――同種の幼若個体を成体イルカが殺す行動――は、直接的な観察を通して科学文献上で報告されたものではない。しかし、その存在を示す豊富な間接証拠がある。一九九二〜一九九六年にマレー湾（ネズミイルカ殺しが報告されたのと同じエリア）で、より大きなイルカから殺されたことを示す跡のある、一八匹のハンドウイルカの子ども（一歳未満）の死骸が発見された。研究者はこれらの子イルカのひどい状態を、次のように記述した：

頭部と喉周囲の挫傷、出血や打ち傷を伴う多数の肋骨の骨折、折れた肋骨が突き刺さったことによる肺の破裂、脊椎脱臼（二例）を含む、多数の、身体内部の、生きている間に受けた傷があった。各例で皮膚は裂け、できたばかりの平行な歯型が残っていたが、体の一部が食べられた形跡はなかった。[30]

お気づきのように、傷の記述は死んだネズミイルカでみられたものとほとんど同じである。成体イルカが生まれたばかりの子イルカを襲い、母親から引き離して溺れさせようとしたところを目撃したスコットランドの研究者もいる。[31] また、オスのハンドウイルカが既に死んだ子イルカを攻撃しているところも報告されているが、この場合は到着が遅かったため、オスイルカが実際に子イルカを殺したのか、それとも興味深そうな（おぞましい）おもちゃを見つけてただ遊んでいただけなのかはわからなかった。[32] 他のイルカによるものと考えられる重い内部損傷を負って死んだハンドウイルカの子どもは、バージニア州でも記録されている。[33] 一九九六〜一九九七年の間にバージニア州の海岸に打ち上げられ検死された子イルカのおよそ半数が、他の成体イルカによって殺されたものと推測された。報告の筆頭著者のデイル・G・ダンは、「誰かが野球のバットを持って、文字通り死ぬまでイルカを殴りつけたかのようだ」と述べたとのことである。[34]

これらの報告は、オスの成体イルカが同種の子殺しに関与していることを示す、かなり説得力ある証拠である。平和的な行動とはとても言えない子殺しだが、動物界ではまれなことではない。イルカの場合でも、この行動には明確な目的がある。つまり、子イルカを殺すことによって、その母イルカとすぐに（数日内に）交尾ができるのである。生殖を目的にメスを取り合うオスたちのいる環境で生きる動物集団を見たとしたら、あなたは子殺しが起こる可能性のある現場にいることになる。おそらく最もよく知られた例はライオンだろう。あるオスライオンが群れのリーダーシップを引き継いだ場合、そのライオンは前にいたオスライオンの血をひく子ライオンを殺すことがある。メスライオンが再び発情期に入り、自分の子どもを多く残すことを確実にするためである。進化的な視点から見る限り、自分の遺伝子を持たない子どもを育てて守るために自らの人生を費やすのはよい戦略とはいえない。結果として、子ライオンの死亡の四分の一以上が、群れを継いだ新たなオスライオンによる子殺しに直接的な原因を求めることができる。[35]

イルカ（特にハンドウイルカ）では話は少し異なる。ライオンと違い、オスのイルカは自分が実際にその子どもの父親であるかどうかを知らない（または知ることができない）。結果、機会さえあればメスと交尾しようという性的な競合状態が、オスのなかに作り出される（おそらくオスは子殺しによってその機会を作り出している）。一方でメスのほうは、劣ったオスの子どもを作らないことを確かにし、同時に危険なオスから弱い子どもを安全な距離に引き離しておくための戦略をとるようになった。一部のイルカ種では、オスはメスに強制的に交尾を迫る方法を見つける。[36] オーストラリアのシャーク湾のミナミハンドウイルカのオス同士は、数分から数十年におよぶ同盟関係を作る。この同盟関係は、メスに交尾の準備ができたときに突如出現することがある。この関係は、メスを自分たちのグループで独占するために協力する結果だと考えられている。つまり、他の集団のオスたちの交尾チャンスを防いでいるのである。この行動は「ハーディング（herding）」[37]と呼ばれている。複数の小さな同盟集団がチームを組んでより大きな集団を作り、自分たちの集団のメスを守ったり、逆に他の集団からメスを奪うことがある。オスの同盟集団同士はしばしば非常に暴力的な闘争まで行う。三匹のオスの集団と闘い、打撃によって気を失った、ほとんど溺れかけのオスのハンドウイルカが観察されている。[38]

同様の社会構造は、フロリダ州サラソタ湾のハンドウイルカにもみられる。ここのイルカも類似した流動的な社会集団の中で生活し、メス同士は子育てのためのグループを作り、オスは長期的な同盟関係（二〇年以上に及ぶ場合があり、通常は二匹の関係である）を築く。[39] シャーク湾と同じように、オスの同盟関係は妊娠の準備ができたメスを確保する戦略と考えられている。メスのグループは母イルカの子育てを手伝っているようで、危険（おそらくサメやオスイルカによる子殺し）から子イルカを守り、食べ物の発見／狩りを助けているものと思われる。[40]

交尾に対して一定の主導権を持つために、メスもさまざまな戦略をとる。メスのイルカは不規則に排卵したり、また複数のオスと交尾することで、誰が父親なのか推測を不可能にする。[41] 一部のイルカ種の膣壁には弁状組織——しばしば偽子宮頸（pseudocervix）と呼ばれる——がみられ、どのオスイルカの精子が卵を受精させるかコントロールできるのではないかと推測されている。ほとんどの社会的動物にも当てはまることではあるが、オスとメスの目的の違いから生じる日常的な対立（思い切って要約すれば、交尾、そして誰が子イルカの父親となるかという問題）は、多くのイルカ社会の重要な要素である。しかし、子殺し（あるいは交尾）こそがすべてのイルカ社会を駆動するメカニズムである、などという印象は持ってほしくない。このような考えはおそらく正しくない。獲物の狩りや、捕食者から互いを守るために協力する必要性といった環境的な因子も、生殖と同じく、イルカの社会構造を説明するうえでは重要な要素となる。[42] 性の間の対立や子殺しの脅威がほとんどないか、まったく存在しないイルカ社会もある。たとえば、ニュージーランドのダウトフル・サウンドには、八〇匹のハンドウイルカから構成されるよく研究された集団がある。この集団は、他のイルカにもみられる典型的な複雑な社会的グループを作り、長期的な関係を維持する。[43] しかし、ここのイルカは他のハンドウイルカ集団とは異なる。オスとメスが混在した群れを形成し（九〇%以上の場合で観察される）、この群れでは交尾に関する競合はほとんどない。オスとメスは互いに長期的なパートナーシップを形成するが、これはハンドウイルカでは非常にまれな現象である。この群れを観察している研究者によると、住みにくいフィヨルドのどこで食べ物が見つかるかという情報を共有する必要性が、他のハンドウイルカ集団でみられるものよりもさらに高度な協力関係を作り出したのではないかという。ここでみられる同性の群れはまた、強制的な関係やハーディングに巻き込まれることを心配する必要がほとんどなく、配偶者を選ぶ際にメスのほうが優位性を持つことから説明できるかもしれない。[44] スコットランドのマレー湾、[45] アイルランドのシャノン河口[46]のハンドウイルカ集団も典型的な流動的社会構造を維持しているが、シャーク湾やサラソタ湾でみられるようなオス同士の同盟関係やメスの間でのつながりはない。加えて、シャーク湾やサラソタ湾のような対立的なイルカにおいてさえ、オスとメスが混在する集団はかなりよくみられるということも指摘しておく（シャーク湾では五〇％以上、サラソタ湾では三一％）。したがって、イルカのオスとメスが仲良くやっていくことはできず、オスイルカは常に子殺しを考えているなどと考えるのは間違っている。しかし、社会構造がどうであれ、マレー湾のイルカが示したように、子殺しはそれでもイルカにとって魅力的な交尾戦略のようである。

その他の攻撃的な行動

メスのイルカは子イルカにしつけ行動をとるが、[47]このしつけは暴力的とまでは言えなくとも、かなり不快な行動を伴うことがある。よく言及されるしつけ行動に、母親が力のない子イルカを海底に押しつけるというものがある。[48]子イルカは息継ぎのために水面に上がる必要があるので、これは大きな苦痛と恐怖を与える行動のようである。マダライルカの母親が、子どもを空中へと繰り返し弾き飛ばすところも観察されている。[49]また、母親から噛まれた跡が残る子イルカもいる。[50]ハンドウイルカの母親は、傍から離れてしまった子どもへ警告するために、時々恐ろしい鳴き声を発する。この鳴き声は特に「サンク（thunk）」と呼ばれている。[51]この類の荒っぽいしつけ技術は、動物界全体にみられる普遍的なものである（子どもが誤った行動をとった場合に人間の親がどうするかを見てみればいい）。しかしこの行動からすると、言うことを聞かない子どもをしつける際にもイル力は常に平和的だという考え方は成り立たない。

ネズミイルカ殺しを別にしても、種の垣根を越えた調和というアイデアには無理があることを示す証拠がある。確かにイルカは、他の水棲哺乳類と非暴力的な、時には協力的な関係を結ぶ[52]。しかし、種を越えた友好的接触の例（ザトウクジラとハンドウイルカが一緒に遊ぶ[53]、イルカとジュゴンが社会を作るなど[54]）がある一方で、攻撃的な接触の例もある（ハンドウイルカはギアナイルカの子どもを襲う[55]、マダライルカとハンドウイルカの集団が争う[56]〜[57]）。たとえば、コリント湾のスジイルカ、ハナゴンドウ、そしてマイルカは、ほとんど常に異なる種が入り混じった集団を作り、そこでは親和的な接触と敵対的な接触の双方が観察されている。これらの動物の体に残る傷跡は、種間における日常的な攻撃的接触を示すものである[58]。ベルギーの浜辺に打ち上げられた二匹のネズミイルカの皮膚にみられた傷の原因は、ハナジロカマイルカだったようである[59]。また、生まれたばかりのネズミイルカに嫌がらせをしているカマイルカが目撃されている（この行動の解釈としては、単に遊ぼうとしただけ、溺れさせようとした、殺そうとした、など複数の可能性がある）[60]。パタゴニアのイロワケイルカとハンドウイルカは、仲良く一緒に餌を採っているところが観察されているが、この平和な関係は時折起こる暴力的行動によって突然終わることがある[61]。さらに、ネズミイルカ殺しに関与したのと同じマレー湾のハンドウイルカが、ゴンドウクジラとハナゴンドウの子ども、そしてスジイルカとマイルカの成体の死にも関与していることが示唆されている。打ち上げられた死骸のすべてには、ハンドウイルカの攻撃でできるものに似た内部損傷があったのである[62]。これらの種は、ネズミイルカやハンドウイルカの子どもよりもずっと大きい。したがってこの観察結果は、暴力的行動の唯一あるいは代表的説明としての「子殺し仮説」に修正を迫るものでもある。

イルカ同士の攻撃性は飼育状態のイルカでも観察され、これについても触れておくべきだろう。飼育状態それ自体がイルカから攻撃的な行動を引き出す、あるいは少なくとも攻撃性を悪化させるという、まったくありそうな話があるが（不自然な社会集団、ストレス、退屈などによって）[63]、このような例は少なくとも記録として残しておくべきだろう。獣医による飼育報告は、イルカの攻撃性はよくみられる問題であると認めており、それに対処する多くの方法が推奨されている（通常は攻撃性をみせる個体同士を引き離す）[64]。イルカの一部にはただ単にうまくやっていけない個体がいて、社会構造に変化が起こるまで日常的な身体攻撃や脅かしが続く[65]。大きな問題の一つは、飼育状態の集団は厳格な社会的序列を作り上げ、それを維持することであるらしい[66]。オスであれメスであれ、優位な立場にあるイルカは、下位のイルカ（同種でも異種でも）に罰を与える[67]。大きなイルカが優位にあるとは限らないようで、同じ水槽内でハンドウイルカはずっと大きいシャチより優位に立つことが知られている[68]。優位性や序列は野生集団では発見または研究されておらず[69]、野生集団では何ら役割を担っていない可能性もある[70]。

飼育状態のイルカの攻撃的行動に関しておそらく最もよく知られ、最も多く情報が出回った例は、一九八九年にシーワールド・サンディエゴで起きたシャチのカンドゥーの死亡事件だろう。カンドゥーは、メスシャチのコーキーとの攻撃的接触の際に、致命的な傷を負った。この出来事に対するシーワールドの公式見解は、「優位性を主張するために社会的に誘発された、通常の攻撃行動」というものであった[71]。不幸にもこの攻撃行動によりカンドゥーは顎を骨折し、大出血が起こった。

そして数分でカンドゥーは死んでしまった。

すべての攻撃的行動が見た目にわかりやすいものというわけではない。実際には野生でも飼育状態でも、イルカの攻撃的行動のほとんどは肉体的接触さえ伴わない。しかしそれでも攻撃的と分類されるには理由がある。[72] 人間の場合と同様に、攻撃性は内的な情動状態を表す態度や鳴き声といった形をとることがある。イルカでは、攻撃性や敵対を表す態度には以下のようなものがある。口を開ける（遊びでこの行動をとることもあるが、通常はストレスや怒りを示している）、S字型の姿勢、頭を振る／首振り、突進するような動作、胸ビレを外側に広げる（自分をより大きく恐ろしく見せようとする）、などである。[73]〜[76] 攻撃性を示す行動としては他にも、大きなポップ音、キーキー音、早く低いクリック音、上下の顎を勢いよく閉じて出す音、顎によるポップ音、尾で水面を叩いて出す音など、聴覚に訴えるものがある。[77]

物理的な攻撃的接触が起こった場合でさえ、ネズミイルカ殺しやカンドゥーの死でみられたような、明らかな傷が残るとは限らない。吻や尾ビレ、尾の柄の部分で体当たりしたり打ち付けたりした場合には、明白な物理的痕跡が残らないことがある。[78] 死には至らない最も明瞭な痕跡は、おそらく歯によるひっかき傷である。これは他のイルカの体に咬みついたり、歯で傷つけたりする際に残る。[79] 遊びの途中で偶発的に発生することもあるが、種間あるいは種内での攻撃的接触による場合が多い。[80] 歯によるひっかき傷の存在と分布は、攻撃的接触の広がり具合を確かめる際に使用される。ハナゴンドウのような種ではしばしば、同種個体との攻撃的接触による傷が全身を覆う。傷跡そのものがオスの武勇の証となり、配偶者としての能力を証明するものとなる。[81] 同じことはアマゾンカワイルカ（ボトとも呼ばれる）にも当てはまる。成体のオスのアマゾンカワイルカは全身ピンク色をしていることが多いが、これは同種個体との攻撃的接触によってできた傷で全身が覆われているためである。傷がない個体は元々の灰色の体を維持している。[82] 実際、アマゾンカワイルカのオス同士の喧嘩は有名で、トニー・マーチンは次のように述べている：「オスはお互いを叩きのめす。彼らは野蛮である。お互いの顎、尾ビレ、胸ビレを叩き、噴気孔を傷つける。大きなオスは文字通り全身傷だらけである」。[83]

イルカの攻撃性はどの程度一般的なのか？

ここまで、イルカが常に平和的であるわけではないことを示す事例証拠や観察を取り上げてきた。ここで、攻撃性がどの程度逸脱的なものなのかを考えるためには、イルカが友好的な行動や非友好的な行動をどの程度の頻度で示すかを計算する、客観的な評価法が役に立つ。動物の行動研究の際には、ある動物が示すすべての行動をリスト化することがある。このリストがエソグラム（ethogram）である。また、それぞれの行動が観察される頻度を計算したものは、行動配分表(behavioral budget) と呼ばれる。エソグラムと行動配分表を利用することで、友好的行動と攻撃的行動の頻度を確かめることができる。

シャーク湾の子イルカの行動発達を調べたある研究で、[84] 生まれたばかりの九匹のイルカが生後一〇週にわたって可能な限り綿密に観察された。これらのイルカには時折人間が餌を与えており、母親が供餌エリアにいるときの攻撃的行動の平均割合は、一時間あたり〇・二五であった。しかし、餌が供給されていないときには攻撃的行動の割合は〇・〇一になった。この実験に携わった研究者たちが指摘したように、この観察は、餌の供給（つまり人間の接触／影響）が攻撃的行動の割合を増加させる可能性があることを示す、一定の証拠となる。二組の母親と子イルカのペアを使った別の実験では、三二時間の観察からエソグラムが作成され、五一種類の行動のうち四つが攻撃的行動に分類された。[85] この二つの実験からは、子イルカ（とその母親）に攻撃的行動は存在するが、それほど一般的なものではないことが示唆される。

バハマの野生のマダライルカを生後四年間追跡して作成したエソグラムでは、攻撃的行動は少し多かった。[86] エソグラムに記載された四六行動のうち、八行動が攻撃的なものとみなされた。そのなかには顎で音を出す行為やテイルスラップ（尾の先で水面を叩く）など比較的害のないものもあったが、吻を生殖孔に無理やり突っ込むといった行為も含まれていた。子イルカを海底に押しつけるといったしつけにかかわる攻撃的行動は研究中に二三回しか観察されず、むしろまれなものであった。とはいえ、このエソグラムに記載された行動のかなりの割合（一七％）が、攻撃的な性質を持っていた。「友好的／優しい／平和的」と分類された行動は一一％だけで、それ以外は採餌や摂食、休息、遊泳など、社会的な行動とは関係ないものだった。エソグラムは観察された行動の頻度に関する詳細を教えてくれるものではないが、友好的な行動よりも攻撃的な行動のほうがより多くの種類みられたことになる。

野生のタイセイヨウマダライルカ（すべての年代）の観察から作られたエソグラムでも、攻撃的行動は先行研究と同様の割合を占めていた。[87] 記載された一〇七種類の行動のうち、一九行動（一八％）

が明らかに攻撃的とみなされ、一一行動（一〇％）が友好的とされた。この結果は、イルカが友好的あるいは攻撃的行動をどのような頻度で行っているかを教えてくれるものではないが、少なくともマダライルカやハンドウイルカが示す行動レパートリーのなかで攻撃的行動がそれなりの割合を占めることを示している。バハマのマダライルカやハンドウイルカが出す音に関していうと、イルカの出す音の五〇％以上を、敵対的・攻撃的なやりとりの際に発するものとして位置付けた研究がある。[88] イルカは互いに対する敵対的な音を出すために、かなりの時間を費やしていることが示唆される。さらには歯による傷跡を攻撃性の指標として使うと、シャーク湾のハンドウイルカの八三％に攻撃的接触があったことを示す跡が見出されている。特に、集団中のオスイルカに咬み跡が目立つ傾向があった。シャチの種内での攻撃的接触は概してまれで、グループ間での闘争が時折報告されるだけである。[89] ただしニュージーランドのシャチ集団における歯傷の研究では、二匹に攻撃的接触によるひどい傷跡が見つかっている。[90]

観察された行動が攻撃的か否かについては、多かれ少なかれ主観性が排除できない判断が入り込んでくる点には注意が必要である。シャチのグループが互いに体当たりしたり咬みあったりすることを「攻撃的接触」とするシナリオは非常にわかりやすいものではあるが、闘争の訓練としての激しい遊びと、真の攻撃性との間に明確な線を引くことは、ほとんど不可能である。テイルスラップのような単純な行動でさえ、分類は必ずしも簡単ではない。テイルスラップは常に攻撃性を表すのだろうか？　欲求不満を表す行動に分類すべきなのか、それとも警戒行動と考えるべきか？　遊びにも使われるのだろうか？　前後の文脈は常にシグナルの意味を変化させる。したがって、観察された何らかの行動を一括して攻撃性に分類することは必ずしも正しくない。ストレスホルモン値の上昇、外傷数、死亡数といった客観的な測定値はイルカの不快な経験に関するよい指標のように思えるが、野生のイルカでは測定がなかなか難しい。

ここまで言及してきた問題点を考慮して、「攻撃的行動」の定義の許容誤差をかなり広くとった場合でさえ、エソグラムと行動配分表は、イルカの複雑な行動において攻撃性がかなり一般的な要素であることを示している。そしてネズミイルカ殺しや子殺しも考慮に入れるならば、イルカが常に「環境と調和を保ちながら」、あるいは「他の動物との調和を楽しみながら」生活していると結論することは困難である。いずれにしても、ハンドウイルカはかなり攻撃的な動物だと考えることさえできる。イルカの専門家であるリチャード・コナー、ランドール・ウェルズ、ジャネット・マン、アンドリュー・リードたちは、「ハンドウイルカは、他の哺乳類に対して捕食と関連しない致死的な攻撃を示すことが知られている数少ない哺乳類でもある」と発言している。[91] 最後に言うまでもないことだが、イルカが狩り、殺し、食べ物として消費している多くの海棲動物（サバ、アザラシ、コククジラの子どもなど）に意見を聞いたら、イルカは最悪な動物だと答えるだろう。結局のところ、ベジタリアンなイルカなどいないのである。

複雑な社会的行動

ここまで述べてきた証拠から考えると、イルカが他の種と調和を保ちながら生活する、特別に平和的な動物だと考えるのは無理があると思われる。しかし、だからといって、イルカがきわめて複雑な社会的行動をとる動物だという考えを否定する必要などなく、むしろこれらの結果はこの考えを後押ししている。仲間の死を悼んだり、サメから互いを守るために協力したりする逸話からすると、イルカの行動は複雑性や共感などに関して人間と非常に似た特性を持つと考えられることも多い。では、科学的証拠は、イルカがきわめて複雑な社会生活を送っているという考えを支持しているのだろうか?

複雑な社会構造

海棲哺乳類は、陸棲の類縁種とは重要な違いのある環境で生きている。つまり、海洋では隠れる場所がない。海の深場に潜む検知できない捕食者(サメやシャチなど)の危険は、より体の小さなイルカが数百万年にもわたって二四時間対処しなければならない問題であった。時折可能になる比較的安全な浅い場所への逃避を別にすれば、この問題への対処法は、多くの魚が行うように、集団で生活することである。しかし魚とは異なり、イルカの社会集団は、他の多くの生態学的圧力の影響も受けている。たとえば、採餌の際の協力の必要性(一部の種)、性間での競合と関連する複雑な社会的関係をつくる必要性、などである。敵からの防御や食料獲得のためには互いに協力する必要があり、一方で交尾相手を見つけるためには競合する必要がある。この複雑な緊張関係から、イルカ社会は動物界のなかで最も多様で複雑なものとなった。[92] 気をつけてほしいのだが、私は他の哺乳類(ミーアキャット、ゾウ、オオカミ、チンパンジーなど)や鳥類(カラスやオウムなど)が、複雑な社会集団を形成しないと言っているわけではない。このような種は疑いなく複雑な社会集団を形成する。しかしイルカは、ほとんど固有とさえいえる特別に複雑な社会システムを示す。世界中の多くのイルカ種（ハンドウイルカやギアナイルカなど）[93]の社会集団は、離合集散性を持つとされる。この性質は、それぞれの個体は一日を通して複数の集団で時間を過ごし、集団の構成は常に変化することを意味する。[94]これはいくつかの種のゾウや霊長類にもみられる性質で、[95]〜[96]チンパンジーの社会構造と比較されることが多い。[97]しかし一部の海域では、この入り混じりながら変化を続けるイルカの関係性は、驚くべきレベルの複雑さにまで達している。我々は既に、シャーク湾やサラソタ湾のオスイルカが、メスを確保する手段として長期的な協力関係をつくることをみてきた。「一次同盟」には二〜三匹のオスが関与し、ほとんどの時間を共に過ごす。この関係は生涯維持されることがあり、動物界でみられる最も強力な社会的絆であると考えられている。[98]時折、二つの一次同盟が一緒になり、二次同盟を作ることがある。二次的な集団の組み合わせは最大一五年ほど維持され、他の集団からメスを守ったり奪ったりするのに有効な手段となる。[99]さらに、複数の同盟集団が集まって超同盟(super-alliance)[100]あるいは三次同盟[101]を形成することがある。これは二次同盟が、他の一次もしくは二次同盟とチームを組んだものである。このような大きな同盟関係では、メスの確保や闘争といった目的に応じて下位の小集団は入れ替わる。これは、イルカ集団にはどのメンバーと手を組むかに関するルールがあることを示唆している。また、より大きな社会的ネットワークには、「入れ子状の同盟関係」が関わる複雑な社会内構造が存在しているようである。[102]

シャーク湾のオスとメスのイルカは、多くの社会的な哺乳類とは異なり、縄張りを守ろうとはしない。また、若いイルカは血縁によらない社会集団を作るために散り散りになる。ヒトを除く他のすべての動物種とは対照的に、シャーク湾の数百のイルカは「閉じた社会集団」(他の種では典型的には血縁関係による)では生活しない。閉じた社会集団では、遭遇の際にはお互いを無視ないし容認し(たとえばゴリラ)、あるいは積極的に闘争する場合もある(たとえばチンパンジー)。イルカは実際には「開いた社会」で生活し、同じ領域にいるすべての個体が交流し、集団を作り、重複部分を持つ同盟関係を形成する。[103] シャチの母系グループは社会的学習によって鳴き声の方言を覚えるなど、[104] イルカの社会構造の複雑性を示す多くの例が他にも知られている。しかし、シャーク湾でみられる非常に複雑な社会ネットワークは、動物界では特異なほど際立っており、イルカは著しく複雑な社会生活を送っているという考えに強力な論拠を提供している。

イルカの社会構造の固有性や複雑性と関連する最後の論題として、社会-性的な行動にもふれておこう。イルカが、セックスに楽しみを見出したり、同性間で性的行動を持ったり、強制的な交尾戦略(しばしば不正確に「レイプ」と表現される)をとるヒト以外の唯一の種である、というのは正しくない。[105]〜[106] また、イルカが性的刺激を得るために(あるいは他の目的のために)ペニスを互いの噴気孔に挿入するという、驚くほど広まってしまった言説を支持するエビデンスはない。[107] このような俗説は科学文献の間違った解釈から派生したものであり、イルカの社会-性的行動は、他の社会的哺乳類のそれと比べて特に複雑(あるいは奇妙)なものではないと考えられる。

協力と利他性

イルカが集団で生活する理由の一つは、集団内の個体と集団そのものの両方に利益があるからである。イルカの共生的関係は協力の形をとることがあるが（協業で採餌を行うなど）、それとは別に利他性と呼ばれる逆説的行動も存在する。利他性とは、動物が他の動物を助けることで、その行動にかかわるコストを自ら負担し（生殖可能性を犠牲とし）、時には自分の命を危険に曝す場合さえある。共生関係や特に利他性の進化は、ダーウィンが『種の起源』でこの問題を取り上げて以来、激しい論争の的となってきた。動物界でみられる向社会的あるいは真社会的な行動の進化を何が駆動しているのかについては、多くの仮説が提出されている。最近でも二〇一二年、血縁選択[※]を介した包括適応度仮説の支持者（たとえばリチャード・ドーキンス）[108]と、マルチレベル選択または群選択仮説の支持者（たとえばE・O・ウィルソン）[109]の間で論争があった。どちらの仮説が進化的起源をうまく説明できるかはともかくとして、協力や利他的行動の例はイルカでも豊富にみられる。

協力的行動

シャーク湾やサラソタのハンドウイルカの同盟関係は、協力的行動の明らかな例である。オス集団がメスを確保するために協力し、子を作る可能性を増やす。[110]多くのイルカ種が高度に協調的／協

※：血縁選択説と群選択説は、単純に考えれば淘汰の中で真っ先に退場してしまいそうな利他的行動の進化を説明する代表的な理論である。血縁選択説では、個体自身だけでなく、その個体と遺伝子を共有する血縁者も含めて（包括的に）適応度と選択圧を考えるべきだとされる。一方で群選択説は、個体ではなく所属集団全体（複数のレベルが設定される場合がある）にかかる選択圧から利他性を説明する理論。

力的な方法で餌を採っている確かな証拠もある。アルゼンチンのハラジロカマイルカは、採餌の際に協力的行動をとる能力で有名である。餌の魚群を追い立てて大きな「ベイト・ボール」の形を取らせ、捕食を容易にするのである。[111]〜[112] ハシナガイルカも餌を追い立てる際に類似した協力行動をとり、順番に交替しながら決まったタイミングで食事を行う。[113] フロリダ州シーダーキーのハンドウイルカは、魚が逃げられないように列を作った他のイルカのほうへ、「ドライバー」役のイルカが尾ヒレを使って魚を追い立てるという技術を使って狩りを行う。[114] 逃げ場を失った魚は水から飛び出し、イルカは空中で魚を捕まえる。南カリフォルニアのブルクリークのイルカは、「ストランド・フィーディング（strand feeding）」と呼ばれる協調的な採餌行動をとる。[115] 魚群の後ろにつけたイルカの群れが岸へ向かって追い立てることで、魚は最終的にぬかるんだ浜へと乗り上げる。そしてイルカも同じように浜へ乗り上げ、水へと戻りながら魚を素早く食べつくすのである。人間とイルカが協力して魚を捕まえることさえある。南米、[116] オーストラリア、[117] インド、[118] アフリカ沖[119]のイルカは、人間が仕掛けた網のほうへ魚を追い立てるのを手伝い、そこから漏れた魚を捕まえる。食べ物を共有するイルカも観察されている。オキゴンドウとシワハイルカの成体は、若いイルカに捕まえた食べ物を与える。[120]

広域遊泳型のシャチ（海棲哺乳類を食べる）もまた、協力して狩りを行う。研究から、通常は三〜四匹から構成される狩りのグループを作ることが示されている。この数字は、採餌効率と狩りから得られるエネルギーのバランスを最大化する最適な頭数である。[121] 海棲哺乳類を食べる「流氷シャチ」と呼ばれるタイプのシャチが行う協力的な狩りは、実際の行動を収めたビデオ映像によってインターネット上で有名になった。この「wave washing（洗い流し）」[122〜124]と呼ばれる行動では、流氷の上に逃げたアザラシや他の獲物を標的としたシャチは、一定の距離を置いて泳ぎながら隊列を組み、流氷のほうへ素早く泳ぎ出す。これにより起こった大きな波がアザラシを氷の上から洗い流し、シャチが待ちうけている水の中へ落とすのである。多くのイルカ種が採餌の際に何らかの隊列や序列を作るが、これはある種の協調的採餌行動と考えられている。[125]ただし、この戦略は協力行動を示すものなどではなく、獲物の競合を防いだり、あるいは競合を減少させる手段だと指摘する専門家もいる。[126]いずれにせよ、イルカが獲物の発見や狩りに関して協力する（あるいは協力できるとする）数多くの証拠がある。

利他的行動

溺れている人間を助けるイルカの習性はよく知られている。他の動物（同種でも異なる種でも）を手助けしたり気にかけたりする行動は、「介助的（epimeletic）」と呼ばれる種類の利他的行動である。さらにこれは、愛情的（nurturant、若い動物を助ける）と救助的（succorant、苦しんでいる動物を助ける）の二つに分類できる。[127]リチャード・コナーとケン・ノリスは一九八二年のイルカの利他的・介助的行動に関する文献で、「すべて事例報告に基くものではあるものの、介助的行動の証拠は非常に多く、あらゆる点で抗しがたい」[128]と言っている。このレビューが発表されてから三〇年、イルカの介助的行動に関する確かな多数の証拠が科学文献に加えられた。このような行動はイルカではかなり一般的で、広くみられるようである。

成体のイルカ（特に母イルカ）は、積極的に若いイルカを助ける。これは科学文献に愛情的行動として広く報告されている。[129]ゾウやチンパンジー[130]もそうだが、複雑な社会生活を営む他の動物種と同じように、ハンドウイルカは長い発達期間を経る。このなかで幼若個体は、社会的（そしておそらくは文化的）、認知的、運動的な技能を獲得する。子どもはしばしば三〜五年もの間受乳を続け、場合によっては一〇年も母親と共に過ごす。[131]〜[133]一部のシャチでは、子どもは生涯母親の家族グループの一員であり続け、数時間を超えて母系グループから離れることはまれである。[134]母親は子どもを守り、採餌を手伝い、概して親密な身体接触を持つ（特に子どもが小さい時期には）。メスのシャチは三〇〜四〇歳で閉経するが、八〇〜九〇代まで社会集団内で活動する。メスの閉経は動物界では非常にまれである（ヒト、シャチ、ゴンドウクジラ、そしておそらくはマッコウクジラのみ）。[135]ブリティッシュコロンビア州のシャチの長期的な研究からは、生殖能力のない「お婆さんシャチ」が、集団内で非常に重要な役割を果たしていることが示されている。[136]オス（メスではない）のシャチの死亡確率は、母親が死ぬと三倍（オスが三〇歳未満の場合）〜八倍（同三〇歳以上の場合）に上昇する。この事実は、女家長が息子の生活に大きな影響力を持っていることを示している。母シャチやお婆さんシャチがどのようにオスの子どもを助けているのかについてはわかっていないが（採餌の手助け、攻撃的接触の際の保護などが考えられる）、年長のメスの存在とオスの成体シャチの生存率との間にある関係は、非常に興味深い。これらのメスは、子どもを成体へと育てる以上の役割を果たしている。自分たちの子孫を、生涯にわたって助けているのである。

子どもの母親以外の個体が子育てを助けるアロペアレンティング（alloparenting）と呼ばれる

行動も、イルカには広くみられる。[137] メスが長期間「子守り」をしたり、みなし子イルカを「養子」にとったりするのだが、異なる種のイルカによってこれが行われる場合さえある。[138]〜[142] なお、霊長類の一部も含む他の社会的な哺乳類と異なり、[143] オスの成体イルカは通常、若いイルカに対する愛情的行動はとらない（先に取り上げた子殺しからも予想されることかもしれないが）。[144]

救助的行動も多く知られている。ボートのスクリューに激突して気を失ったハンドウイルカの子どもを母親が助ける例や、[145] 仲間同士で病気の動物を水面近くに長時間支えて助ける例などがある。[146] 常にみられる行動ではないにしても、イルカが協力してサメの襲撃を避けることを示す証拠もある。[147]〜[151] 同種や異なる種のイルカが、人間によって捕えられたり殺されたりした仲間を助けようとするところも観察されている。苦しんでいる仲間にまとわりついている拘束や銛のロープに咬みつくことさえある。[152] 死んだ子イルカが長時間（二日以上）、母親や他のイルカによって運ばれたり、支えられていたりするところも広く目撃・報告されている。[153]〜[158] 死んだパートナーや家族と何日も一緒にいるイルカも目撃されており、[159] 死んだイルカに近づこうとする他のイルカや人間を追い払う場合さえある。[160]〜[161] イルカはしばしば集団で打ち上げられるが、その説明の一つとしてこの行動が使われることがある。つまり、浅場（弱った個体には開けた場所より安全と考えられる）へ向かう病気あるいは傷ついた個体に集団がついていき、潮位が変化しても群れは傷ついた仲間・家族を見捨てず、結果として群れ全体が浜へ打ち上げられることになった、というものである。[162] まだ浜にいる病気あるいは傷ついた仲間と離れ離れにならないよう、浜からいったん水へ戻った健康な個体が再度自ら浜へ乗り上げるところも複数目撃されている。

ただし、協力的、介助的、利他的な行動が、イルカに特有なものというわけではまったくない。実際、このような行動は動物にはかなり広くみられる。なぜこのような行動が発生するのかについては、血縁選択説と群選択説の間で長らく論争が行われてきた。異なる種同士が関与するものも含めて、集団で協力しながらの狩りは、哺乳類から魚、昆虫、クモに至るまで、数百種において観察できる。[163] 傷ついたり死んだりした動物を世話したり助けようとする行動は、ラッコ、マナティー、アシカ、ゼニガタアザラシ、ヒヒ、ラングール、オランウータン、チンパンジー、ゴリラ、ゾウ、有蹄類を含む多くの種で確認されている。[164] さらに、サメから身を守るために団結する行為は一見するとユニークかつ複雑な利他的行動に見えるが、鳥類から齧歯類、魚、霊長類に至る多くの種が、大なり小なり集団を作って捕食者に集団で対抗する擬攻（mobbing）という行動をとる。カモメ[165]、ミーアキャット[166]、ツバメ[167]、コマドリ[168]、マーモセット[169]、ジリス[170]、スズメダイ[171]、ブルーギル[172]などは、イルカと同様に集団で協力して天敵を追い払う動物の一例である。アリやハチといった社会性のある昆虫はおそらく、最も利他的な動物である。一部の種では、女王や子ども、コロニー全体の世話や防衛のためにコロニーすべてのメンバーが生涯を捧げ、必要になれば犠牲的行動をとることさえある。これと同レベルの向社会的あるいは真社会的な行動をとる哺乳類は一握りだけである（たとえばハダカデバネズミ）。この行動は特に「極度利他性（extreme altruism）」と呼ばれている。[173]

イルカでみられるものと類似した協力的・利他的な行動の重要な例として、ハタとウツボの行動がある。ハタとウツボは、簡単に獲物を捕まえるために協力して狩りを行う。[174] 協力して狩りを行う間、お互いへの攻撃性を見せるところは観察されていない。アマツバメの成鳥は、初めての飛行を試みる若鳥を助ける。[175] 成鳥は若鳥の下を（しばしば集団で）飛び、支えとなって飛行を手助けする。アマツバメはこのような飛行補助を、他の種の鳥（イワツバメなど）に対しても行うところが観察されている。若いイグアナは生後数か月を血縁集団内で過ごすことがある。獲物を探すタカがイグアナ集団の上を飛んでいる状態を再現した模擬実験では、タカが攻撃に移ろうとした瞬間にオスイグアナが急に動き出し、メスの上に覆いかぶさることが明らかになった。[176] この利他的行動によりメスは助かるかもしれないが、無私のオスの命が危険に曝されることは明らかである。

イルカや他の動物がこのような向社会的行動をとる場面を見ていると、動物の心では何が起こっているのだろうかという疑問が浮かぶ。子どものなきがらを守っている母イルカは、人間と同じような共感や悲嘆を感じているのだろうか？　その通りである、と主張する多くの人がいる。[177] しかし、これまでみてきたように、このような感情の裏にある真実を科学的に確かめることは、現状では不可能ではなくとも困難である。この問題をさらに錯綜したものにするイルカの介助的行動の例がある。イルカがサメやアシカの死骸を運ぶところが観察されているのである。[178]~[179] なぜこんな行動をとるのだろうか。一部の科学者は、死んだ子ども（や他の動物）を助けようとする行動は、「適応応答の誤用」であり、母親は単に子どもの死を確認できないだけ、あるいは死骸から離れられないだけだと主張している。[180] 逆に、これは人間でもみられる悲嘆による混乱行動、あるいは神経症的な行動だと主張する人もいる。[181] しかし、傷ついたり死んだ動物に対する反応のすべてが、人間と似た悲嘆をイルカに引き起こすわけではない。死んだ子どもに興味を持たないように見える母イルカの例もある。[182] あるいは、イルカが仲間の死骸の周りに集まって通夜や葬儀のように見える行動（同様の行動はアメリカカケスにもみられる)[183]を取っている際に、死骸へ向けてオスが性的行動をとるところが目撃されている。[184]この行動は人間の視点からは解釈しづらい。ヒトとイルカの介助的・利他的行動の比較は、限られた研究的価値しか持っていない。

利他的・協力的な行動がイルカに一般的であることを示すために、イルカが人間に似た利他的・協力的行動をとるなどと主張する必要はない。しかし、このような行動はイルカに固有のもの、あるいは何らかの特殊性を持つものなのだろうか? これは判断の難しい問題だが、「そうではない」というのが私の個人的な見解である。哺乳類からトカゲ、昆虫に至るまで、非常に多くの種にこのような行動がみられるという普遍性を考えれば、イルカの利他的・協力的行動を、多くの動物で観察される比較的よくある行動と異なるものと考えるのは、おそらく間違っている。

イルカは特殊なほど複雑で平和的な社会生活を送っていると言えるのか?

イルカが(時に)友好的で平和的な動物であることは間違いない。イルカが複雑な社会生活を送っていることも確かである。問題となるのは、子殺しや種間暴力も含めた、多くの攻撃的行動の存在である。同時に、イルカは協力的で利他的な行動もとる。総合すると、イルカはかなり社会的な動物である一方で、お互いや環境と調和を保ちながら特異なほど平和的に生活しているという考えは正しくないことが示唆される。また、多くの種が同じような行動をとる限りにおいて、イルカが介助的あるいは向社会的行動に関して特別だとすることも正しくない。実際のところイルカは、大きく複雑な社会集団を作る長寿の哺乳類に予想される通りの、攻撃性・友好性・複雑な社会的行動が混ざり合った振る舞いを示す。この意味では、イルカは人間とよく似ている。人間が時に素晴らしく思いやりがあり、平和的で、愛情深く、親切な動物であることに疑いはない。しかし我々が、残酷で、憎しみや悪意に満ち、ひどく邪悪になりうることもまた疑いない事実である。人類全体を本質的に平和的だとか残酷だとか決めつけることは適切ではないだろう。どんな哲学や宗教的背景があるにしろ、人間がその両方を持つ存在であることは多くの人に同意してもらえると思う。イルカも同じなのである。

それでは、イルカが平和的な動物だというリリーの考えは、なぜこれほど文化的に広まってしまったのだろうか。なぜこれほど多くの人が、イルカの暴力的な側面には目をつぶってしまうのか。完全に悪意があることを示す、簡単に手に入る多数の証拠があるにもかかわらず、なぜ我々はイルカの行動を都合のいい方向ばかりに解釈し、平和的というラベルを貼り続けるのか。これを説明するのはなかなか難しい。ニューエイジ運動の著者のなかには、自分の見解に沿わない報告をごまかしたり、攻撃的な行動を例外として無視している人たちがいるが、私にはこのような態度はナイーブすぎるように見える。「イルカは本やエコツアーの対象となるに値する、超自然的な友好性を持った動物である」とする彼らの信条にちゃんと向き合っていないのは、実は彼ら自身なのではないかと思える。公平を期すために言うと、イルカは人間に対して非常に好奇心が強く、友好的な態度をとることも多い。イルカが人間と協力することを確認する十分な根拠もある。しかし、これが話のすべてというわけではない。平和的でない側面を無視している点で、このような態度はイルカの行動の真の複雑性を正当に評価していない。最近の著者の一部、特に個人的な経験よりも実証的な証拠に信頼を置く人たちは、イルカの攻撃性について書かれた報告も熱心に取り入れ、よりバランスのとれた、より正確な説明を行っている（たとえばトーマス・ホワイト）。[185] イルカを真に理解するためには、自分の意に沿わない考えにもオープンになる必要がある。

トニ・フロホフは言う：「我々は、イルカの心がどのようなものなのか――あるいはイルカの心をどのようなものと考えたいのか――という先入観から、イルカの情動の深さに目をつぶってきた」。[186] この意見に私は完全に同意する。イルカが互いに調和を保って平和に生活し、攻撃性など持つはずがないと信じ込んでいる場合、[187] その人はどのような残虐な行為を目撃したとしても、自分の好む現実に沿った形でイルカの行動を解釈するだろう。このことをよく表す私自身の目撃例を紹介して、この章を締めくくろう。

エコツアー用の大型船から野生のミナミハンドウイルカの調査を行っていた私は、[188] 典型的な攻撃的徴候（頭を強く振る、顎を鳴らす、大きな泡の雲を出す、他のイルカに突進したり体当たりする）を示しているオスのイルカに遭遇した。そのとき私は、エコツアー客の一団と一緒にシュノーケリングをしていた。私がイルカから距離をとってこの行動を慎重に撮影していたところ、女性ツアー客の一人がもっと近くで見ようと興奮したイルカに近づいていった。私は彼女に危険性を警告しようとした。攻撃的になった大きなオスイルカが他のイルカの代わりに人間を攻撃すると考えるに足る、十分な理由があるからである。私は腕を振ってシュノーケルの中で叫んだ。しかし、ツアー客は興奮したイルカのところへまっすぐ泳いでいった。幸運なことに、イルカはケガ人が出る前にどこかへいってしまった。

船に戻った後、そのツアー客は他の人たちに「友好的で、遊び好きなイルカ」とのエキサイティングな遭遇を語っていた。他の研究者や船長、そして私は、皆に向かってこれは実際にはかなり危険な行為だったこと、そしてイルカがかなり攻撃的になっていたことを説明しようとした。ツアー客の反応からは、彼らがそれを信じていないのは明らかだった。彼らからすれば、海で最も友好的な動物が遊んでいるところを目撃しただけなのである。危ない？　何が危険だ！　イルカのあのいたずら好きな笑顔を見てはいけなかったとでもいうのか？

笑顔！　あなたが言っている笑顔とは、吻と頭蓋骨の形状の結果として形作られた、ずっと固定されていて表情を変えられない、あの笑顔のこと？　他のイルカに追突する際に使い、おそらくはその肋骨を折る、あの笑顔のことを言っているのですね？

その通り、その笑顔なのだ。

第7章

新たなイルカ像

もっと動物にできることを考えて、できないことはあまり考えないようになればいいと思う。[1]

テンプル・グランディン&キャサリン・ジョンソン『動物感覚』(中尾ゆかり訳、NHK出版)

神話化された動物

いまわれわれの目の前には、イルカの行動や認知に関する豊富な科学的知見が積みあがっている。そろそろイルカの知能神話を証拠と関係づけながらまとめてみる段階だろう。人間に似た知能に関する多くのテストでイルカが素晴らしい成績を収めたとする確かな科学的証拠がある。イルカは複雑な構造をした大きな脳を持ち、実験環境では人間のジェスチャーやシンボル体系を理解する能力を持つ。イルカは非常に複雑な社会構造を形成し、情動を持ち、ある種の自己覚知を示し、文化の定義に合致する社会的学習を行う。イルカは複雑な遊びを行い、利他的・介助的・協力的な行動をとる。道具を使うところも観察されており、計画能力や問題解決能力も示されている。しかし、イルカの心の中で実際に何が起こっているかについて、科学的証拠が必ずしも多くを明らかにしてくれるわけではない。証拠は曖昧で、解釈が難しく、議論すべき点が多く残っている。「イルカの脳は大きく、構造的に複雑で、人間と同じような認知的複雑性を有する」などと結論することはできない。フォン・エコノモ・ニューロンやその他の脳構造の存在が、イルカの発達した情動や社会的能力の証拠となるのかも、確実には判断できない。イルカの自己覚知が人間の自己覚知と同じレベルなのかも不明だし、イルカが情動を人間と同じように感じているのか、あるいは共感のような複雑な情動を持つのかもわからない。現時点で科学的に得られている論拠の曖昧さを考えると、イルカの記憶能力、計画能力、道具使用、問題解決について、確信をもって断言することはできない。イルカの社会的学習や文化が、動物界で複雑またはまれなものであるかどうかについても同様である。イルカのコミュニケーションが人間の言語と同等とみなせるほど複雑なのか、あるいは我々がいつか解読できるかもしれない高度な言語様コミュニケーションシステムをイルカが保有しているのか、結論を出すための科学的証拠は不足しているか、かなり明確に否定的なものが出ている。イルカが反響定位を介して三次元ホログラムを伝えてコミュニケーションしているだとか、超能力のようなものを持っていることを示唆する証拠はない。また、人間の心の理論と同じような複雑さをもって、他の動物の精神を覚知していることを示す証拠もない。イルカが環境中で他の動物と調和を保ちながら暮らす、特異なほど平和な動物だとするのは正しくないし、イルカの示す利他的・介助的・協調的な行動にしても、動物界でほとんどみられないというわけでもない。

近年の科学的知見に基づきながら、正確で公平な概観を提供するという当初の目標を達成できていればいいのだが、ともかくこれがイルカ像の脱構築で得られた現時点での結論である。私はこの作業を、情けない部分も含めて科学の秘密を明かすような行為だったと考えている。イルカの知能を議論する際に避けられないイルカの心や行動について、実際のところいかに少ししかわかっていないかを概観したようなものだからである。

シンボル使用、概念形成、社会性、自己覚知、問題解決、遊び、道具使用、文化といった分野でのイルカの認知的・行動学的能力を考えると、イルカが数々の能力を動物界ではまれなレベルで揃えて持っていることは否定できない。多くの人が指摘してきたように、このような能力が複数揃って観察されるのは、一握りの動物種だけである（霊長類やカラス科など）。霊長類、カラス、イルカが進化的には遠縁なことを考えると、これらの動物が類似した一連の認知技能を持つように収斂進化してきたという事実は興味深い。右の動物たちは、このような能力がなぜそれぞれ独自に進化してきたかを考える際に有用となる、貴重なデータを提供してくれる。「社会構造や、複雑な社会生活を送るうえで必要とされる認知技能における類似性」が、現時点では最も可能性の高い説明である。しかしこれは確定的な結論ではない。

しかし、霊長類、イルカ、カラスが知能スケール上で特異な位置を占めていて、他の動物種に比べて人間に近いと考えるのは、過剰な単純化である。次の四つの問題を考えてみよう。

拡張類推問題

イルカの認知能力に関するほとんどすべての実験的証拠は、ハンドウイルカ（*Tursiops truncatus*）というただ一種のイルカの研究から得られたものである。また、認知能力に関する実験のかなりの数が、特定の個体（アケ、フェニックス、トビーなど）に対して行われたものである。シンボル理解、概念形成、自己覚知など、多くの実験がこれに当てはまる。ただ一種のイルカ、あるいは少数の個体の能力を、近縁でも遠縁でもクジラ類全体へと拡張することは、科学的に危険である。たった二匹のハンドウイルカの鏡像自己認識研究から、「ミンククジラ、マッコウクジラ、マイルカは同レベルの自己覚知を持っているようである」と主張できるのだろうか。これは、「スティーヴン・ホーキングやシェルドン・クーパーは数学が得意なので、クモザルは火星探査機を設計できる」と主張するのと同じくらい無茶な拡張である。ＭＳＲをパスできるのはハンドウイルカのみに限定されたもので（あるいはもしかすると実験に参加した二匹に限定されたもので）、このイルカがクジラ目のなかでも実は天才級だったことが後に判明するという可能性はある。[2] 逆に、マダライルカのような種はさらに高い能力を示すが、まだ十分に実験対象になっていないだけ、という可能性もある。いずれにせよ、現時点で我々がイルカあるいはクジラ類の認知能力について語るとき、それはただ一種の、しかもかなり限られた数の個体から得られた証拠についての言及であることは、心に留めておくべきである。

過剰な自信問題

イルカの心と行動に関する二つの章で明らかにしたように、イルカの認知を研究してきた結果、我々は答えよりもむしろ疑問のほうを多く抱えている。イルカはシンボルの理解には長けているのに、なぜシンボル産出ではそれほどでもないのか？　泡の輪などを操作する優れた能力が知られているのに、なぜ道具の開発ではなく道具の使用に留まるのか？　これらの疑問を動物一般の認知研究というより広い文脈に置いても、それぞれの認知技能が動物の精神とどう関係しているのかに関する一貫した図は見えてこない。たとえばカラス科では、カササギはＭＳＲテストをパスできるのに、なぜ共同注意技能も持つワタリガラスにそれができないのか？　なぜミヤマガラスはワタリガラスやカササギよりも複雑な道具使用を行うのか？　アメリカカケスは心的時間旅行や心的状態の表象には優れているのに、なぜ道具使用[3]やMSRではそれほどの成績を収められないのか？　これらすべてが、科学はまだ認知能力の定義と確認に取り組んでいる最中であることを示している。ばらばらの知見を一貫したフレームワークへとまとめ上げ、線形的な評価基準を作ること、あるいはさまざまな認知テストの成績に適用できる単一の知的能力を提示することは、まだ不可能である。このような理由から、特定の認知試験の結果がイルカの総合的な認知世界について何を意味するか、単純な発言をするのはばかげたことである。イルカの認知が人間とどの程度似ているかに関する軽率な発言も同様である。イルカの意識、自己覚知、他者の心の気づき、情動世界の本質について、またそれらが特定の認知試験の成績にどう影響するのかについて、我々は確実な理論を持っていない。イルカの認知能力や、それを他の動物とどのように比較すればよいかに関する我々の理解は、初歩的なものに留まっていることを忘れてはならない。その限りにおいて、「イルカは知的優越性や特殊性を示す」といった類の主張を過剰な自信をもって発言することには、慎重になる必要がある。

イルカの脳を取り上げた章で述べたように、知能の証拠として脳の性質や構造を持ちだすことにはかなり問題があり、エビデンスとしては採用しがたい。脳のサイズや構造に関し、なぜイルカの脳は霊長類の脳と似た進化を遂げてきたのか？　そしてこれは、イルカの行動が霊長類の行動と似ている理由となるのだろうか？　このような疑問を説明しようと、多くの仮説が提唱されている。しかし、現時点ではこれらのつながりは弱く、特定の論題について自信をもって何かが言えるほどではない。

新たな証拠問題

他の動物に対する研究が進むにつれ、類人猿、カラス、イルカに匹敵するような複雑な認知能力が新たに明らかになってくることはほとんど間違いないと思われる。イルカの超知能というリリーのアイデアの影響もあって、多くの研究者が何世代にもわたって熱心に探索を続けてきたことから、イルカの高い知能を示す証拠は多数得られている。また、オウムのアレックスの研究を行ったアイリーン・ペッパーバーグが明らかにしたのは、それぞれの動物種に適した実験を入念にデザインする重要性だった。動物の精神生活を明らかにする行動を引き出すためには、対象となる動物種それぞれの行動的・社会的・知覚的な必要性を考慮することが大切である。シンボル使用に関する限り、彼女の研究はオウムを知的動物の最高位にまで一気に引き上げた。そして、同じようにイルカにも多大な労力と時間が費やされており、これがイルカが勝ち取ってきた多くの称賛に貢献しているのは間違いない。他の動物に対しても、それぞれの種に固有の知覚的・社会的世界の違いを考慮に入れながら、同レベルの実験デザイン上の工夫が行われれば、さまざまな種において高い能力が発見されていく可能性は十分にある。たとえばアメリカカケスは、エピソード記憶や心的状態帰属などに関して優れた能力を持つようである。ただし、これはアメリカカケスの認知に固有の性質によるというよりは、むしろこのような能力を明らかにする実験デザインに関し、カケスと共に働いた研究者が優秀だったからだといえる。そして認知に関して、クマはこれまでほとんど無視されてきた。クマの認知能力がカラスやイルカ、霊長類に匹敵するかもしれないことが明らかになってきたのは、ここ最近の話である。(4) 昆虫、魚、タコの研究もまた、道具使用、教育、社会的学習、数の概念などを含む、霊長類と類似する予想もしなかった多くの能力を明らかにしている。現時点では特別と思えるイルカの能力も、将来的には動物界に広くみられるものとして理解されることも十分にありうるのである。

比較問題

ここまで深く掘り下げなかった問題がある。ヒトが動物界では前代未聞の認知能力を持っているという事実である。ヒトは宇宙の物理的法則を分析・理解し、新たな物質を作り、技術を生み出し、病気を治し、宇宙にまで人を送る。このような特徴を持つ動物が他にいないことは明らかであり、ヒトが情報をこれほど複雑に操作、判断するには特別な認知が必要となる。したがって、宇宙飛行イルカを近地球軌道に載せるための宇宙船の発射台でも海底に発見されない限り、イルカの知能が成人に匹敵するかもしれないなどと考えることはできない。反対に、ヒトが数の想起に関してチンパンジーより優れた作業記憶を持つことも(5)、ハトのように磁場を感知することも(6)、イルカのように反響定位を精密に使いこなすことも、決してないだろう。仮にチンパンジーやハト、イルカが、このような認知能力を知能の基準として用いてヒトの「能力不足」をあげつらえば、我々は間違いなく比較の本質的な不公平さを指摘するだろう。ヒトの認知とは、他の動物にも一定程度は共有される一連の認知的特性に基礎を持つものではあるが、定義からすればヒトに固有のものである。同じことはイルカの認知にも当てはまる。これは、知能の比較と認知の比較との間にある問題を浮き彫りにしている。そして、「科学的な証拠を用いさえすれば、直線的な知能スケール上にイルカを位置づけられる（ヒトと大型類人猿の中間あたりに収まるのだろう）」という考え方は、単純に間違いであることを示している。

イルカの再考に伴う倫理的意味

この本の目的の一つは、イルカの知能に関する科学的証拠が、「イルカの人間性」という法的・哲学的な主張を支えるに足るほど確かなものなのかを確認することにあった。しかし、この問題に対する哲学的アプローチが必ずしも科学的証拠に言及するわけではない点は指摘しておきたい。動物の権利擁護者の多くは、イルカも含めたほとんどの動物が、倫理的扱いを受けるに足るだけの「意識を持つ」ことは当たり前だと考えている。そのため、動物の自己覚知や意識をどう定義し、どう確認するか、科学的な論争までは踏み込まないことが多い（気にかけてさえいない場合もある）。一方で、ジェレミー・ベンサム[7]、ピーター・シンガー[8]、ゲイリー・フランシオン[9]たちが主張する哲学的立場からすると、動物が感覚性を持つ（すなわち、自己覚知や意識／自己意識のレベルとは関係なく、快や不快を感じることができる）という事実は、道徳的配慮や道徳的地位を伴うに十分なものとされる。また、道徳的地位に関する議論を組み立てる際に、科学的知見をより重視する哲学的アプローチもある。これはたとえばトーマス・ホワイトの立場で、「動物の自己覚知・意識・情動などの正確な性質（やその評価法）に関して認知科学者による論争はあるものの、最近の科学的証拠はイルカを人間と同じように扱うべきと判断する材料として十分に強い」というものである[10]。

マーク・ベコフやジョナサン・バルコムのような動物の権利擁護派の科学者は、自己覚知や意識、情動といった経験を確実に確かめる方法がないのであれば、とりあえず疑わしきはどちらに転んでもいいように、つまりイルカにそのような性質があると仮定しておくのが妥当な倫理的態度だと主張している。[11] このアプローチでは、科学的根拠が曖昧な状態でも論争を最小化できる。また、適切に応用できれば、主観的経験に関して動物の精神で何が起こっているのかについて、強い科学的主張をしなくて済む。もちろん、これと同じ議論は、自己覚知、意識、情動を示唆する行動を示す他の多くの動物にも当てはまる。

イルカの権利に関する議論のすべてが、科学的証拠の曖昧さをどう解釈するかを問題にしているわけではない。多くの法的・哲学的アプローチが、「科学それ自体がイルカが特別であると明確に示している」と主張している。[12] たとえば、『ワイアードサイエンス』は以下のように報告した：

ここ数十年、多くのイルカ種とクジラ種が、複雑な文化と豊かな内的生活を持つ特別に知的で社会的な生物であることが示されてきた。彼らはいわば、人間である。[13]

ここまでみてきたように、このような感想は多くの面で正しい。イルカは人間に似た認知能力（つまり知能）を確かめる多くのテストで高い成績を収めるし、文化を思わせる行動もとる。多くのイルカ種は複雑な社会のなかで生活し、「豊かな内的生活」をもたらしている可能性のある何らかの自己覚知を持っているようでもある。しかし、本書が明らかにしてきたように、話はこれで終わりではない。単純にイルカの精神について、そして他の動物の精神についてあまりに少ししかわかっておらず、「イルカは特別に知的である」などと結論できる状況にはない。「知能」「文化」「豊かな内的生活」などの用語をどう定義するかによって、このような特性は動物界全体にみられるものにもなる。当然この場合、イルカは特別扱いできなくなる。動物の行動がどれだけ人間に似ているかを判断する手っ取り早い尺度として知能を使っている限り、知能それ自体は科学的に妥当な基準にはならない。したがって、この類の主観的で非科学的な判断を「証明する」研究など存在しない。

イルカに対して保護的な主張を行う際に、動物の精神に関する最新科学を引くことは、科学者や批判者から妥当な反論を受ける余地を常に残すことになる（彼らはすぐに我々の知識の限界を指摘するだろう）。マリアン・スタンプ・ドーキンスが述べるように、我々は動物の意識についてほとんど科学的に理解できておらず、「科学的な証拠が許す範囲を超えた発言は、必然的に誰かしらの指摘を受けることになる」[14]というわけである。ドーキンスは、倫理的な議論の際に持ちだされる過剰解釈や誇張された科学的成果（しばしば多くの科学者から批判される）は、「いずれ最後にはオオカミ少年のようなしっぺ返しをくらうだろう」と述べている[15]。また、このような態度は、動物の倫理的扱いに関し有効な主張をするための賢明な方法にはならないと主張している。

ここで、目の前にある基本的な緊張関係をまとめてみよう。ドーキンスの見解では、動物の意識に関する我々の科学はあまりに曖昧で、倫理に関する議論の基礎として使うことはできない。一方、ベコフの立場からすると、「確かに意識という謎は未解明で、その核心部分はまだ明らかになっていないが、いまや我々は動物の行動の解釈や説明、そして動物保護の議論に使用できる十分な知識を持っている」[16]とされる。双方の立場から、動物の倫理的扱いへの主張が行われているが、動物の精神に関する多くの科学文献をどう解釈するのか、同意はない。

科学的なエビデンスの解釈には、かなり大きな柔軟性がある。この柔軟性から導かれるのが、「疑わしい場合には、過剰なくらい慎重な態度をとるべきだ」という姿勢である。そしてこの姿勢の下に、動物の倫理的扱いについて強力な主張をすることが可能になる。しかし、本当の危険が存在するのは、自らの立場を表す明瞭なメッセージのために科学的知見を過剰に単純化・誇張したり、科学的な議論を軽視したり、知見の曖昧性を軽視する、といった態度の中である。このようなやり方をすれば、自らの存在意義をかけて動物の精神や行動の謎、そして意識のハード・プロブレムの解明や記述に取り組んでいる科学者たちの怒りを買うことは確実である。しかし、また別の大きな落とし穴も存在する。動物の意識や自己意識の研究は難解で、過剰解釈される傾向があるという理由から、動物の精神について明らかになっている証拠（たとえばイルカは何らかの自己覚知やメタ認知を持っている）をも無視してしまい、大事な知見まで一緒に捨て去ってしまうという危険性である[17]。イルカの倫理的扱いを正しく議論するためには、この微妙な状況の中でうまく舵を取り、事実と推測とを適切に区別しなければならない。そのためには、ある立場の主張者と、それに反対する立場の間の、健全な対話が必要である。同時に、議論に関係してくる科学的証拠の評価に際しては、冷静さを維持できる第三者的な立場にある公平な科学者の貢献も必要だろう。公平な科学者として、私は必ずしも先の『ワイアードサイエンス』の言葉を否定するつもりはない。ただ私は、「話はもう少し複雑なことに気付くだろう」[18]というベン・ゴールドエイカーの言葉を想起するだけなのだ。

それでは、新たなイルカ像は、イルカをどう扱うべきかについて我々に何を教えてくれるのだろうか。哲学的な意味で動物が「危害」を経験するためには、複雑な行動的特性や認知特性が必要になるのだろうか？　こういった議論を行うのは哲学者の仕事であり、科学そのものがこの判断を行うわけでないことは重要である。つまり、関連する事象に対して科学研究から得られたナマの証拠それ自体は、イルカをどう扱うべきかという議論において「際立っている」とか、「〜に値する」とか、「特別である」といった主張を行う根拠にはならない。このような言説は動物と人間を比較した際に出てくるもので、道徳的地位に関して人間があらゆる種のなかで最も価値ある存在であることを前提としている。これはほとんどの国で事実上の法的基盤となっている考え方であり、それゆえに、「動物の人間性」を法的に主張するにあたっては、人間と動物を法廷で比較する必然性が出てくる。しかし、これだけははっきりさせておきたい。イルカが特別なのかどうかといった議論は哲学的あるいは政治的なものであって、科学が扱うものではない。[(19)〜(20)]

動物の倫理に関し、多くの哲学者や研究者（ダイアナ・ライスやファビエンヌ・デルフォアのようなイルカ学者も含む）[(21)〜(23)]から提案されている別のアプローチがある。イルカがなぜ特別な扱いを受けるに値するのかという議論において、イルカの認知的複雑性に関する証拠を使うことは、そもそもいいアプローチではないというものである。この視点からは、動物の精神に関して科学は何を明らかにしたのかについての解釈（過剰解釈ではない）をめぐるドーキンスとベコフの間の緊張関係は避けられるとされる。[(24)]動物の倫理問題を、「認知、自己覚知、学習能、脳構造、文化などにおいて、どの動物が特別な注意を集めるに値する高い複雑性を示すか」という、ある種のコンテストとして考えるのをやめるべきだというのである。動物の権利・福祉の擁護者の多くは、行動や認知の複雑性に関する科学的知見とは関係なく、動物の苦痛を最小限にするか取り除くこと（あるいは動物の快を増加させること）だけに基づいて保護を訴えている。環境や動物の保護にかかわるこのような人たちが、動物種や生態系の保護の理由として動物の認知能力を持ち出すことはほとんどない。したがってこのアプローチからは、本書で説明した情報は、イルカの科学的な理解にとっては重要であっても、イルカをどう扱うかの議論に関しては何の意味もないものとなる。

ここで、科学者という肩書を下ろし、理屈ではなく本心からの意見を述べることを許してほしい。私は、外部から観察できる行動や内的な生活がどのくらい人間に似ているかに基づいて、直接的にも間接的にもイルカやその他の動物の価値を判断するのをやめるべき段階に来ていると考えている。私はこれを、法的、倫理的、哲学的な意味から主張しているわけではない。動物の一員としての人間をどう考えるかに関心を持つ、我々皆に内在する自然主義者に対する一般論的な訴えとして言っているのである。イルカは素晴らしい動物である。驚くべき動物である。カリスマ性をもつ動物である。しかし、イルカを「特別」と判断させる人間中心主義という狭い視点から見ることをやめたならば、他の多くの種——サメからハサミムシ、ラットに至るまで——も同様に素晴らしく、かけがえのない生活を送っているという事実に心を開くことができるだろう。

謝辞

本書を書いている間に助けを借りた、多くの同僚、専門家、イルカ愛好家たちに感謝したい。同時に、彼らがくれたアドバイスを無視したり、完全に誤解したり、あるいは間違って解釈した点があれば、謝罪する必要がある。間違った論理やずれた論点の責任は、完全に私にある。感謝を捧げたい人を順不同で挙げる：ルイス・ハーマン、ステファン・フッゲンベルガー、デビッド・ジャニガー、ジョウン・E・ラフガーデン、D・グラハム・バーネット、マヌエル・ガルシア・ハートマン、アキム・ウィンクラー、ジャネット・トーマス、テンギス・ゾリコフ、ミハイル・イワノフ、マイク・ジョンソン、パウル・ナハティガル、スザーナ・エルクラーノ＝アウゼル、ブレンダ・マッカウアン、カミラ・ブッチ、タダミチ・モリサカ、レベッカ・シンガー、ファビエンヌ・デルフォア、ジョナサン・バルコム。

本書の最初の草稿を読み、有益なフィードバックと提案をしてくれた友人と同僚たちには特に感謝を捧げたい。スタン・クジャイ、パトリック・ホフ、ロリ・マリーノ、サブリナ・ブランドー、ありがとう。また、生産的で刺激的なメールをくれたトーマス・ホワイトにも感謝したい。

ドルフィン・コミュニケーション・プロジェクトの同僚と友人たちにも感謝している。キャスリーン・ダジンスキーとケリー・メリロー＝スウィーティングには特に感謝したい。キャスリーンとケリーには本書執筆のあいだ常に助けを借り、貴重なフィードバック、アドバイス、励ましをもらった。また、イルカの認知を研究するチャンスを与えてくれ、本書執筆のきっかけを作ってくれたハワード・スミスにも感謝しなければならない。

このような本を刊行する機会を与えてくれたオックスフォード大学出版局の出版チームにも感謝を捧げる。ラサ・メノンは素晴らしい編集者で、この本の執筆を通して手助けとアドバイスをいただいた。サンディー・ラリマー、タミー・カーソン、ローラ・コールドウェル、ジーナ・コリーら、*Aquatic Mammals* と Document and Publication Services の同僚たちにも感謝したい。

本書の執筆中には多くの友人の助けを借りたが、皆アドバイスや励ましをくれ、お願いすると快く各箇所を読んでくれた。ジェネビーブ・ベリエンダール、ピーター・ベリエンダール、ステーシー・モーゼル、エリン・コール、ティム・エコット、マーク・ウェストブロック、ブレンダン・ルーシー、ロレダナ・ロイ、スンナ・エドバーグ、サンドロ・マリオッコたちに感謝したい。

両親であるデビッド・グレッグとスーザン・グレッグには特別な感謝を捧げたい。私がやろうとすることはいつも両親が支えてくれた。これほど惜しみなく支えてくれる両親もまれだろう。私が人生で得たものは、究極的には私の代わりに彼らが引き受けてくれた苦労のおかげだと思っている。ありがとう！

最後になったが、妻のランケ・デ・フリース、そして娘のミラに感謝したい。ランケがイルカの認知に関する長話の被害者となり、結婚生活を脅かすことにならないかと恐れているが、彼女はまだ同じコーヒーカップを使いながら毎朝そこにいてくれ、無謀な計画やこれからの冒険を一緒に考えてくれる。そして、ミラと共に過ごす生活は人生最良の時間である。仮にこの本がベストセラーになったとしても、ミラは私の最高傑作であり続けるだろう。

訳者あとがき

「なぜ日本のような国がいまだにイルカ漁やクジラ漁を続けているのか？」

（……ここのところイルカやクジラを食べた記憶もないし、正直適当に合わせて流してもいい話題なんだけど、このまま向こうに同意するのも何となく面白くないな……）「別に遊びでハンティングしてるわけじゃなく、食べるのだから仕方ないだろう。じゃあ逆に聞きたいのだが、ウシやニワトリは問題ないの？」

「だってイルカは賢いだろう？」

この後どういう会話が続くかはそれぞれ異なるだろうが、外国人と似たようなやりとりをしたことのある日本人は実はかなり多いのではないかと疑っている。特に欧米人のイルカやクジラに対する思い入れの強さに面食らったことがある人は相当数いるのではないだろうか。

なぜイルカ（クジラ類）だけがこのような立場を得ているのか。そして「賢い動物」に代表される数々のイルカの評判はどこまで本当なのかを科学的に検証したのが本書である。本書では、イルカのイメージ確立の歴史的経緯から、脳、意識、感情、行動、コミュニケーション、攻撃性や利他性といった幅広いトピックが取り上げられている。日本でもイルカは賢いという漠然としたイメージがあるが、その実際の姿を根拠に基づきながら丁寧に描き出した労作である。その際、著者は科学的知見を慎重に積み上げることに集中し、多少の大枠の説明はあるが、哲学的・倫理的・政治的な判断にはほとんど踏み込んでいない。また、わからないところは「わからない」と率直に認め、それ以上の安易な類推や判断を戒めているのも本書の特徴だろう。

特定の動物を取り上げると、どうしても一般メディアでは商売的な面も無視できず、「この動物はこんなにすごい」的なものが多くなる。そのような中にあってかなり特殊な立ち位置にある本だと言える。イルカの「熱狂的信者」の多い英語圏でこのような本を出版すれば、冷静な反論はともかく、条件反射的な批判を受けることは容易に想像できる。本書の出版には勇気が必要だったと推測するが、一般書（結構突っ込んだ議論もあるが）としては少々過剰とも思える脚注と文献がその苦労を物語っているように思える。もちろん、この文献リストはより深く学びたい人にとっては願ってもない情報源となるだろう。

また本書はイルカを入口として、動物の意識や認知という難問に取り組む科学の概観ともなっている。比較心理学で現在何が行われ、何が問題となっているのか、本書を読むとその一部を垣間見ることができる。その中には、人間と動物との関係を議論する際の基礎となる知識も多く含まれている。

本書では直接的にはそれほど議論されていないが、ここでの議論から透けて見える動物の倫理という難題はそれにしても厄介なものである。たとえば、ある動物に主観的な意識があるのかないのか、あるとしてそれがどの程度人間と似たレベルのものなのか、確認する方法はいまだない。本書でも述べられているように、わからないのであればどちらに転んでもいいように保守的な立場（この場合ではイルカに人間に近い意識があるとする立場）をとっておけば間違いないという議論は確かに成り立つ。しかしこれは当然イルカだけではなくウシやニワトリ、ブタにも当てはまる議論である。本書で取り上げられているさまざまな動物に対する知見を思い出してほしいのだが、この態度を現在の知識から動物へ公平に当てはめていき、仮にそれを食料の対象としてよいかどうかの基準とすれば、現状ではおそらく我々はベジタリアンになるしかなくなる。

個人的には明日から肉食をやめるだけの覚悟はないが、ともかくもイルカを超えて色々と考えさせられる点の多い本である。本書がイルカだけでなく、動物の意識や人間中心主義といったより広いテーマを考えるきっかけになれば、訳者としては嬉しい限りである。

話が前後してしまったが、本書は『*Are Dolphins Really Smart? The Mammal Behaind The Myth*』の全訳となる。著者のジャスティン・グレッグは、ダブリン大学トリニティ・カレッジで心理学の博士号を取得し、特に海洋哺乳類の認知を主な対象とする研究者である。現在は聖フランシスコ・ザビエル大学生物学部非常勤教授や Dolphin Communication Project で Senior Research Associate を務めている。また、『*Animal Behavior and Cognition*』や『*Aquatic Mammals Journal*』といった学術誌で編集委員や役員を歴任し、一般メディアでも積極的に情報を発信している。加えてグレッグは心理学を専攻する前はバーモント大学で言語学を学んでいたとのことで、言語学的なバックボーンは本書でも十分に活かされている。

原書タイトルを直訳すれば『イルカは本当に賢いのか？』であるが、諸々の事情から邦訳は『「イルカは特別な動物である」はどこまで本当か』となった。そもそもこのような疑問の立て方自体が問題なのだという著者の主張がうまく伝わっていればいいのだが、特定の動物を人間との類似性という基準から「特別」などと評価するのは傲慢な行為であり、そのような態度こそ本書が批判しているものである。

この大前提の下に、タイトルに答える形でお叱りを覚悟で敢えて「過剰な単純化」を行えば、イルカが数々の面で高い知的能力を示す動物であることに間違いはないが、現状ではイルカを殊更に特別扱いすべきとする根拠は薄いということになろうか。しかしそれは、イルカの能力が従来考えられていたよりも低いからではなく、イルカ以外の動物もさまざまな面で高い能力を示すことが次々と明らかになってきたことによる部分が大きい。イルカも凡百の動物と大差ないという意味ではなく、動物はそれぞれに豊かな命を生きているのである。

本書はイルカを貶めるものではなく、動物への賛歌である。最後に、別に訳者は仏教徒でも馬琴ファンでもないが、本書を訳しながら頭を去らなかった言葉を（無責任に）添えて筆をおく。

一切衆生悉有仏性
如是畜生発菩提心

二〇一八年夏　尋常でない雷鳴に猫と共に怯えながら

html?pagewanted=all に掲載されたものである。
13. Keim, B. (July 19, 2012). New science emboldens long shot bid for dolphin, whale rights. *Wired Science*. http://www.wired.com/wiredscience/2012/07/cetacean-rights.
14. Dawkins, M. S. (June 8, 2012). Convincing the unconvinced that animal welfare matters. *Huffington Post*. https://www.huffingtonpost.com/marian-stamp-dawkins/animal-welfare_b_1581615.html.
15. Dawkins, M. S. (2012). *Why Animals Matter: Animal Consciousness, Animal Welfare, and Human Well-Being*. Oxford: Oxford University Press, 4.
16. Bekoff, M. (May 15, 2012). Dawkins' dangerous idea: we really don't know if animals are conscious. *Huffington Post*. https://www.huffingtonpost.com/marc-bekoff/animal-consciousness_b_1519000.html.
17. Wynne, C. D. L. (2004). The perils of anthropomorphism. *Nature*, 428, 606.
18. Goldacre, B (2009). *Bad Science*. London: Harper Perennial, 100.
19. Francione, G. (June 4, 2005). Our hypocrisy. *New Scientist*, 2502, 51-2.
20. Rivas, E. (1997). Psychological complexity as a criterion in animal ethics. In M. Dol, S. Kasanmoentalib, S. Lijmbach, E. Rivas, & R. van den Bos (Eds.), *Animal Consciousness and Animal Ethics* (pp. 169-84). Assen: Van Gorcum.
21. Dawkins, M. S. (2012). *Why Animals Matter: Animal Consciousness, Animal Welfare, and Human Well-Being*. Oxford: Oxford University Press の第７章での議論を参照。
22. Reiss, D. (2011). *The Dolphin in the Mirror: Exploring Dolphin Minds and Saving Dolphin Lives*. Boston, MA: Houghton Mifflin Harcourt, 248.
23. Delfour, F. (2010). Marine mammals enact individual worlds. *International Journal of Comparative Psychology*, 23, 792-810.
24. Dawkins, M. S. (2012). *Why Animals Matter: Animal Consciousness, Animal Welfare, and Human Well-Being*. Oxford: Oxford University Press.

178. Norris, K. S., & Prescott, J. H. (1961). Observations on Pacific cetaceans of Californian and Mexican waters. *University of California Publications in Zoology*, 63, 291-402.
179. Shane, S. H. (1994). Pilot whales carrying dead sea lions. *Mammalia,* 58, 494-8.
180. Harzen, S., & dos Santos, M. E. (1992). Three encounters with wild bottlenose dolphins (*Tursiops truncatus*) carrying dead calves. *Aquatic Mammals*, 18(2), 49-55. Pg. 55.
181. Griffin, D. R. (1984). *Animal Thinking*. Cambridge, MA: Harvard University Press.
182. Caldwell, M. C., & Caldwell, D. K. (1964). Experimental studies on factors involving care-giving behavior in three species of the cetacean family Delphinidae. *Bulletin of the Southern Californian Academy of Sciences*, 63(1), 1-20.
183. Iglesias, T. L., McElreath, R., & Patricelli, G. L. (2012). Western scrub-jay funerals: cacophonous aggregations in response to dead conspecifics. *Animal Behaviour*. doi:10.1016/j.anbehav.2012.08.007.
184. Dudzinski, K. M., Sakai, M., Masaki, K., Kogi, K., Hishii, T., & Kurimoto, M. (2003). Behavioral observations of adult and sub-adult dolphins towards two dead bottlenose dolphins (one female and one male). *Aquatic Mammals,* 29(1), 108-16.
185. White, T. (2007). *In Defense of Dolphins: The New Moral Frontier*. Malden, MA: Blackwell Publishing.
186. Frohoff, T. (2000). The dolphin's smile. In M. Bekoff (Ed.), *The Smile of a Dolphin: Remarkable Accounts of Animal Emotions* (pp. 78-9). London: Discovery Books, 79.
187. たとえば下記を参照：McCulloch, D. (1999). Synchronicity: the dance of the dolphins. *Dolphin Synergy*. http://www.dolphinsynergy.com/lore.html.
188. 日本の御蔵島で行ったDolphin Communication Projectの調査の際の出来事である。

第7章

1. Grandin, T., & Johnson, C. (2006). *Animals in Translation*. London: Bloomsbury Publishing, 303.
2. オキゴンドウはこのテストをパスできないようで，シャチの結果ははっきりしないことに注意：Delfour, F., & Marten, K. (2001). Mirror image processing in three marine mammal species: Killer whales (*Orcinus orca*), false killer whales (*Pseudorca crassidens*) and California sea lions (*Zalophus californianus*). *Behavioural Processes*, 53, 181-90.
3. Cheke, L. G., Bird, C. D., & Clayton, N. S. (2011). Tool-use and instrumental learning in the Eurasian jay (*Garrulus glandarius*). *Animal Cognition*, 14(3), 441-55.
4. Vonk, J., & Beran, M. J. (2012). Bears "count" too: quantity estimation and comparison in black bears, *Ursus americanus*. *Animal Behaviour*, 84(1), 231-8.
5. Inoue, S., & Matsuzawa, T. (2007). Working memory of numerals in chimpanzees. *Current Biology,* 17, R1004-R1005.
6. Mora, C. V., Davidson, M., Wild, J. M., & Walker, M. M. (2004). Magnetoreception and its trigeminal mediation in the homing pigeon. *Nature*, 432, 508-11.
7. Bentham, J. (1907). *An Introduction to the Principles of Morals and Legislation*. Oxford: Clarendon Press.
8. Singer, P. (1975). *Animal Liberation: A New Ethics for our Treatment of Animals*. New York: Random House. しかし，後の書籍でSingerは道徳的考慮の決定的な基準として自己意識を導入したことに注意。たとえば：Singer, P. (1979). *Practical Ethics*. Cambridge: Cambridge University Press.
9. Francione, G. L. (2008). *Animals as Persons: Essays on the Abolition of Animal Exploitation*. New York: Columbia University Press.
10. Thomas Whiteとのメールのやり取りに感謝する。この論点に関する彼の立場を明確にしてくれた。
11. たとえば下記を参照：Dawkins, M. S. (2001). Who needs consciousness? *Animal Welfare* 10, S19-S29.
12. クジラ類の専門家Hal Whiteheadの次の引用を参考：「相対的な脳の大きさ，自己覚知のレベル，社会性，文化の重要性を比較すると，クジラ類のほとんどの指標は，チンパンジーとヒトの間にあるギャップ上に位置する。クジラ類は人間性に対する哲学的定義を満たしている」。これはAngier, N. (June 26, 2010). Save a whale, save a soul, goes the cry. *New York Times*. http://www.nytimes.com/2010/06/27/weekinreview/27angier.

154. Cockcroft, V. G., & Sauer, W. (1990). Observed and inferred epimeletic (nurturant) behaviour in bottlenose dolphins. *Aquatic Mammals*, 16(1), 31-2.

155. Fertl, D., & Schiro, A. (1994). Carrying of dead calves by free-ranging Texas bottlenose dolphins (*Tursiops truncatus*). *Aquatic Mammals*, 20(1), 53-6.

156. Ritter, F. (2007). Behavioral responses of rough-toothed dolphins to a dead newborn calf. *Marine Mammal Science*, 23(2), 429-33.

157. Ritter, F. (2002). Behavioral observations of rough-toothed dolphins (*Steno bredanensis*) off La Gomera, Canary Islands (1995-2000), with special reference to their interactions with humans. *Aquatic Mammals*, 28(1), 46-59.

158. Harzen, S., & dos Santos, M. E. (1992). Three encounters with wild bottlenose dolphins (*Tursiops truncatus*) carrying dead calves. *Aquatic Mammals*, 18(2), 49-55.

159. Lodi, L. (1992). Epimeletic behavior of free-ranging rough-toothed dolphins, *Steno bredanensis*, from Brazil. *Marine Mammal Science*, 8, 284-7.

160. Dudzinski, K. M., Sakai, M., Masaki, K., Kogi, K., Hishii, T., & Kurimoto, M. (2003). Behavioral observations of adult and sub-adult dolphins towards two dead bottlenose dolphins (one female and one male). *Aquatic Mammals*, 29(1), 108-16.

161. Connor, R. C., & Norris, K. S. (1982). Are dolphins reciprocal altruists? *American Naturalist*, 119, 358-74.

162. Perrin, W. F., & Geraci, J. R. (2009). Stranding. In W. F. Perrin, B. Würsig, & H. C. M. Thewissen (Eds.), *Encyclopedia of Marine Mammals, 2nd edn* (pp. 118-23). New York: Academy Press.

163. Packer, C., & Ruttan, L. (1988). The evolution of cooperative hunting. *American Naturalist*, 132(2), 159-98.

164. Fertl, D., & Schiro, A. (1994). Carrying of dead calves by free-ranging Texas bottlenose dolphins (*Tursiops truncatus*). *Aquatic Mammals*, 20(1), 53-6.

165. Conover, M. R. (1987). Acquisition of predator information by active and passive mobbers in ring-billed gull colonies. *Behaviour*, 102, 41-57.

166. Graw, B., & Manser, M. B. (2007). The function of mobbing in cooperative meerkats. *Animal Behaviour*, 74, 507-17.

167. Shields, W. M. (1984). Barn swallow mobbing: self-defence, collateral kin defence, group defence, or parental care? *Animal Behaviour*, 32, 132-48.

168. McLean, I. G., Smith, J. N. M., & Stewart, K. G. (1986). Mobbing behaviour, nest exposure, and breeding success in the American robin. *Behaviour*, 96, 171-86.

169. Passamani, M. (1995). Field observation of a group of Geoffroys marmosets mobbing a margay cat. *Folia Primatologica*, 64, 163-6.

170. Coss, R. G., & Biardi, J. E. (1997). Individual variation in the antisnake behavior of California ground squirrels (*Spermophilus beecheyi*). *Journal of Mammalogy*, 78(2), 294-310.

171. Helfman, G. S. (1989). Threat-sensitive predator avoidance in damselfish-trumpetfish interactions. *Behavioral Ecology and Sociobiology*, 24, 47-58.

172. Dominey, W. J. (1983). Mobbing in colonially nesting fishes, especially the bluegill, *Lepomis macrochirus*. *Copeia*, 1983(4), 1086-8.

173 Ratnieks, F. L. W., & Helantera, H. (2009). The evolution of extreme altruism and inequality in insect societies. *Philosophical Transactions of the Royal Society B: Biological Sciences*, 364(1533), 3169.

174 Bshary, R., Hohner, A., Ait-el-Djoudi, K., & Fricke, H. (2006). Interspecific communicative and coordinated hunting between groupers and giant moray Eels in the Red Sea. *PLoS Biology* 4(12), e431. doi:10.1371/journal.pbio.0040431.

175 Tenow, O., Fagerström, T., & Wallin, L. (2008). Epimeletic behaviour in airborne common swifts *Apus apus*: do adults support young in flight? *Ornis Svecica*, 18, 96-107.

176 Rivas, J. A., & Levin, L. E. (2004). Sexually dimorphic anti-predator behavior in juvenile green iguanas *Iguana iguana*: evidence for kin selection in the form of fraternal care. In A. C. Alberts, R. L. Carter, W. K. Hayes, & E. P. Martins (Eds.), *Iguanas: Biology and Conservation* (pp. 119-26). Berkeley: University of California Press.

177. Bekoff, M. (2000). Animal emotions: exploring passionate natures. *BioScience*, 50(10), 861-70.

Marine Mammals, 2nd edn (pp. 101-108). New York: Academy Press.

132. Grellier, K., Hammond, P. S., Wilson, B., Sanders-Reed, C. A., & Thompson, P. M. (2003). Use of photo-identification date to quantify mother-calf association patterns in bottlenose dolphins. *Canadian Journal of Zoology*, 81, 1421-7.
133. Cockcroft, V. G., & Ross, G. J. B. (1990). Observations on the early development of a captive bottlenose dolphin calf. In S. Leatherwood and R. R. Reeves (Eds.), *The Bottlenose Dolphin* (pp. 461-78). New York: Academic Press.
134. Ford, J. K. (2009). Killer whale. In W. F. Perrin, B. Würsig, & H. C. M. Thewissen (Eds.), *Encyclopedia of Marine Mammals, 2nd edn* (pp. 650-7). New York: Academy Press.
135. McAuliffe, K., & Whitehead, H. (2005). Eusociality, menopause and information in matrilineal whales. *Trends in Ecology & Evolution*, 20, 650.
136. Foster, E .A., Franks, D. W., Mazzi, S., Darden, S. K., Balcomb, K. C., Ford, J. K. B., & Croft, D. P. (2012). Adaptive prolonged postreproductive life span in killer whales. *Science*, 337(6100), 1313.
137. Wilson, E. O. (1975). *Sociobiology: The New Synthesis*. Cambridge, MA: Harvard University Press.
138. Bearzi, G. (1997). A "remnant" common dolphin observed in association with bottlenose dolphins in the Kvarneric (northern Adriatic Sea). *European Research on Cetaceans*, 10, 204.
139. Simard, P., & Gowans, S. (2004). Two calves in echelon: an alloparental association in Atlantic white-sided dolphins (*Lagenorhynchus acutus*). *Aquatic Mammals*, 30(2), 330-4.
140. Mann, J., & Smuts, B. B. (1999). Behavioral development in wild bottlenose dolphin newborns (*Tursiops* sp.). *Behaviour*, 136, 529-66.
141. Karczmarski, L., Thornton, M., & Cockcroft, V. G. (1997). Description of selected behaviours of humpback dolphins *Sousa chinensis*. *Aquatic Mammals*, 23(3), 127-33.
142. Gaspar, C., Lenzi, R., Reddy, M. L., & Sweeney, J. (2000). Spontaneous lactation by an adult *Tursiops truncatus* in response to a stranded *Steno bredanensis* calf. *Marine Mammal Science*, 16, 653-8.
143. Huck, M., & Fernandez-Duque, E. (2012). When dads help: male behavioral care during primate infant development. In K. B. H. Clancy, K. Hinde, & J. N. Rutherford (Eds.), *Building Babies: Primate Development in Proximate and Ultimate Perspective* (pp. 361-85). New York: Springer.
144. Dudzinski, K. M., Gregg, J. D., Melillo-Sweeting, K., Seay, B., Levengood, A., & Kuczaj, S. A. (2012). Tactile contact exchanges between dolphins: self-rubbing versus inter-individual contact in three species from three geographies. *International Journal of Comparative Psychology*, 25, 21-43.
145. Warren-Smith, A. B., & Dunn, W. L. (2006). Epimeletic behaviour toward a seriously injured juvenile bottlenose dolphin (*Tursiops* sp.) in Port Phillip, Victoria, Australia. *Aquatic Mammals*, 32(3), 357-62.
146. Connor, R. C., & Norris, K. S. (1982). Are dolphins reciprocal altruists? *American Naturalist*, 119, 358-74.
147. Gibson, Q. A. (2006). Non-lethal shark attack on a bottlenose dolphin (*Tursiops* sp.) calf. *Marina Mammal Science*, 22(1), 192-8.
148. Mann, J., & H. Barnett. (1999). Lethal tiger shark (*Galeocerdo cuvieri*) attack on bottlenose dolphin (*Tursiops* sp.) calf: defense and reactions by the mother. *Marine Mammal Science*, 15(2), 568-75.
149. Wood, F. G., Caldwell, D. K., & Caldwell, M. C. (1970). Behavioral interactions between porpoises and sharks. *Investigations on Cetacea*, 2, 264-77.
150. Heithaus, M. R. (2001). Predator-prey and competitive interactions between sharks (order Selachii) and dolphins (suborder Odontoceti): a review. *Journal of Zoology*, 253, 53-68.
151. Saayman, G. S., & Tayler, C. K. (1979). The socioecology of humpback dolphins (*Sousa* spp.). In H. E. Winn & B. L. Olla (Eds.), *Behaviour of Marine Animals, Vol. 3: Cetaceans* (pp. 165-226). New York: Plenum Press.
152. Connor, R. C., & Norris, K. S. (1982). Are dolphins reciprocal altruists? *American Naturalist*, 119, 358-74.
153. Santos, M. C. O., Rosso, S., Siciliano, S., Zerbini, A., Zampirolli, E., Vicente, A. F., & Alvarenga, F. (2000). Behavioral observations of the marine tucuxi dolphin (*Sotalia fluviatilis*) in Sao Paulo estuarine waters, Southeastern Brazil. *Aquatic Mammals*, 26(3), 260-7.

が噴気孔にペニスを挿入したのかどうかを問い合わせたところ，実際に起こったわけではないことが判明した。この行動はその他の科学文献には見あたらない。この論題についてさらに詳しく知りたい人は私のブログを参照のこと：http:www.justingregg.com.

108. Dawkins, R. (May 24, 2012). The descent of Edward Wilson. *Prospect.* http://www.prospectmagazine.co.uk/magazine/edward-wilson-social-conquest-earth-evolutionary-errors-origin-species/.
109. Wilson, E. O. (2012). *The Social Conquest of Earth.* New York: Norton.
110. Connor, R. C. (1995). The benefits of mutualism: a conceptual framework. *Biological Reviews*, 70, 427-57.
111. Würsig, B., & Würsig, M. (Eds.) (2010). *The Dusky Dolphin: Master Acrobat off Different Shores.* San Diego, CA: Elsevier.
112. Vaughn, R. L., Muzi, E., Richardson, J. L., & Würsig, B. (2011). Dolphin bait-balling behaviors in relation to prey ball escape behaviors. *Ethology,* 117, 859-71.
113. Benoit-Bird, K. J., & Au, W. W. L. (2009). Cooperative prey herding by the pelagic dolphin, *Stenella longirostris. Journal of the Acoustical Society of America*, 125, 125-37.
114. Gazda, S. K., Connor, R. C., Edgar, R. K., & Cox, F. (2005). A division of labour with role specialization in group-hunting bottlenose dolphins (*Tursiops truncatus*) off Cedar Key, Florida. *Proceedings of the Royal Society B: Biological Sciences,* 272(1559), 135-40.
115. Duffy-Echevarria, E. E., Connor, R. C., & St. Aubin, D. J. (2008). Observations of strand-feeding behavior by bottlenose dolphins (*Tursiops truncatus*) in Bull Creek, South Carolina. *Marine Mammal Science,* 24, 202-6.
116. Daura-Jorge, F. G., Cantor, M., Ingram, S. N., Lusseau, D., & Simões-Lopez, P. C. (2012). The structure of a bottlenose dolphin society is coupled to a unique foraging cooperation with artisanal fishermen. *Biology Letters,* doi:10.1098/rsbl.2012.0174.
117. Neil, D. T. (2002). Cooperative fishing interactions between Aboriginal Australians and dolphins in eastern Australia. *Anthrozoös,* 15, 3-18.
118. Biju Kumar, A., Smrithy R., & Sathasivam (2012). Dolphin-assisted cast net fishery in the Ashtamudi Estuary, south-west coast of India. *Indian Journal of Fisheries*, 59(3), 143-8.
119. Busnel, R. G. (1973). Symbiotic relationship between man and dolphins. *Transactions of the New York Academy of Sciences,* 35, 112-31.
120. Connor, R. C., & Norris, K. S. (1982). Are dolphins reciprocal altruists? *American Naturalist*, 119, 358-74.
121. Baird, R. W., & Dill, L. M. (1997). Ecological and social determinants of group size in transient killer whales. *Behavioral Ecology,* 7(4), 408-16.
122. Smith, T. G., Siniff, D. B., Reichle, R., & Stone, S. (1981). Coordinated behavior of killer whales, *Orcinus orca*, hunting a crabeater seal, *Lobodon carcinophagus. Canadian Journal of Zoology*, 59, 1185-9.
123. Visser, I. N., Smith, T. G., Bullock, I. D., Green, G. D., Carlsson, O. G. L., & Imberti, S. (2008). Antarctic peninsula killer whales (*Orcinus orca*) hunt seals and a penguin on floating ice. *Marine Mammal Science*, 24, 225-34.
124. Pitman, R. L., & Durban, J. W. (2012). Cooperative hunting behavior, prey selectivity and prey handling by pack ice killer whales (*Orcinus orca*), type B, in Antarctic Peninsula waters. *Marine Mammal Science*, 28(1), 16-36.
125. Würsig, B. (1986). Delphinid foraging strategies. In R. J. Schusterman, J. A. Thomas, & F. G. Wood (Eds.), *Dolphin Cognition and Behaviour: A Comparative Approach* (pp. 347-59). Hillsdale, NJ: Lawrence Erlbaum Associates.
126. Connor, R. C. (2000). Group living in whales and dolphins. In J. Mann, R. C. Connor, P. L. Tyack & H. Whitehead (Eds.), *Cetacean Societies: Field Studies of Dolphins and Whales* (pp. 199-218). Chicago, IL: University of Chicago Press, 210.
127. Caldwell, M. C., & Caldwell, D. K. (1966). Epimeletic (care-giving) behavior in cetacea. In K. S. Norris (Ed.), *Whales, Dolphins and Porpoises* (pp. 755-89). Berkeley and Los Angeles: University of California Press.
128. Connor, R. C., & Norris, K. S. (1982). Are dolphins reciprocal altruists? *American Naturalist,* 119, 358-74.
129. Lee, P. C. (1986). Early social development among African elephant calves. *National Geographic Research*, 2, 388-401.
130. Pusey, A. (1983). Mother-offspring relationships in chimpanzees after weaning. *Animal Behaviour*, 31(2), 363-77.
131. Tyack, P. (2009). Behavior, overview. In W. F. Perrin, B. Würsig, & H. C. M. Thewissen (Eds.), *Encyclopedia of*

92. 概要については下記参照：Connor, R. C. (2000). Group living in whales and dolphins. In J. Mann, R. C. Connor, P. L. Tyack & H. Whitehead (Eds.), *Cetacean Societies: Field Studies of Dolphins and Whales* (pp. 199-218). Chicago, IL: University of Chicago Press.
93. Cantor, M., Wedekin, L. L., Guimaraes, P. R., Daura-Jorge, F. G. Rossi-Stantos, M. R., & Simões-Lopes, P. C. (2012). Disentangling social networks from spatiotemporal dynamics: the temporal structure of a dolphin society. *Animal Behaviour,* 84, 641-51.
94. Connor, R. C., Wells, R. S., Mann, J., & Read, A. J. (2000). The bottlenose dolphin: social relationships in a fission-fusion society. In J. Mann, R. C. Connor, P. L. Tyack & H. Whitehead (Eds.), *Cetacean Societies: Field Studies of Dolphins and Whales* (pp. 91-126). Chicago, IL: University of Chicago Press, 91.
95. Archie, E. A., Moss, C. J., & Alberts, S. C. (2006). The ties that bind: genetic relatedness predicts the fission and fusion of social groups in wild African elephants. *Proceedings of the Royal Society B,* 273: 513-22.
96. van Schaik, C. P. (1999). The socioecology of fission-fusion sociality in orangutans. *Biomedical and Life Sciences,* 40(1), 69-86.
97. Connor, R. C., & Vollmer, N. (2009). Sexual coercion in dolphin consortships: a comparison with chimpanzees. In M. N. Muller & R. W. Wrangham (Eds.), *Sexual Coercion in Primates: An Evolutionary Perspective on Male Aggression against Females* (pp. 218-43). Cambridge , MA: Harvard University Press.
98. Connor, R. C., Smolker, R. A., & Richards, A. F. (1992). Two levels of alliance formation among bottlenose dolphins (*Tursiops* sp.). *Proceedings of the National Academy of Sciences,* 89, 987-90.
99. Randic, S., Connor, R. C., Sherwin, W. B., & Krützen, M. (2012). A novel mammalian social structure in Indo-Pacific bottlenose dolphins (*Tursiops* sp.): complex male alliances in an open social network. *Proceedings of the Royal Society B: Biological Sciences,* doi:10.1098/rspb.2012.0264.
100. Connor, R. C., Heithaus, M. R., & Barre, L. M. (2001). Complex social structure, alliance stability and mating access in a bottlenose dolphin "super-alliance." *Proceedings of the Royal Society B: Biological Sciences,* 268, 263-7.
101. Connor, R. C., Watson-Capps, J., Sherwin, W. B., & Krützen, M. (2010). A new level of complexity in the male alliance networks of Indian ocean bottlenose dolphins (*Tursiops* sp.). *Biology Letters,* 6(20), 1-4.
102. Connor, R. C. (2007). Dolphin social intelligence: complex alliance relationships in bottlenose dolphins and a consideration of selective environments for extreme brain size evolution in mammals. *Philosophical Transactions of the Royal Society B Biological Sciences,* 362, 587-602.
103. Randic, S., Connor, R. C., Sherwin, W. B., & Krützen, M. (2012). A novel mammalian social structure in Indo-Pacific bottlenose dolphins (*Tursiops* sp.): complex male alliances in an open social network. *Proceedings of the Royal Society B: Biological Sciences,* doi:10.1098/rspb.2012.0264.
104. Baird, R. W. (2000). The killer whale—foraging specializations and group hunting. In J. Mann, R. C. Connor, P. L. Tyack, & H. Whitehead (Eds.), *Cetacean Societies: Field Studies of Dolphins and Whales* (pp. 127-53). Chicago, IL: University of Chicago Press.
105. 多くの霊長類は発情期以外にも性交を行うことがある。これは彼らが「性行為の楽しみ」を有していることを意味している。概要に関しては下記参照：Rice, S. A. (2007). *Encyclopedia of Evolution.* New York: Facts on File, Inc.。また，同性間での性行動は動物界ではひろくみられる。これも定義からすると受精には結びつかず，専ら「楽しみ」のために行われていることになる。したがって，イルカが性行為に楽しみを見出す唯一の動物だという考えは明らかに正しくない。この論題に関するさらなる情報は私のブログを参照：http:www.justingregg.com.
106. 日常的に同性での性行為を行う動物の膨大なリストがある。より詳しい情報は下記を参照：Bagemihl, B. (1999). *Biological Exuberance: Animal Homosexuality and Natural Diversity.* New York: St. Martin's Press.
107. 「噴気孔セックス」というミームは『*The Colbert Report*（アメリカのテレビ番組）』や『*30 Rock*（同テレビドラマ）』で言及され，芸術家 Rune Olsen によって作品の題材にもなり，世界中で展示された。この考えの元になったのは，イルカが噴気孔にペニスを挿入するような類似行動を記述した下記の論文である：Renjun, L., Gewalt, W., Neurohr, B., & Winkler, A. (1994). Comparative studies on the behaviour of *Inia geoffrensis* and *Lipotes vexillifer* in artificial environments. *Aquatic Mammals,* 20(1), 39-45. しかし，私がこの論文の著者の一人に，本当にイルカ

seine fishery in the eastern Tropical Pacific. In K. Pryor & K. S. Norris (Eds.), *Dolphin Societies: Discoveries and Puzzles* (pp. 161-98). Berkeley: University of California Press.

73. Pryor, K. W. (1990). Non-acoustic communication in small cetaceans: glance, touch, position, gesture, and bubbles. In J. A. Thomas & R. Kastelein (Eds.), *Sensory Abilities of Cetaceans* (pp. 537-44). New York: Plenum Press.
74. Herman, L. M., & Tavolga, W. N. (1980). The communication systems of cetaceans. In L. M. Herman (Ed.), *Cetacean Behavior: Mechanisms and Functions* (pp. 149-209). New York: John Wiley & Sons.
75. Connor, R. C., Wells, R. S., Mann, J., & Read, A. J. (2000). The bottlenose dolphin: social relationships in a fission-fusion society. In J. Mann, R. C. Connor, P. L. Tyack & H. Whitehead (Eds.), *Cetacean Societies: Field Studies of Dolphins and Whales* (pp. 91-126). Chicago, IL: University of Chicago Press.
76. Dudzinski, K. M. (1998). Contact behavior and signal exchange in Atlantic spotted dolphins *(Stenella frontalis)*. *Aquatic Mammals*, 24(3), 129-42.
77. Dudzinski, K. M., Thomas, J., & Gregg, J. D. (2009). Communication. In W. F. Perrin, B. Würsig, & H. C. M. Thewissen (Eds), *Encyclopedia of Marine Mammals, 2nd edn* (pp. 260-58). New York: Academic Press.
78. Connor, R. C., Wells, R. S., Mann, J., & Read, A. J. (2000). The bottlenose dolphin: social relationships in a fission-fusion society. In J. Mann, R. C. Connor, P. L. Tyack & H. Whitehead (Eds.), *Cetacean Societies: Field Studies of Dolphins and Whales* (pp. 91-126). Chicago, IL: University of Chicago Press.
79. Frantzis, A., & Herzing, D. L. (2002). Mixed species associations of striped dolphin (*Stenella coeruleoalba*), short-beaked common dolphin (*Delphinus delphis)* and Risso' s dolphin (*Grampus griseus*), in the Gulf of Corinth (Greece, Mediterranean Sea). *Aquatic Mammals*, 28(2), 188-97.
80. Scott, E. M., Mann, J., Watson, J. J., Sargeant, B. L., & Connor, R. C. (2005). Aggression in bottlenose dolphins: evidence for sexual coercion, male-male competition, and female tolerance through analysis of tooth-rake marks and behaviour. *Behaviour*, 142, 21-44.
81. MacLeod, C. D. (1998). Intraspecific scarring in odontocete cetaceans: an indicator of male "quality" in aggressive social interactions. *Journal of Zoology*, 244, 71-7.
82. Martin, A. R., & Da Silva, V. M. F. (2006). Sexual dimorphism and body scarring in the boto (Amazon river dolphin) *Inia Geoffrensis. Marine Mammal Science*, 22(1), 25-33.
83. Jenkins, M. (2009, June). River spirits. *National Geographic Magazine*, 98-111. http://ngm.nationalgeographic.com/2009/06/dolphins/jenkins-text.
84. Mann, J., & Smuts, B. (1999). Behavioral development in wild bottlenose dolphin newborns (*Tursiops* sp.). *Behaviour*, 136, 529-66.
85. von Streit, C., Udo Ganslosser, U., & von Fersen, L. (2011). Ethogram of two captive mother-calf dyads of bottlenose dolphins (*Tursiops truncatus*): comparison with field ethograms. *Aquatic Mammals*, 37(2), 193-7.
86. Miles, J. A., & Herzing, D. L. (2003). Underwater analysis of the behavioural development of free-ranging Atlantic spotted dolphin (*Stenella frontalis*) calves (birth to 4 years of age). *Aquatic Mammals*, 29(3), 363-77.
87. このエソグラムは下記の研究から作成：Dudzinski, K. M. (1996). Communication and behavior in the Atlantic spotted dolphins (*Stenella frontalis*): relationship between vocal and behavioral activities. Dissertation Thesis, Texas A&M University, College Station.
88. Herzing, D. L. (1996). Vocalizations and associated underwater behavior of free-ranging Atlantic spotted dolphins, *Stenella frontalis*, and bottlenose dolphins, *Tursiops truncatus*. *Aquatic Mammals*, 22(2), 61-79.
89. たとえば：Gaskin, D. E. (1972). *Whales, Dolphins and Seals, with Special Reference to the New Zealand Region*. Auckland: Heinemann Educational Books.
90. Visser, I. (1998). Prolific body scars and collapsing dorsal fins on killer whales (*Orcinus orca)* in New Zealand waters. *Aquatic Mammals*, 24(2), 71-81.
91. Connor, R. C., Wells, R. S., Mann, J., & Read, A. J. (2000). The bottlenose dolphin: social relationships in a fission-fusion society. In J. Mann, R. C. Connor, P. L. Tyack & H. Whitehead (Eds.), *Cetacean Societies: Field Studies of Dolphins and Whales* (pp. 91-126). Chicago, IL: University of Chicago Press, 102.

Journal of the Marine Biological Association UK, 87, 101-4.

55. Wedekin, L. L., Daura-Jorge, F. G., & Simões-Lopes, P. C. (2004). An aggressive interaction between bottlenose dolphins (*Tursiops truncatus*) and estuarine dolphins (*Sotalia guianensis*) in Southern Brazil. *Aquatic Mammals*, 30(3), 391-7.
56. Herzing, D. L., & Johnson, C. M. (1997). Interspecific interactions between Atlantic spotted dolphins (*Stenella frontalis*) and bottlenose dolphins (*Tursiops truncatus*) in the Bahamas, 1985-1995. *Aquatic Mammals*, 23(2), 85-100.
57. Melillo, K. E., Dudzinski, K. M., & Cornick, L. A. (2009). Interactions between Atlantic spotted (*Stenella frontalis*) and bottlenose (*Tursiops truncatus*) dolphins off Bimini, The Bahamas, 2003-2007. *Aquatic Mammals*, 35(2), 281-91.
58. Frantzis, A., & Herzing, D. L. (2002). Mixed species associations of striped dolphin (*Stenella coeruleoalba*), short-beaked common dolphin (*Delphinus delphis*) and Risso's dolphin (*Grampus griseus*), in the Gulf of Corinth (Greece, Mediterranean Sea). *Aquatic Mammals*, 28(2), 188-97.
59. Haelters, J., & Everaarts, E. (2011). Two cases of physical interaction between white-beaked dolphins (*Lagenorhynchus albirostris*) and juvenile harbour porpoises (*Phocoena phocoena*) in the southern North Sea. *Aquatic Mammals*, 37(2), 198-201.
60. Baird, R. W. (1998). An interaction between Pacific white-sided dolphins and a neonatal harbor porpoise. *Mammalia*, 62(1), 134-9.
61. Coscarella, M. A., & Crespo, E. A. (2009). Feeding aggregation and aggressive interaction between bottlenose (*Tursiops truncatus*) and Commerson's dolphins (*Cephalorhynchus commersonii*) in Patagonia, Argentina. *Journal of Ethology*, 28(1), 183-7.
62. Barnett, J., Davison, N., Deaville, R., Monies, R., Loveridge, J., Tregenza, N., & Jepson, P. D. (2009). Postmortem evidence of interactions of bottlenose dolphins (*Tursiops truncatus*) with other dolphin species in south-west England. *Veterinary Record*, 165(15), 441-4.
63. Mooney, J. (1997). *Captive Cetaceans: A Handbook for Campaigners. A Report for the Whale and Dolphin Conservation Society.* または White, T. (2007). *In Defense of Dolphins: The New Moral Frontier.* Malden, MA: Blackwell Publishing.
64. Geraci, J. (1984). *Marine mammals. In Guide to the Care and Use of Experimental Animals, Vol. 2* (pp. 131-42). Ottawa: Canadian Council on Animal Care; Sweeney, J. (1990). Marine mammal behavioral diagnostics. In L. Dierauf (Ed.), *Handbook of Marine Mammals Medicine* (pp. 53-72). Boca Raton, FL: CRC Press.
65. Ostman, J. (1991). Changes in aggressive and sexual behavior between two male bottlenose dolphins (*Tursiops truncatus*) in a captive colony. In K. Pryor & K. S. Norris (Eds.), *Dolphin Societies: Discoveries and Puzzles* (pp. 305-18). Berkeley: University of California Press.
66. Pryor, K., & Kang-Shallenberger, I. (1991). Social structure in spotted dolphins (*Stenella attenuata*) in the tuna purse seine fishery in the eastern Tropical Pacific. In K. Pryor & K. S. Norris (Eds.), *Dolphin Societies: Discoveries and Puzzles* (pp. 161-98). Berkeley: University of California Press.
67. Sweeney, J. (1990). Marine mammal behavioral diagnostics. In L. Dierauf (Ed.), *Handbook of Marine Mammals Medicine* (pp. 53-72). Boca Raton, FL: CRC Press.
68. Gareci, J. (1986). Husbandry. In M. Fowler (Ed.), *Zoo and Wild Animal Medicine* (pp. 757-60). Philadelphia, PA: Harcourt Brace Jovanovich.
69. Connor, R. C., Wells, R. S., Mann, J., & Read, A. J. (2000). The bottlenose dolphin: social relationships in a fission-fusion society. In J. Mann, R. C. Connor, P. L. Tyack & H. Whitehead (Eds.), *Cetacean Societies: Field Studies of Dolphins and Whales* (pp. 91-126). Chicago, IL: University of Chicago Press, 107.
70. Connor, R. C. (2000). Group living in whales and dolphins. In J. Mann, R. C. Connor, P. L. Tyack & H. Whitehead (Eds.), *Cetacean Societies: Field Studies of Dolphins and Whales* (pp. 199-218). Chicago, IL: University of Chicago Press.
71. Performing Whale Dies in Collision With Another (August 23, 1989). *New York Times*. http://www.nytimes.com/1989/08/23/us/performing-whale-dies-in-collision-with-another.html.
72. マダライルカで最もよくみられる攻撃性には口を開けるといった示威行動がある。詳しくは以下参照：Pryor, K., & Kang-Shallenberger, I. (1991). Social structure in spotted dolphins (*Stenella attenuata*) in the tuna purse

arc98/7_18_98/fob1.htm.

35. Packer, C., Scheel, D., & Pusey, A. E. (1990). Why lions form groups: food is not enough. *American Naturalist,* 136, 1-19.
36. Scott, E. M., Mann, J., Watson, J. J., Sargeant, B. L., & Connor, R. C. (2005). Aggression in bottlenose dolphins: evidence for sexual coercion, male-male competition, and female tolerance through analysis of tooth-rake marks and behaviour. *Behaviour,* 142, 21-44.
37. Connor, R. C., Smolker, R. A., & Richards, A. F. (1992). Two levels of alliance formation among male bottlenose dolphins (*Tursiops* sp.). *Proceedings of the National Academy of Sciences*, 89, 987-90.
38. Parsons, K. M., Durban, J. W., & Claridge, D. E. (2003). Male-male aggression renders bottlenose dolphin (*Tursiops truncatus*) unconscious. *Aquatic Mammals*, 29(3), 360-2.
39. Wells, R. S. (1991). The role of long-term study in understanding the social structure of a bottlenose dolphin community. In K. Pryor & K. S. Norris (Eds.), *Dolphin Societies: Discoveries and Puzzles* (pp. 199-225). Berkeley: University of California Press.
40. Wells, R. S., Scott, M. D., & Irvine, A. B. (1987). The ocial structure of free-ranging bottlenose dolphins. In H. Genoways (Ed.), *Current Mammalogy*, Vol. 1 (pp. 247-305). New York: Plenum Press.
41. Connor, R. C., Richards, A. F., Smolker, R. A., & Mann, J. (1996). Patterns of female attractiveness in Indian Ocean bottlenose dolphins. *Behaviour*, 133, 37-69.
42. Gibson, Q. A., & Mann, J. (2008). The size and composition of wild bottlenose dolphin (*Tursiops* sp.) mother-calf groups in Shark Bay, Australia. *Animal Behaviour*, 76, 389-405.
43. Lusseau, D., Schneider, K., Boisseau, O. J., Haase, P., Slooten, E., & Dawson, S. M. (2003). The bottlenose dolphin community of Doubtful Sound features a large proportion of long-lasting associations—can geographic isolation explain this unique trait? *Behavioral Ecology and Sociobiology*, 54, 396-405.
44. Lusseau, D. (2007). Why are male social relationships complex in the Doubtful Sound bottlenose dolphin population? *PLoS ONE* 2(4), e348.
45. Wilson, D. R. B. (1995). The ecology of bottlenose dolphins in the Moray Firth, Scotland: a population at the northern extreme of the species' range. PhD Thesis, Aberdeen University, Aberdeen, UK.
46. Foley, A., McGrath, D., Berrow, S., & Gerritsen, H. (2010). Social structure within the bottlenose dolphin (*Tursiops truncatus*) population in the Shannon Estuary. *Aquatic Mammals* 36(4), 372-81.
47. Scott, E. M., Mann, J., Watson, J. J., Sargeant, B. L., & Connor, R. C. (2005). Aggression in bottlenose dolphins: evidence for sexual coercion, male-male competition, and female tolerance through analysis of tooth-rake marks and behaviour. *Behaviour*, 142, 21-44.
48. Hill, H. M., Greer, T., Solangi, M., & Kuczaj, S. A., II (2007). All mothers are not the same: maternal styles in bottlenose dolphins (*Tursiops truncatus*). *International Journal of Comparative Psychology,* 20, 34-53.
49. Pryor, K., & Kang-Shallenberger, I. (1991). Social structure in spotted dolphins (*Stenella attenuata*) in the tuna purse seine fishery in the eastern Tropical Pacific. In K. Pryor & K. S. Norris (Eds.), *Dolphin Societies: Discoveries and Puzzles* (pp. 161-98). Berkeley: University of California Press.
50. Wells, R. S., Scott, M. D., & Irvine, A. B. (1987). The ocial structure of free-ranging bottlenose dolphins. In H. Genoways (Ed.), *Current Mammalogy, Vol. 1* (pp. 247-305). New York: Plenum Press.
51. McCowan, B., & Reiss, D. (1995). Maternal aggressive contact vocalizations in captive bottlenose dolohins (*Tursiops truncatus*): wide-band, low frequency signals during mother/aunt-infant interactions. *Zoo Biology*, 14(4), 293-310.
52. 概要については下記参照：Frantzis, A., & Herzing, D. L. (2002). Mixed species associations of striped dolphin (*Stenella coeruleoalba*), short-beaked common dolphin (*Delphinus delphis*) and Risso's dolphin (*Grampus griseus*), in the Gulf of Corinth (Greece, Mediterranean Sea). *Aquatic Mammals*, 28(2), 188-97.
53. Deakos, M. H., Branstetter, B. K., Mazzuca, L., Fertl, D., & Mobley, J. R., Jr. (2010). Two unusual interactions between a bottlenose dolphin (*Tursiops truncatus*) and a humpback whale (*Megaptera novaeangliae*) in Hawaiian waters. *Aquatic Mammals*, 36(2), 121-8.
54. Kiszka, J. (2007). Atypical associations between dugongs (*Dugong dugon*) and dolphins in a tropical lagoon.

in slugs of the genus Deroceras (Pulmonata: Agriolimacidae). *American Malacological Bulletin*, 23, 137-56.
12. Sugiyama, Y. (1988). Grooming interactions among adult chimpanzees at Bossou, Guinea, with special reference to social structure. *International Journal of Primatology*, 9(5), 393-407.
13. Maple, T., & Westlund, B. (1975). The integration of social interactions between cebus and spider monkeys in captivity. *Applied Animal Ethology*, 1(3), 305-8.
14. Tenow, O., Fagerström, T., & Wallin, L. (2008). Epimeletic behaviour in airborne common swifts *Apus apus*: do adults support young in flight? *Ornis Svecica* 18, 96-107.
15. Atkins, P. (Director), McCarey, K. (Writer). (1999). *Dolphins: The Dark Side* (Motion picture). *National Geographic*.
16. *National Geographic* の *Dolphins: The Dark Side* の概要より引用：http://channel.nationalgeographic.com/wild/episodes/dolphins-the-dark-side1/.
17. Callen, K., & Cochrane, A. (1992). *Dolphins and Their Power to Heal*. Rochester, VI: Healing Arts Press, 67.
18. Callen, K., & Cochrane, A. (1992). *Dolphins and Their Power to Heal*. Rochester, VI: Healing Arts Press, 69.
19. Sandoz-Merrill, B. (2005). *In the Presence of High Beings: What Dolphins Want You to Know*. San Francisco, CA: Council Oak Books, 23 and 37.
20. Sandoz-Merrill, B. (2005). *In the Presence of High Beings: What Dolphins Want You to Know*. San Francisco, CA: Council Oak Books, 23.
21. Sirius Institute FAQ (April 24, 2005). www.planetpuna.com/faq.htm.
22. Killer dolphins slaying, sexually assaulting porpoises in San Francisco (November 21, 2011). *Huffington Post*. https://www.huffingtonpost.com/2011/11/21/dolphins-kill-porpoises_n_1106471.html.
23. Cotter, M. P., Maldini, D., & Jefferson, T. A. (2011). "Porpicide" in California: killing of harbor porpoises (*Phocoena phocoena*) by coastal bottlenose dolphins (*Tursiops truncatus*). *Marine Mammal Science*, 28(1), E1-E15.
24. Ross, H. M., & Wilson, B. (1996). Violent interactions between bottlenose dolphins and harbor porpoises. *Proceedings of the Royal Society of London—Series B: Biological Sciences*, 263(1368), 283-6.
25. Ross, H. M., & Wilson, B. (1996). Violent interactions between bottlenose dolphins and harbor porpoises. *Proceedings of the Royal Society of London—Series B: Biological Sciences*, 263(1368), 283-6, Pg. 283.
26. Ross, H. M., & Wilson, B. (1996). Violent interactions between bottlenose dolphins and harbor porpoises. *Proceedings of the Royal Society of London—Series B: Biological Sciences*, 263(1368), 283-6, Pg. 286.
27. Cotter, M. P., Maldini, D., & Jefferson, T. A. (2011). "Porpicide" in California: killing of harbor porpoises (*Phocoena phocoena*) by coastal bottlenose dolphins (*Tursiops truncatus*). *Marine Mammal Science*, 28(1), E1-E15.
28. Cotter, M. P., Maldini, D., & Jefferson, T. A. (2011). "Porpicide" in California: killing of harbor porpoises (*Phocoena phocoena*) by coastal bottlenose dolphins (*Tursiops truncatus*). *Marine Mammal Science*, 28(1), E1-E15.
29. Wilkin, S. M., Cordaro, J., Gulland, F. M. D., Wheeler, E., Dunkin, R., Sigler, T., Gasper, D., Berman, M., Flannery, M., Fire, S., Wang, Z., Colegrove, K., & Baker, J. (2012). An unusual mortality event of harbor porpoises (*Phocoena phocoena*) off central California: increase in blunt trauma rather than an epizootic. *Aquatic Mammals*, 38(3), 301-10.
30. Patterson, I. A., Reid, R. J., Wilson, B., Grellier, K., Ross, H. M., & Thompson, P. M. (1998). Evidence for infanticide in bottlenose dolphins: an explanation for violent interactions with harbor porpoises. *Proceedings of the Royal Society of London B: Biological Sciences*, 265(1402), 1167-70.
31. Earthwatch scientists capture dolphin attack on camera. (2009, October). *Earthwatch Institute eNewsletter*. http://www.earthwatch.org/europe/newsroom/science/news-3-attack.html.
32. Patterson, I. A., Reid, R. J., Wilson, B., Grellier, K., Ross, H. M., & Thompson, P. M. (1998). Evidence for infanticide in bottlenose dolphins: an explanation for violent interactions with harbor porpoises. *Proceedings of the Royal Society of London B: Biological Sciences*, 265(1402), 1167-70.
33. Dunn, D. G., Barco, S., McLellan, W. A., & Pabst, D. A. (1998). Virginia Atlantic bottlenose dolphin (*Tursiops truncatus*) strandings: gross pathological findings in ten traumatic deaths. Abstract. Sixth Annual Atlantic Coastal Dolphin Conference, May, Sarasota, Florida.
34. Milius, S. (July 18, 1998). Infanticide reported in dolphins. *Science News*. http://www.sciencenews.org/sn_

Acoustical Society of America, 117(4 Pt 1), 2308-17.

175. Houser, D. S., Helweg, D. A., & Moore, P. W. (1999). Classification of dolphin echolocation clicks by energy and frequency distributions. *Journal of the Acoustical Society of America*, 106(3 Pt 1), 1579-85.
176. Moore, P. W., Dankiewicz, L. A., & Houser, D. S. (2008). Beamwidth control and angular target detection in an echolocating bottlenose dolphin (*Tursiops truncatus*). *Journal of the Acoustical Society of America*, 124, 3324-32.
177. Muller, M. W., Allen, J. S., Au W. W. L., & Nachtigall, P. E. (2008). Time-frequency analysis and modeling of the backscatter of categorized dolphin echolocation clicks for target discrimination. *Journal of the Acoustical Society of America*, 124(1), 657-66.
178. Helweg, D. A., Moore, P. W., Dankiewicz, L. A., Zafran, J. M., & Brill, R. L. (2003). Discrimination of complex synthetic echoes by an echolocating bottlenose dolphin. *Journal of the Acoustical Society of America*, 113(2), 1138-44.
179. Xitco, M. J., & Roitblat, H. L. (1996). Object recognition through eavesdropping: passive echolocation in bottlenose dolphins. *Animal Learning Behavior*, 24(4), 355-65.
180. Gregg, J. D., Dudzinski, K. M., & Smith, H. V. (2007). Do dolphins eavesdrop on the echolocation signals of conspecifics? *International Journal of Comparative Psychology*, 20, 65-88.
181. これらはDolphin Communication Projectを介して私が受け取ったメールからの直接の引用である。
182. Bertrand Russellの発言は*Illustrated*誌の「Is there a God?」という記事（未出版）による：http://cfpf.org.uk/articles/religion/br/br-god.html.
183. ACSに対して「言語」という言葉を使用することに関する議論は，たとえば下記参照：Slobodchikoff, C. (2012). *Chasing Doctor Dolittle: Learning the Language of Animals*. New York: St. Martin's Press。ただしこの本での言語定義には表現の無限性の重要な諸側面が含まれていないことに注意。また，心の理論やマインドリーディングと関連する社会認知的能力も重視されていない。結果として，Slobodchikoffの言語定義にはほとんどすべてのACSが当てはまる。
184. イルカのコミュニケーションに関する研究の概観については下記を参照：Dudzinski, K., & Frohoff, T. (2008). *Dolphin Mysteries: Unlocking the Secrets of Communication*. New Haven, CT: Yale University Press.

第6章

1. テレビ番組『*Flipper*（邦題：わんぱくフリッパー）』のテーマ曲より（作詞はWilliam Dunham）。
2. リリーの議論の概要については下記を参照：Burnett, D. G. (2010). A Mind in the Water. *Orion Magazine*.
3. Sandoz-Merrill, B. (2005). *In the Presence of High Beings: What Dolphins Want You to Know*. San Francisco: Council Oak Books, 19.
4. Keim, B. (July 19, 2012). New science emboldens long shot bid for dolphin, whale rights. *Wired Science*. http://www.wired.com/wired-science/2012/07/cetacean-rights.
5. PETA Sues SeaWorld for Violating Orcas' Constitutional Rights (October 25, 2011). http://www.peta.org/b/thepetafiles/archive/2011/10/25/peta-sues-seaworld-for-violating-orcas-constitutional-rights.aspx.
6. Melillo, K. E., Dudzinski, K. M., & Cornick, L. A. (2009). Interactions between Atlantic spotted (*Stenella frontalis*) and bottlenose (*Tursiops truncatus*) dolphins off Bimini, The Bahamas, 2003-2007. *Aquatic Mammals*, 35(2), 281-91.
7. Dudzinski, K. M., Gregg, J. D., Melillo-Sweeting, K., Seay, B., Levengood, A., & Kuczaj, S. A. (2012). Tactile contact exchanges between dolphins: self-rubbing versus inter-individual contact in three species from three geographies. *International Journal of Comparative Psychology*, 25, 21-43.
8. Dudzinski, K. M., Gregg, J. D., Paulos, R. D., & Kuczaj, S. A. (2010). A comparison of pectoral fin contact behaviour for three distinct dolphin populations. *Behavioural Processes*, 84, 559-67.
9. Dudzinski, K. M., Gregg, J. D., Ribic, C. A., & Kuczaj, S. A. (2009). A comparison of pectoral fin contact between two different wild dolphin populations. *Behavioural Processes*, 80, 182-90.
10. Frohoff, T. G., & Peterson, B. (Eds.) (2003). *Between Species: Celebrating the Dolphin-Human Bond*. San Francisco, CA: Sierra Club Books.
11. 求愛を伴うナメクジの親密な接触に関しては，たとえば下記参照：Reise, H. (2006). A review of mating behavior

153. Lakatos, G., Gácsi, M., Topál, J., Miklósi, Á. (2012). Comprehension and utilisation of pointing gestures and gazing in dog-human communication in relatively complex situations. *Animal Cognition*, 15, 201-13.
154. Miklósi, Á. (2009). Evolutionary approach to communication between humans and dogs. *Veterinary Research Communications*, 33(Suppl. 1), 53-9.
155. Herzing, D. L., Delfour, F., & Pack, A. A. (2012). Responses of human-habituated wild Atlantic spotted dolphins to play behaviors using a two-way interface. *International Journal of Comparative Psychology*, 25(2), 137-65.
156. Markov, V. I., & Ostrovskaya, V. M. (1990). Organization of communication system in *Tursiops truncatus* Montagu. In J. A. Thomas & R. A. Kastelein (Eds.), *Sensory Abilities of Cetaceans—Laboratory and Field Evidence* (pp. 599-602). NATO ASI Series, Series A: Life Sciences, Vol. 196. New York: Plenum Press.
157. たとえば bigthink.com での Lori Marino のインタビュー：Can dolphins understand humans? (February 11, 2010): http://bigthink.com/ideas/18648.
158. Shannon, C. E. (1948). A mathematical theory of communication. *Bell System Technical Journal*, 27, 379-423, 623-56.
159. Dreher, J. J. (1966). Cetacean communication: small-group experiment. In K. Norris (Ed), *Whales, Dolphins and Porpoises* (pp. 529-43). Berkeley and Los Angeles: University of California Press.
160. Tavolga, W. N. (Ed.) (1965). Technical Report: NAVTRADEVCEN 1212-1, Review of Marine Bio-Acoustics, State of the Art: 1964. (Port Washington, NY: US NAVAL Training Device Center, February 1965), 57.
161. 科学者は何十年も情報理論を鳥の鳴き声研究に応用してきたことに注意。たとえばシャノンのエントロピーを計算すると，アメリカコガラの鳴き声は 6.7 ビットの情報量を持つことが明らかになった（英語 1 単語 11.8 ビットに対して）。Hailman, J. P., Ficken, M. S., & Ficken, R. W. (1985). The "chick-a-dee" calls of *Parus atricapillus*: a recombinant system of animal communication compared with written English. *Semiotica* 56, 191-224.
162. Markov, V. I., & Ostrovskaya, V. M. (1990). Organization of communication system in *Tursiops truncatus* Montagu. In A. Thomas & R. A. Kastelein (Eds.), *Sensory Abilities of Cetaceans—Laboratory and Field Evidence* (pp. 599-602). NATO ASI Series, Series A: Life Sciences, Vol. 196. New York: Plenum Press.
163. Vladimir I. Markov をマルコフ連鎖を発明したロシアの数学者 Andreyevich Markov と混同しないように（情報理論でマルコフ連鎖はよく使われる）。
164. McCowan, B., Hanser, S. F., & Doyle, L. R. (1999). Quantitative tools for comparing animal communication systems: information theory applied to bottlenose dolphin whistle repertoires. *Animal Behaviour*, 57, 409-19.
165. Suzuki, R., Buck, J. R., & Tyack, P. L. (2005). The use of Zipf's law in animal communication analysis. *Animal Behaviour*, 69(1), F9-F17.
166. Ferrer-i-Cancho, R., & McCowan, B. (2009). A law of word meaning in dolphin whistle types. *Entropy*, 11(4), 688-701.
167. McCowan, B., Doyle, L. R., Jenkins, J., & Hanser, S. F. (2005). The appropriate use of Zipf's law in animal communication studies. *Animal Behaviour*, 69, Pages F1 and F3.
168.「基本的にヒトは，最も包括的なパターン認識システムだ。言語のようなことに関しては，人間は構造や意味の同定を非常にうまくこなせる」という指摘をもらった Mike Johnson に感謝する（2011 年 5 月 12 日の Mike からのメールより）。
169. Lilly, J. C. (1978). *Communication Between Man and Dolphins: The Possibilities of Talking with Other Species*. New York: Crown Publishers, 156.
170. Global Heart, Inc. (2011). The discovery of dolphin language (Press Release). http://www.speakdolphin.com/ResearchItems.cfm?ID=20.
171. 反響定位の原理については以下参照：Au, W. W. L. (1993). *The Sonar of Dolphins*. New York: Springer-Verlag.
172. Aubauer, R., & Au W. W. (1988). Phantom echo generation: a new technique for investigating dolphin echolocation. *Journal of the Acoustical Society of America*, 104(3 Pt 1), 1165-70.
173. deLong, C. M., Au W. W. L., & Harley, H. E. (2002). Features of echoes bottlenose dolphins use to perceive object properties. *Journal of the Acoustical Society of America*, 112(5), 2335.
174. Houser, D., Martin, S. W., Bauer, E. J., Phillips, M., Herrin, T., Cross, M., Vidal, A., et al. (2005). Echolocation characteristics of free-swimming bottlenose dolphins during object detection and identification. *Journal of the*

129. Kuczaj, S. A., & Kirkpatrick, V. M. (1993). Similarities and differences in human and animal language research: toward a comparative psychology of language. In H. L. Roitblat, L. M. Herman, & P. E. Nachtigall (Eds.), *Language and Communication: Comparative Perspectives* (pp. 45-63). Hillsdale, NJ: Lawrence Erlbaum Associates, 48.
130. Roitblat, H. L., Harley, H. E., & Helweg, D. A. (1993). Cognitive processing in artificial language research. In H. L. Roitblat, L. M. Herman, & P. E. Nachtigall (Eds.), *Language and Communication: Comparative Perspectives* (pp. 1-23). Hillsdale, NJ: Lawrence Erlbaum Associates, 6.
131. Sirius Institute FAQ (April 24, 2005). www.planetpuna.com/faq.htm.
132. Fulton, J. T. (September 9, 2009). Appendix U: Dolphins Language & Speech. http://neuronresearch.net/dolphin/pdf/Dolphin_language.pdf.
133. White, T. (2007). *In Defense of Dolphins: The New Moral Frontier*. Malden, MA: Blackwell Publishing, 115.
134. Herzing, D. L., & White, T. (1999). Dolphins and the question of personhood. *Etica Animali*, 9(98), 64-84. Pg. 75.
135. White, T. (2007). *In Defense of Dolphins: The New Moral Frontier*. Malden, MA: Blackwell Publishing, 115 よりLori Marino の引用。
136. Herman, L. M. (1980). Cognitive characteristics of dolphins. In L. M. Herman (Ed.), *Cetacean Behavior: Mechanisms and Functions* (pp. 363-429). New York: Wiley Interscience.
137. White, T. (2007). *In Defense of Dolphins: The New Moral Frontier*. Malden, MA: Blackwell Publishing.
138. Fitch, W. T. (2010). *The Evolution of Language*. Cambridge: Cambridge University Press, 164.
139. Chen, M. K., Lakshminarayanan, V., & Santos, L. R. (2006). How basic are behavioral biases? Evidence from capuchin monkey trading behavior. *Journal of Political Economy*, 114(3), 517-37.
140. Herman, L. M. (2009). Can dolphins understand language? In P. Sutcliffe, L. M. Stanford, & A. R. Lommel (Eds.), *LACUS Forum XXXIV: Speech and Beyond* (pp. 3-20). Houston, TX: LACUS, 7.
141. Murayama, T., Fujii, Y., Hashimoto, T., Shimoda, A., Iijima, S., Hayasaka, K., Shiroma, N., Koshikawa, M., Katsumata, H., Soichi, M., & Arai, K. (2012). Preliminary study of object labeling using sound production in a beluga. *International Journal of Comparative Psychology*, 25, 195-207.
142. Lilly, J. C. (1967). *The Mind of the Dolphin: A Nonhuman intelligence*. New York: Doubleday.
143. Hooper, J. (1983, January). John Lilly: altered states. *Omni Magazine*. 同様の実験は1960年代にPt. Mugu Cetacean Facilityでも行われ，次の米国海軍レポートになった（ピアレビューを受けた出版物ではない）：Batteau, D. W., & Markey, P. R. (1967). Man/dolphin communication. Final report prepared for U. S. Naval Ordance Test Station, China Lake, CA.
144. Reiss, D. (2011). *The Dolphin in the Mirror: Exploring Dolphin Minds and Saving Dolphin Lives*. Boston, MA: Houghton Mifflin Harcourt.
145. Hooper, S., Reiss, D., Carter, M., & McCowan, B. (2006). Importance of contextual saliency on vocal imitation by bottlenose dolphins. *International Journal of Comparative Psychology*, 19, 116-28.
146. Sigurdson, J. (1993). Frequency-modulated whistles as a medium for communication with the bottlenose dolphin. In H. L. Roitblat, L. M. Herman, & P. E. Nachtigall (Eds.), *Language and Communication: Comparative Perspectives* (pp. 153-73). Hillsdale, NJ: Lawrence Erlbaum Associates.
147. Richards, D. G., Wolz, J. P., & Herman, L. M. (1984). Vocal mimicry of computer-generated sounds and labeling of objects by a bottlenosed dolphin (*Tursiops truncatus*). *Journal of Comparative Psychology*, 98, 10-28.
148 Obituary: Kenneth Lee Marten, PhD (2010). *Aquatic Mammals*, 36(3), 323-5.
149 Xitco, M. J, Jr., Gory, J. D., & Kuczaj, S. A., II (1991). An introduction to The Living Seas' dolphin keyboard communication system. Presented at the 19th Annual Conference of the International Marine Animal Trainers Association, October, Concord, CA.
150 Herzing, D. L. (2010). SETI meets a social intelligence: dolphins as a model for real-time interaction and communication with a sentient species. *Acta Astronautica*, 67, 1451-4.
151. Herzing, D. (2011). *Dolphin Diaries: My 20 Years with Spotted Dolphins in the Bahamas*. New York: St. Martin's Press.
152. Campbell, M. (2011). Talk with a dolphin via underwater translation machine. *New Scientist*, 2811.

Canadian Journal of Zoology, 63, 1050-6.

106. Richards, D. G., Wolz, J. P., & Herman, L. M. (1984). Vocal mimicry of computer generated sounds and vocal labeling of objects by a bottlenosed dolphin, *Tursiops truncatus*. *Journal of Comparative Psychology*, 98, 10-28.
107. Reiss, D., & McCowan, B. (1993). Spontaneous vocal mimicry and production by bottlenose dolphins (*Tursiops truncatus*): evidence for vocal learning. *Journal of Comparative Psychology*, 107(3), 301-12.
108. Miksis, J. L., Tyack, P. L., & Buck, J. R. (2002). Captive dolphins, *Tursiops truncatus*, develop signature whistles that match acoustic features of human-made model sounds. *Journal of the Acoustical Society of America*, 112(2), 728-39.
109. Tyack, P. L. (1997). Development and social functions of signature whistles in bottlenose dolohins *Tursiops truncatus*. *Bioacoustics*, 8(1-2), 21-46.
110. Sayigh, L. S., Tyack, P. L., Wells, R. S., & Scott, M. D. (1990). Signature whistles of free-ranging bottelenose dolohins, *Tursiops truncatus*: stability and mother-offspring comparisons. *Behavioral Ecology and Sociobiology*, 26, 247-60.
111. Smolker, R., & Pepper, J. W. (1999). Whistle convergence among allied male bottlenose dolphins (Delphinidae, *Tursiops* sp.). *Ethology*, 105(7), 595-617.
112. Reiss, D., McCowan, B., & Marino, L. (1997). Communicative and other cognitive characteristics of bottlenose dolphins. *Trends in Cognitive Sciences*, 1(4), 140-5.
113. Ford, J. K. B. (1991). Vocal traditions among resident killer whales (*Orcinus orca*) in coastal waters of British Columbia. *Canadian Journal of Zoology/Revue Canadienne de Zoologie*, 69(6), 1454-83.
114. Ford, J. K. B. (1991). Vocal traditions among resident killer whales (*Orninus orca*) in coastal waters of British Columbia. *Canadian Journal of Zoology/Revue Canadienne de Zoologie*, 69(6), 1454-83.
115. Filatova, O. A., Burdin, A. M., & Hoyt, E. (2011). Horizontal transmission of vocal traditions in killer whale (*Orninus orca*) dialects. *Biology Bulletin*, 37(9), 965-71.
116. Seyfarth, R. M., & Cheney, D. L. (2006). Meaning and emotion in animal vocalizations. *Annals of the New York Academy of Sciences*, 1000(1), 32-55.
117. Griffin, D. R. (2001). *Animal Minds: Beyond Cognition to Consciousness*. Chicago, IL: University of Chicago Press, 165.
118. Hagenaars, M. A., & Van Minnen, A. (2005). The effect of fear on paralinguistic aspects of speech in patients with panic disorder with agoraphobia. *Journal of Anxiety Disorders*, 19(5), 521-37.
119. Esch, H. C., Sayigh, L. S., & Wells, R. S. (2009). Quantifying parameters of bottlenose dolphin signature whistles. *Marine Mammal Science*, 25, 976-86.
120. Hawkins, E. R., & Gartside, D. F. (2009). Patterns of whistles emitted by wild Indo-Pacific bottlenose dolphins (*Tursiops aduncus*) during a provisioning program. *Aquatic Mammals*, 35(2), 171-86.
121. Reiss, D., & McCowan, B. (1993). Spontaneous vocal mimicry and production by bottlenose dolphins (*Tursiops truncatus*): evidence for vocal learning. *Journal of Comparative Psychology*, 107(3), 301-12.
122. Reiss, D., & McCowan, B. (1993). Spontaneous vocal mimicry and production by bottlenose dolphins (*Tursiops truncatus*): evidence for vocal learning. *Journal of Comparative Psychology*, 107(3), 301-12.
123. Marler, P., & Evans, C. (1996). Bird calls: just emotional displays or something more? *Ibis*, 138, 26-33.
124. Radford, A. N., & Ridley, A. R. (2006). Recruitment calling: a novel form of extended parental care in an altricial species. *Current Biology*, 16(17), 1700-4.
125. Doutrelant, C., McGregor, P. K., & Oliveira, R. F. (2001). The effect of an audience on intrasexual communication in male Siamese fighting fish, *Betta splendens*. *Behavioral Ecology*, 12(3), 283-6.
126. Crockford, C., Wittig, R. M., Mundry, R., & Zuberbühler, K. (2011). Wild chimpanzees inform ignorant group members of danger. *Current Biology*, 22(2), 142-46. Pg. 142.
127. ハチのダンスについては下記参照：Anderson, S. (2006). *Doctor Dolittle's Delusion: Animals and the Uniqueness of Human Language*. New Haven, CT: Yale University Press.
128. Roitblat, H. L., Harley, H. E., & Helweg, D. A. (1993). Cognitive processing in artificial language research. In H. L. Roitblat, L. M. Herman, & P. E. Nachtigall (Eds.), *Language and Communication: Comparative Perspectives* (pp. 1-23). Hillsdale, NJ: Lawrence Erlbaum Associates, 2.

80. Herman, L. M., Richards, D. G., & Wolz, J. P. (1984). Comprehension of sentences by bottlenosed dolphins. *Cognition*, 16, 129-219.
81. Herman, L. M. (1987). Receptive competences of language-trained animals. In J. S. Rosenblatt, C. Beer, M. C. Busnel, & P. J. B. Slater (Eds.), *Advances in the Study of Behavior, Vol. 17* (pp. 1-60). Petaluma, CA: Academic Press.
82. Penn, D. C., Holyoak, K. J., & Povinelli, D. J. (2008). Darwin's mistake: explaining the discontinuity between human and nonhuman minds. *Behavioral and Brain Sciences*, 31(2), 109-30.
83. Fedor, A., Ittzés, P., & Szathmary, E. (2010). Parsing recursive sentences with a connectionist model including a neural stack and synaptic gating. *Journal of Theoretical Biology*, 271, 100-5.
84. Luuk, E., & Luuk, H. (2011). The redundancy of recursion and infinity for natural language. *Cognitive Processing*, 12(1), 1-11.
85. Corballis, M. C. (2007). Recursion, language, and starlings. *Cognitive Science*, 31, 697-704.
86. Suzuki, R., Buck, J. R., & Tyack, P. L. (2006). Information entropy of humpback whale songs. *Journal of the Acoustical Society of America*, 119(3), 1849-66.
87. Abe, K., & Watanabe, D. (2011). Songbirds possess the spontaneous ability to discriminate syntactic rules. *Nature Neuroscience*, 14, 1067-74.
88. Smith, J., Goldizen, A. W., Dunlap, R. A., & Noad, M. J. (2008). Songs of male humpback whales, *Megaptera novaeangliae*, are involved in intersexual interactions. *Animal Behaviour* 76, 467-77.
89. Handel, S., Todd, S. K., & Zoidis, A. M. (2012). Hierarchical and rhythmic organization in the songs of humpback whales (*Megaptera novaeangliae*). *Bioacoustics*, 21(2), 141-56.
90. Zechmeister, E. B., Chronis, A. M., Cull, W. L., D'Anna, C. A., & Healy, N. A. (1995). Growth of a functionally important lexicon. *Journal of Reading Behavior*, 27(2), 201-12.
91. Diller, K. C. (1978). *The Language Teaching Controversy*. Rowley, MA: Newbury House.
92. Cheney, D. L., & Seyfarth, R. M. (1990). *How Monkeys See the World: Inside the Mind of Another Species*. Chicago, IL: University of Chicago Press.
93. 概要は下記参照：Hauser, M. D. (1996). *The Evolution of Communication*. Cambridge, MA: MIT Press.
94. Caro, T. M. (2005). Antipredator defenses in birds and mammals. *The Auk*, 123, 612.
95. Lyn, H. (2007). Mental representation of symbols as revealed by vocabulary errors in two bonobos (*Pan paniscus*). *Animal Cognition*, 10(4), 461-75.
96. Kaminski, J., Call, J., & Fischer, J. (2004). Word learning in a domestic dog: evidence for "fast mapping". *Science*, 304(5677), 1682-3.
97. Carey, B. (September 10, 2007). Alex, a parrot who had a way with words, dies. *New York Times*.
98. Herman, L. (n.d.). https://www.dolphin-institute.org/resource_guide/animal_language.htm.
99. Pilley, J. W., & Reid, A. K. (2011). Border Collie comprehends object names as verbal referents. *Behavioural Processes*, 86(2), 184-95.
100. Herman, L. M., & Forestell, P. H. (1985). Reporting presence or absence of named objects by a language-trained dolphin. *Neuroscience and Biobehavioral Reviews*, 9, 667-91.
101. Tyack, P. L. (1993). Animal language research needs a broader comparative and evolutionary framework. In H. L. Roitblat, L. M. Herman, & P. E. Nachtigall (Eds.), *Language and Communication: Comparative Perspectives* (pp. 115-52). Hillsdale, NJ: Lawrence Erlbaum Associates.
102. Janik, V. M., Sayigh, L. S., & Wells, R. S. (2006). Signature whistle shape conveys identity information to bottlenose dolphins. *Proceedings of the National Academy of Sciences of the United States of America*, 103(21), 8293-7.
103. Jaakola, K. (2012). Cetacean cognitive specializations. In J. Vonk & T. Shackelford (Eds.), *Oxford Handbook of Comparative Evolutionary Psychology* (pp. 144-65). New York: Oxford University Press.
104. Jarvis, E. D. (2004). Learned birdsong and the neurobiology of human language. *Annals of the New York Academy of Sciences*, 1016(1), 749-77.
105. Ralls, K., Fiorelli, P. & Gish, S. (1985). Vocalizations and vocal mimicry in captive harbor seals, *Phoca vitulina*.

57. Cooper, K. (August 29, 2012). Dolphins, aliens, and the search for intelligent life. https://www.astrobio.net/alien-life/dolphins-aliens-and-the-search-for-intelligent-life/.

58. Bshary, R., Hohner, A., Ait-el-Djoudi, K., & Fricke, H. (2006). Interspecific communicative and coordinated hunting between groupers and giant moray eels in the Red Sea. *PLoS Biology*, 4(12), e431. doi:10.1371/journal.pbio.0040431.

59. Couzin, I. D. (2006). Behavioral ecology: social organization in fission-fusion societies. *Current Biology*, 16(5), R169-R171.

60. Slobodchikoff, C. N., Perla, B. S., & Verdolin, J. L. (2009). *Prairie Dogs: Communication and Community in an Animal Society*. Combrdge, MA: Harvard University Press.

61. Dreher, J. J. (1966). Cetacean communication: small-group experiment. In K. Norris (Ed.), *Whales, Dolphins and Porpoises* (pp. 529-43). Berkeley and Los Angeles: University of California Press.

62. Dreher, J. J. (1961). Linguistic considerations of porpoise sounds. *Journal of the Acoustical Society of America*, 33, 1799-800.

63. Dreher, J. J., & Evans, W. E. (1964). Cetacean communication. In W. N. Tavolga (Ed.), *Marine Bio-Acoustics* (pp. 473-393). Oxford: Pergamon.

64. Lang, T. G., & Smith, H. A. P. (1965). Communication between dolphins in separate tanks by way of an acoustic link. *Science*, 150, 1839-43.

65. Lilly, J. C., & Miller, A. M. (1961). Vocal exchanges between dolphins. *Science*, 134, 1873-76.

66. Dreher, J. J. (1966). Cetacean communication: small-group experiment. In K. Norris (Ed.), *Whales, Dolphins and Porpoises* (pp. 529-43). Berkeley and Los Angeles: University of California Press, 542.

67. Herman, L. M. and Tavolga, W. N. (1980). The communication systems of cetaceans. In L. M. Herman (Ed.), *Cetacean Behavior: Mechanisms and Functions* (pp. 149-209). New York: Wiley Interscience.

68. たとえば：Hawkins, E., & Gartside, D. (2009). Patterns of whistles emitted by wild Indo-Pacific bottlenose dolphins (*Tursiops aduncus*) during a provisioning program. *Aquatic Mammals*, 35(2), 171-86.

69. Harley, H. E. (2008). Whistle discrimination and categorization by the Atlantic bottlenose dolphin (*Tursiops truncatus*): a review of the signature whistle framework and a perceptual test. *Behavioural Processes*, 77, 243-68.

70. Hawkins, E., & Gartside, D. (2010). Whistles emissions of Indo-Pacific bottlenose dolphins (*Tursiops aduncus*) differ with group composition and surface behaviours. *Journal of the Acoustical Society of America*, 127(4), 2652-63.

71. Hernandez, E. N., Solangi, M., & Kuczaj, S. A. (2010). Time and frequency parameters of bottlenose dolphin whistles as predictors of surface behavior in the Mississippi Sound. *Journal of the Acoustical Society of America*, 127(5), 3232-8.

72. Azevedo, A. F., Flach, L., Bisi, T. L., Andrade, L. G., Dorneles, P. R., & Lailson-Brito, J. (2010). Whistles emitted by Atlantic spotted dolphins (*Stenella frontalis*) in Southeastern Brazil. *Journal of the Acoustical Society of America*, 127(4), 2646-51.

73. Janik, V. M. (2009). Acoustic communication in delphinids. In M. Naguib & V. M. Janik (Eds.), *Advances in the Study of Behavior, Vol.* 40 (pp. 123-57). Oxford: Elsevier. Pg. 129.

74. Janik, V. M. (2013). Cognitive skills in bottlenose dolphin communication. *Trends in Cognitive Science* (In Press).

75. Kako, E. (1999). Elements of syntax in the systems of three language-trained animals. *Animal Learning and Behavior*, 27, 1-14.

76. Hillix, W. A., & Rumbaugh, D. (2004). *Animal Bodies Human Minds. Ape, Dolphin, and Parrot Language Skills*. New York: Plenum Press.

77. Ramos, D., & Ades, C. (2012). Two-item sentence comprehension by a dog (*Canis familiaris*). *PLoS ONE* 7(2), e29689. doi:10.1371/journal.pone.0029689.

78. Akmajian, A., Demers, R. A., Farmer, A. K., & Harnish, R. M. (2010). *Linguistics: An Introduction to Language and Communication*. Cambridge, MA: MIT Press., 211.

79. Hauser, M. D., Chomsky, N., & Fitch, W. T. (2002). The faculty of language: what is it, who has it, and how did it evolve? *Science*, 298(5598), 1569-79.

Cambridge, MA: MIT Press.

37. Chomsky, N. (2007). Of minds and language. *Biolinguistics,* 1, 9-27.
38. Hockett, C. F., & Altmann, S. (1968). A note on design features. In T. A. Sebeok (Ed), *Animal Communication: Techniques of Study and Results of Research* (pp. 61-72). Bloomington: Indiana University Press.
39. たとえば下記の影響の大きな論文：Hauser, M. D., Chomsky, N., & Fitch, W. T. (2002). The faculty of language: what is it, who has it, and how did it evolved? *Science*, 298(5598), 1569-79.
40. Darwin, C. (1871). *The Descent of Man, and Selection in Relation to Sex*. London: John Murray, 120.
41. Penn, D. C., Holyoak, K. J., & Povinelli, D. J. (2008). Darwin's mistake: explaining the discontinuity between human and nonhuman minds. *Behavioral and Brain Sciences,* 31(2), 109-30.
42. Penn, D. C., Holyoak, K. J., & Povinelli, D. J. (2008). Darwin's mistake: explaining the discontinuity between human and nonhuman minds. *Behavioral and Brain Sciences*, 31(2), 109-78. Pg. 154.
43. Herman, L. M., Uyeyama, R. K., & Pack, A. A. (2008). Bottlenose dolphins understand relationships between concepts. *Behavioral and Brain Sciences,* 31(2), 139-40.
44. Roitblat, H. L., Harley, H. E., & Helweg, D. A. (1993). Cognitive processing in artificial language research. In H. L. Roitblat, L. M. Herman, & P. E. Nachtigall (Eds.), *Language and Communication: Comparative Perspectives* (pp. 1-23). Hillsdale, NJ: Lawrence Erlbaum Associates.
45. Bastian, J. (1967). The transmission of arbitrary environmental information between bottlenosed dolphins. In R. G. Busnel (Ed.), *Animal Sonar Systems* (pp. 803-73). New York: Plenum Press.
46. Bastian, J., Wall, C., & Anderson, C. L. (1968). Further investigation of the transmission of arbitrary environmental information between bottle-nose dolphins. Naval Undersea Warfare Center. Report no. TP 109, 38.
47. Herman, L. M., Tovolga, W. N. (1980). The communication systems of cetaceans. In L. M. Herman (Ed.), *Cetacean Behavior: Mechanisms and Functions* (pp. 149-209). New York: Wiley Interscience.
48. Evans, W. E., & Bastian, J. (1969). Marine mammal communication; social and ecological factors. In H. T. Anderson (Ed.), *The Biology of Marine Mammals* (pp. 425-76). New York: Academic Press.
49. Dudok van Heel, W. H. (1974). *Extraordinaires Dauphins*. Paris: Rossel.
50. Herman, L. M. (2009). Language learning and cognitive skills. In W. F. Perrin, B. Würsig, & H. C. M. Thewissen (Eds), *Encyclopedia of Marine Mammals, 2nd edn* (pp. 657-63). New York: Academic Press.
51. 次の一文「重要な実験で Javis Bastian 博士は，イルカが抽象的な概念をコミュニケーションできることを発見した」は，What makes dolphins could smart? (n.d.)：http://animal.discovery.com/features/dolphins/article/article.html で見ることができる。おそらくディスカバリーチャンネルはこの情報を，下記書籍の 108 頁の文章から得たと思われる（ほぼ同じ文章がある）：Malone, J. (2001). *Unsolved Mysteries of Science: A Mind-Expanding Journey through a Universe of Big Bangs, Particle Waves, and Other Perplexing Concepts*. New York: John Wiley & Sons.
52. Cochrane, A., & Callen, K. *Dolphins and Their Power to Heal*. Rochester, VT: Healing Arts Press, 88. からの「明らかにドリスは，正しいレバーを押すために必要な，ライトが点滅しているか付きっぱなしかの情報をバズに教えていたはずである」という引用を考えてみよう。
53. http://www.dauphinlibre.be/langintro.htm によると、これらの発表物は「この世紀の終わりに書かれた最も重要なもので，コペルニクス的回転にも匹敵する」らしい。
54. Zanin, A. V., Markov, V. I., & Sidorova, I. E. (1990). The ability of bottlenose dolphins, *Tursiops truncatus*, to report arbitrary information. In J. A. Thomas & R. A. Kastelein (Eds.), *Sensory Abilities of Cetaceans—Laboratory and Field Evidence* (pp. 685-97). NATO ASI Series, Series A: Life Sciences, Vol. 196. New York: Plenum Press.
55. Markov, V. I., & Ostrovskaya, V. M. (1990). Organization of communication system in *Tursiops truncatus* Montagu. In J. A. Thomas & R. A. Kastelein (Eds.), *Sensory Abilities of Cetaceans—Laboratory and Field Evidence* (pp. 599-602). NATO ASI Series, Series A: Life Sciences, Vol. 196. New York: Plenum Press.
56. Ivanov, P. M. (2009). Study of dolphin communicational behavior: procedure, motor and acoustic parameters. *Journal of Evolutionary Biochemistry and Physiology*, 45(6), 696-705. オリジナルのロシア語論文は (2009) *Zhurnal Evolyutsionnoi Biokhimii i Fiziologii*, 45(6), 575-82.

13. Lilly, J. (1962). *Man and Dolphin*. London: Victor Gollancz.
14. Lilly, J. (1967). *The Mind of the Dolphin: A Nonhuman Intelligence*. New York: Doubleday.
15. Lilly, J. C. (1978). *Communication Between Man and Dolphin: The Possibilities of Talking with Other Species*. New York: Crown Publishers.
16. Munkittrick, K. (February 18, 2011). Learning the alien language of dolphins. http://blogs.discovermagazine.com/sciencenotfiction/2011/02/18/learning-the-alien-language-of-dolphins/.
17. Scott, K. (September 8, 2011). Dolphins may "talk" like humans. *Wild Science*. http://www.wired.com/wiredscience/2011/09/dolphin-language/.
18. Australian researchers partly decodes dolphin language. (December 20, 2007): *Fox News*. www.foxnews.com/story/2007/12/20/australian-researcher-partly-decodes-dolphin-language.html.
19. Viegas, J. (February 28, 2012). Dolphins greet each other at sea. *Discovery News*. http://news.discovery.com/animals/dolphins-greet-each-other-120228.html.
20. Sirius Institute FAQ (April 24, 2005). www.planetpuna.com/faq.htm.
21. Global Heart, Inc. (2011). The discovery of dolphin language (Press Release). http://www.speakdolphin.com/ResearchItems.cfm?ID=20.
22. Sagan, C., & Agel, J. (1973). *Cosmic Connection: An Extraterrestrial Perspective*. Garden City, NY: Anchor Press, 177.
23. Sagan, C., & Agel, J. (1973). *Cosmic Connection: An Extraterrestrial Perspective*. Garden City, NY: Anchor Press, 177.
24. Lieberman, P. (1989). Some biological constraints on universal grammar and learnability. In M. Rice & R. Schiefelbusch (Eds.), *The Teachability of Language* (pp. 199-235). Baltimore, ML: Paul, H. Brookes, 222.
25. 次の引用はしばしばCarl Saganのものとされ，以下にも掲載されている：Gaither, C. C., & Cavazos-Gaither, A. E. (2008). *Gaither's Dictionary of Scientific Quotations*. New York: Springer：「一部のイルカが英語を学習したと報告されるのに（最大50語を正しい文脈で使う），イルカ語を学習したヒトが一切報告されないことは興味深い」。*Gaither's Dictionary*によれば，出典はSaganのエッセイ『*The Burden of Skepticism*』（*Skeptical Enquirer*, 12, Fall 1987, 38-46, Pg. 46.）であるという。しかし，この引用は実際には*Skeptical Enquirer*の記事中には見当たらず，Saganの発言とすることは信頼度を欠く。この引用の出典は私には見つけられなかった。
26. たとえば下記を参照：Kuczaj, S. A., & Kirkpatrick, V. M. (1993). Similarities and differences in human and animal language research: toward a comparative psychology of language. In H. L. Roitblat, L. M. Herman, & P. E. Nachtigall (Eds.), *Language and Communication: Comparative Perspectives* (pp. 45-63). Hillsdale, NJ: Lawrence Erlbaum Associates, 46.
27. この信号機のアナロジーを書いた後，私はエール大学教授のStephen R. Andersonの『*Doctor Dolittle's Delusion*』を読み，まったく同じ例えを用いていたことを知って驚いた。したがって，信号機のアナロジーに関してのクレジットは下記とする：Anderson, S. (2006). *Doctor Dolittle's Delusion: Animals and the Uniqueness of Human Language*. New Haven, CT: Yale University Press.
28. Bickerton, D. (2009). *Adam's Tongue: How Human Made Language, How Language Mede Human*. New York: Hill and Wang.
29. Deacon, T. (1997). *The Symbolic Species: The Co-Evolution of Language and the Brain*. London: Penguin Books.
30. Corballis, M. C. (2011). *The Recursive Mind: The Origins of Human Language, Thought and Civilization*. Princeton, NJ: Princeton University Press.
31. Bickerton, D. (2009). *Adam's Tongue: How Human Made Language, How Language Mede Human*. New York: Hill and Wang.
32. Tomasello, M. (2008). *Origins of Human Communication*. Cambridge, MA: MIT Press.
33. Lieberman, P. (2006). Toward an evolutionary biology of language. *Science*, 314(5801), 926-7.
34. Dunbar, R. (1996). *Grooming, Gossip, and the Evolution of Language*. Cambridge, MA: Harvard University Press.
35. Pinker, S. (1994). *The Language Instinct*. New York: William Morrow.
36. Fitch, W. T. (2004). Kin selection and "mother tongues" : a neglected component in language evolution. In D. Kimbrough Oller & U. Griebel (Eds.), *Evolution of Communication System: A Comparative Approach* (pp. 275-96).

195. Thornton, A., & Malapert, A. (2009). Experimental evidence for social transmission of food acquisition techniques in wild meerkats. *Animal Behaviour*, 78, 255-64.
196. Thornton, A., & McAuliffe, K. (2006). Teaching in wild meerkats. *Science*, 313, 227-9.
197. Wilkinson, A., Kuenstner, K., Mueller, J., & Huber, L. (2010). Social learning in a non-social reptile (*Geochelone carbonaria*). *Biology Letters*, 6(5), 614-16. doi:0.1098/rsbl.2010.0092.
198. Brown, C., & Laland, K. N. (2003). Social learning in fishes: a review. *Fish and Fisheries*, 4(3), 280-8.
199. Manassa, R. P., & McCormick, M. I. (2012). Social learning and acquired recognition of a predator by a marine fish. *Animal Cognition*, 15(4), 559-65.
200. Warner, R. R. (1988). Traditionality of mating-site preferences in a coral reef fish. *Nature*, 335, 719-72.
201. Guttridge, T. L., van Dijk, S., Stamhuis, E. J., Krause, J., Gruber, S. H., & Brown, C. (2012). Social learning in juvenile lemon sharks, *Negaprion brevirostris*. *Animal Cognition*. doi:10.1007/s10071-012-0550-6.
202. Whiten, A., Goodall, J., McGrew, W. C., Nishida, T., Reynolds, V., Sugiyama, Y., Tutin, C. E., et al. (1999). Cultures in chimpanzees. *Nature*, 399(6737), 682-5.
203. Gruber, T., Muller, M. N., Strimling, P., Wrangham, R., & Zuberbuhler, K. (2009). Wild chimpanzees rely on cultural knowledge to solve an experimental honey acquisition task. *Current Biology*, 19, 1806-10.
204. Nakamura, M., & Uehara, S. (2004). Proximate factors of two types of grooming hand-clasp in Mahale chimpanzees: implication for chimpanzee social custom. *Current Anthropology*, 45(1), 108-14.
205. Whiten, A., & Van Schaik, C. P. (2007). The evolution of animal "cultures" and social intelligence. *Philosophical Transactions of the Royal Society of London—Series B: Biological Sciences*, 362(1480), 603-20.
206. Slater, P. (2003). Fifty years of bird song research: a case study in animal behaviour. *Animal Behaviour*, 65(4), 633-9.
207. Laland, K. N., & Janik, V. M. (2006). The animal cultures debate. *Trends in Ecology & Evolution*, 21(10), 542-7.
208. Whitehead, H. (2011). The culture of whales and dolphins. In P. Brakes & M. Simmonds (Eds.), *Whales and Dolphins: Cognition, Culture, Conservation and Human Perceptions* (pp. 149-69). London: Earthscan.

第5章

1. Fitch, W. T. (2010). *The Evolution of Language*. Cambridge: Cambridge University Press, 148.
2. Pinker, S. (1994). *The Language Instinct*. New York: William Morrow, 334.
3. Anderson, S. (2006). *Doctor Dolittle's Delusion: Animals and Uniqueness of Human Language*. New Haven, CT: Yale University Press, 2.
4. Deacon, T. (1997). *The Symbolic Species: The Co-Evolution of Language and the Brain*. London: Penguin Books, 25.
5. Bickerton, D. (2009). *Adam's Tongue: How Humans Made Language, How Language Made Humans*. New York. Hill and Wang, 4.
6. Corballis, M. (2002). *From Hand to Mouth: The Origins of Language*. Princeton, NJ: Princeton University Press, 10.
7. Chomsky, N. (2006). *Language and the Mind*. New York: Cambridge University Press, 59.
8. Hobaiter, C., & Byrne, R. (2011). The gestural repertoire of the wild chimpanzee. *Animal Cognition*, 14, 745-67. Pg. 745.
9. ジェーン・オースティン『高慢と偏見』より。
10. 特筆すべき例外がCon Slobodchikoffで，おそらくは最近の科学界では少数派の意見と考えるべきだろう。Slobodchikoff, C. (2012). *Chasing Doctor Dolittle: Learning the Language of Animals*. New York: St. Martin's Press.
11. 10年か20年以内に，ヒトは他の種（ヒト以外の，性質のまったく異なる，おそらくは地球外の，もっとおそらくは海の生物）とのコミュニケーションを確立するだろう：Lilly, J. (1962). *Man and Dolphin*. *London*: Victor Gollancz, 15.
12. この時代に関しては以下の第2章参照：Reynold, J. E., III, Wells, R. S., & Eide, S. D. (2000). *Biology and Conservation of the Bottlenose Dolphin*. Gainsville, FL: University Press of Florida., with special reference Caldwell, D. K., & Caldwell, M. C. (1972). Dolphins communicate-but they don't talk. *Naval Research Reviews* (June-July), 23-7.

(Eds.), *The Question of Animal Culture* (pp. 125-51). Cambridge, MA: Harvard University Press, 126.
170. Mann, J. (2001). Cetacean culture: definitions and evidence. *Behavioral and Brain Sciences*, 24(2), 343.
171. Janik, V. M. (2001). Is cetacean social learning unique? *Behavioral and Brain Sciences*, 24(2), 337-8.
172. Donaldson, R., Finn, H., Bejder, L., Lusseau, D., & Calver, M. (2012). The social side of human-wildlife interaction: wildlife can learn harmful behaviours from each other. *Animal Conservation*, 15(5), 427-35.
173. Janik, V. M. (2001). Is cetacean social learning unique? *Behavioral and Brain Sciences*, 24(2), 337-8.
174. Kuczaj, S. (2001). Cetacean culture: slippery when wet. *Behavioral and Brain Sciences*, 24, 340-1.
175. Sargeant, B. L., & Mann, J. (2009). From social learning to culture: intrapopulation variation in bottlenose dolphins. In K. N. Laland and B. G. Galef. (Eds.), *The Question of Animal Culture* (pp. 152-73). Cambridge, MA: Harvard University Press.
176. Nowacek, D P. (2002). Sequential foraging behaviour of bottlenose dolphins, *Tursiops truncatus*, in Sarasota Bay, Florida. *Behaviour*, 139(9), 1125-45.
177. Connor, R. C., Heithaus, M., Berggren, P., & Miksis, J. L. (2000). "Kerplunking" : Surface fluke splashes during shallow-water bottom foraging by bottlenose dolphins. *Marine Mammal Science*, 16, 646-53.
178. Sargeant, B. L., Mann, J., Berggren, P., & Krützen, M. (2005). Specialization and development of beach hunting, a rare foraging behavior, by wild bottlenose dolphins (*Tursiops* sp.). *Canadian Journal of Zoology*, 83(11), 1400-10.
179. Sargeant, B. L., & Mann, J. (2009). Developmental evidence for foraging traditions in wild bottlenose dolphins. *Animal Behaviour*, 78(3), 715-21.
180. Mann, J. (2001). Cetacean culture: definitions and evidence. *Behavioral and Brain Sciences*, 24(2), 343.
181. Galef, B. G., Jr. (2001). Where's the beef? Evidence of culture, imitation and teaching in cetaceans. *Behavioral and Brain Sciences*, 24(2), 335.
182. Premack, D., & Hauser, M. D. (2001). A whale of a tale: calling it culture doesn't help. *Behavioral and Brain Sciences*, 24(2), 350-1.
183. Mitchell, R. W. (2001). On not drawing the line about culture: inconsistencies in interpretation of nonhuman cultures. *Behavioral and Brain Sciences*, 24(2), 348.
184. Bender, C., Herzing, D., & Bjorklund, D. (2009). Evidence of teaching in Atlantic spotted dolphins (*Stenella frontalis*) by mother dolphins foraging in the presence of their calves. *Animal Cognition*, 12, 43-53.
185. Pearson, H. C., & Shelton, D. E. (2010). A large-brained social animal. In B. Würsig & M. Würsig (Eds.), *The Dusky Dolphin: Master Acrobat off Different Shores* (pp. 333-53). San Diego, CA. Elsevier.
186. Sargeant, B. L., & Mann, J. (2009). Developmental evidence for foraging traditions in wild bottlenose dolphins. *Animal Behaviour*, 78(3), 715-21.
187. Whitehead, H. (2011). The culture of whales and dolphins. In P. Brakes & M. Simmonds (Eds.), *Whales and Dolphins: Cognition, Culture, Conservation and Human Perceptions* (pp. 149-69). London: Earthscan.
188. Laland, K. N., & Janik, V. M. (2006). The animal cultures debate. *Trends in Ecology & Evolution*, 21(10), 542-7.
189. たとえば下記参照：Mann, J., Stanton, M. A., Patterson, E. M., Bienenstock, E. J., & Singh, L. O. (2012). Social networks reveal cultural behaviour in tool-using using dolphins. *Nature Communications*, 3, 980. doi:10.1038/ncomms1983.
190. Sargeant, B. L., & Mann, J. (2009). Social learning to culture: intrapopulation variation in bottlenose dolphins. In K. N. Laland and B. G. Galef. (Eds.), *The Question of Animal Culture* (pp. 152-73). Cambridge, MA: Harvard University Press.
191. Mann, J., Stanton, M. A., Patterson, E. M., Bienenstock, E. J., & Singh, L. O. (2012). Social networks reveal cultural behaviour in tool-using using dolphins. *Nature Communications*, 3, 980. doi:10.1038/ncomms1983.
192. Kuczaj, S. (2001). Cetacean culture: slippery when wet. *Behavioral and Brain Sciences*, 24, 340-1. Pg. 341.
193. Franks, N. R., & Richardson, T. (2006). Teaching in tandem-running ants. *Nature*, 439(7073), 153.
194. アリの連結歩行に関する論文の著者は「教育」に以下の定義を使っている：「もし情報を知らない観察者の存在によって行動を修正し，他の個体がより迅速に学習できるように一定のイニシャルコストを費やして範を示すならば，その個体は教師である」。Caro, T. M., & Hauser, M. D. (1992). Is there teaching in nonhuman animals? *Quarterly Review of Biology*, 61, 151-74. より。

146. Karplus, I., Fiedler, G. C., & Ramcharan, P. (1998). The intraspecific fighting behavior of the Hawaiian boxer crab, *Lybia edmondsoni*—fighting with dangerous weapons? *Symbiosis*, 24(3), 287-301.

147. Weir, A. A. S., Chappell, J., & Kacelnik, A. (2002). Shaping of hooks in New Caledonian crows. *Science*, 297(5583), 981.

148. Shumaker, R. W., Walkup, K. R., & Beck, B. B. (2011). *Animal Tool Behavior: The Use and Manufacture of Tools by Animals*. Baltimore, ML: Johns Hopkins University Press, 5.

149. Smolker, R., Richards, A., Connor, R., Mann J., & Berggren, P. (1997). Sponge carrying by dolphins (Delphinidae, *Tursiops* sp.): a foraging specialization involving tool use? *Ethology*, 103, 454-65.

150. Mann, J., Stanton, M. A., Patterson, E. M., Bienenstock, E. J., & Singh, L. O. (2012). Social networks reveal cultural behaviour in tool-using using dolphins. *Nature Communications*, 3, 980. doi:10.1038/ncomms1983.

151. Mann, J., Sargeant, B. L., Watson-Capps, J. J., Gibson, Q. A., Heithaus, M. R., Connor, R. C., & Patterson, E. (2008). Why do dolphins carry sponges? (R. Brooks, Ed.) *PLoS ONE*, 3(12), 7.

152. Patterson, E. M., & Mann, J. (2011). The ecological conditions that favor tool use and innovation in wild bottlenose dolphins (*Tursiops* sp.). (S. F. Brosnan, Ed.) *PLoS ONE*, 6(7), 7.

153. Krützen, M., Mann, J., Heithaus, M. R., Connor, R. C., Bejder, L., & Sherwin, W. B. (2005). Cultural transmission of tool use in bottlenose dolphins. *Proceedings of the National Academy of Sciences of the United States of America*, 102(25), 8939-43.

154. Bacher, K., Allen, S., Lindholm, A. K., Bejder, L., & Krützen, M. (2010). Genes or culture: are mitochondrial genes associated with tool use in bottlenose dolphins (*Tursiops* sp.)? *Behavior Genetics*, 40(5), 706-14.

155. Kopps, A. M., & Sherwin, W. B. (2012). Modeling the emergence and stability of a vertically transmitted cultural trait in bottlenose dolphins. *Animal Behaviour*. doi:10.1016/j.anbehav.2012.08.029.

156. たとえば Pearson, H. C., & Shelton, D. E. (2010). A large-brained social animal. In B. Würsig & M. Würsig (Eds.), *The Dusky Dolphin: Master Acrobat off Different Shores* (pp. 333-53). San Diego, CA. Elsevier.

157. Thouless, C. R., Fanshawe, J. H., & Bertram, B. C. R. (1989). Egyptian vultures *Neophron percnopterus* and ostrich *Struthio camelus* eggs: the origins of stone-throwing behavior. *Ibis*, 131(1), 9-15.

158. Visalberghi, E., Fragaszy, D., Ottoni, E., Izar, P., De Oliveira, M. G., & Andrade, F. R. D. (2007). Characteristics of hammer stones and anvils used by wild bearded capuchin monkeys (*Cebus libidinosus*) to crack open palm nuts. *American Journal of Physical Anthropology*, 132(3), 426-44.

159. Cetacean Rights: Conference on Fostering Moral and Legal Change, Helsinki Collegium for Advanced Studies, University of Helsinki, Finland, May 21, 2010.

160. Laland, K. N., & Galef, B. G. (Eds.) (2009). *The Question of Animal Culture*. Cambridge, MA: Harvard University Press.

161. Sargeant, B. L., & Mann, J. (2009). Social learning to culture: intrapopulation variation in bottlenose dolphins. In K. N. Laland & B. G. Galef (Eds.), *The Question of Animal Culture* (pp. 152-73). Cambridge, MA: Harvard University Press.

162. Tomasello, M. (2009). The question of chimpanzee culture, plus postscript (Chimpanzee culture, 2009). In K. N. Laland & B. G. Galef (Eds.), *The Question of Animal Culture* (pp. 198-221). Cambridge, MA: Harvard University Press.

163. Lumsden, C. J., & Wilson, E. O. (1981). *Genes, Mind, and Culture: The Coevolutionary Process*. Cambridge, MA: Harvard University Press.

164. Rendell, L., & Whitehead, H. (2001). Culture in whales and dolphins. *Behavioral and Brain Sciences*, 24(2), 309-24; discussion 324-82.

165. この定義は下記を参照：Boyd, R., & Richerson, P. J. (1996). Why culture is common but cultural evolution is rare. *Proceedings of the British Academy*, 88, 77-93.

166. Mann, J. (2001). Cetacean culture: definitions and evidence. *Behavioral and Brain Sciences*, 24(2), 343.

167. Whitehead, H. (2009). How might we study culture: a perspective from the ocean. In K. N. Laland & B. G. Galef (Eds.), *The Question of Animal Culture* (pp. 125-51). Cambridge, MA: Harvard University Press, 149.

168. Noad, M. J., Cato, D. H., Bryden, M. M., Jenner, M. N., & Jenner, K. C. (2000). Cultural revolution in whale songs. *Nature*, 408(6812), 537.

169. Whitehead, H. (2009). How we might study culture: a perspective from the ocean. In K. N. Laland & B. G. Galef

notabilis. Animal Behaviour, 71(4), 855-63.

119. Layton, N. (2007). Animal cognition: crows spontaneously solve a metatool task. *Current Biology*, 17(20), R894-895.
120. Bird, C. D., & Emery, N. J. (2009). Insightful problem solving and creative tool modification by captive nontool-using rooks. *Proceedings of the National Academy of Sciences of the United States of America*, 106(25), 10370-5.
121. Burghardt, G. M. (2005). *The Genesis of Animal Play*. Cambridge, MA: MIT Press, xi.
122. 概要は下記を参照：Graham, K. L., & Burghardt, G. M. (2010). Current perspectives on the biological study of play: signs of progress. *Quarterly Review of Biology*, 85(4): 393-418.
123. Even turtles need recess: many animals -not just dogs, cats, and monkeys- need a little play time. (October 24, 2010). *ScienceDaily*. http://www.sciencedaily.com-/releases/2010/10/101019132045.htm.
124. Mitchell, R. W. (1990). A theory of play. In M. Bekoff & D. Jamieson (Eds.), *Interpretation and Explanation in the Study of Animal Behavior, Vol. 1: Interpretation, Intentionality, and Communication* (pp. 197-227). Boulder, CO: Westview Press, 197.
125. Paulos, R. D., Trone, M., & Kuczaj, S. A., II (2010). Play in wild and captive cetaceans. *International Journal of Comparative Psychology,* 23, 701-22. Pg. 702.
126. Paulos, R. D., Trone, M., & Kuczaj, S. A., II (2010). Play in wild and captive cetaceans. *International Journal of Comparative Psychology,* 23, 701-22. Pg. 707.
127. Herzing, D. (2011). *Dolphin Diaries: My 20 Years with Spotted Dolphins in the Bahamas.* New York: St. Martin's Press.
128. Trone, M., Kuczaj, S. & Solangi, M. (2005). Does participation in dolphin-human interaction programs affect bottlenose dolphin behaviour? *Applied Animal Behaviour Science*, 93, 363-74.
129. Slooten, E., & Dawson, S. M. (1994). Hector's dolphins. In S. H. Ridgway & R. Harrison (Eds.), *Handbook of Marine Mammals* (pp. 311-34). London: Academic Press.
130. Brown, D. H., & Norris, K. S. (1956). Observations of captive and wild cetaceans. *Journal of Mammalogy*, 37(3), 311-26.
131. Kuczaj, S. A., II, & Walker, R. T. (2012). Dolphin problem solving. In T. Zentall & E. Wasserman (Eds.), *Handbook of Comparative Cognition* (pp. 736-56). Oxford: Oxford University Press.
132. Gewalt, W. (1989). Orinoco freshwater dolphins (*Inia geoffrensis*) using self-produced air bubble rings as toys. *Aquatic Mammals,* 15(2), 73-9.
133. Marten, K., Shariff, K., Psarakos, S., & White, D. J. (1996). Ring bubbles of dolphins. *Scientific American*, 275, 83-7.
134. 動画はインターネット上で「dolphin play bubble rings」などで検索すれば見ることができる。
135. これら行動の概要は以下を参照：Paulos, R. D., Trone, M., & Kuczaj, S. A., II (2010). Play in wild and captive cetaceans. *International Journal of Comparative Psychology*, 23, 701-22.
136. Paulos, R. D., Trone, M., & Kuczaj, S. A., II (2010). Play in wild and captive cetaceans. *International Journal of Comparative Psychology*, 23, 701-22. Pg. 707.
137. Delfour, F., & Aulagnier, S. (1997). Bubbleblow in beluga whales (*Delphinapterus leucas*): a play activity? *Behavioural Processes*, 40, 183-6.
138. McCowan, B., Marino, L., Vance, E., Walke, L., & Reiss, D. (2000). Bubble ring play of bottlenose dolphins (*Tursiops truncatus*): implications for cognition. *Journal of Comparative Psychology,* 114(1), 98-106.
139. Bekoff, M., & Byers, J. A. (Eds.) (1998). *Animal Play: Evolutionary, Comparative, and Ecological Perspectives.* Cambridge: Cambridge University Press.
140. Burghardt, G. M. (2005). *The Genesis of Animal Play.* Cambridge, MA: MIT Press.
141. Dolphins evolve opposable thumbs. (2000, August). *The Onion*, 36(30).
142. Deecke, V. B. (2012). Tool-use in the brown bear (*Ursus arctos*). *Animal Cognition,* 15, 725-30.
143. Shumaker, R. W., Walkup, K. R., & Beck, B. B. (2011). *Animal Tool Behavior: The Use and Manufacture of Tools by Animals.* Baltimore, ML: Johns Hopkins University Press.
144. Baber, C. (2003). *Cognition and Tool Use: Forms of Engagement in Human and Animal Use of Tools.* Boca Raton, FL: CRC Press.
145. Goodall, J. (1964). Tool-using and aimed throwing in a community of free-living chimpanzees. *Nature*, 201, 1264-6.

97. Dufour, V., & Sterck, E. H. M. (2008). Chimpanzees fail to plan in an exchange task but succeed in a tool-using procedure. *Behavioural Processes*, 79(1), 19-27.
98. Osvath, M., & Osvath, H. (2008). Chimpanzee (*Pan troglodytes*) and orangutan (*Pongo abelii*) forethought: self-control and pre-experience in the face of future tool use. *Animal Cognition*, 11(4), 661-74.
99. Naqshbandi, M., & Roberts, W. A. (2006). Anticipation of future events in squirrel monkeys (*Saimiri sciureus*) and rats (*Rattus norvegicus*): tests of the Bischof-Kohler hypothesis. *Journal of Comparative Psychology*, 120(4), 345-57.
100. Raby, C. R., Alexis, D. M., Dickinson, A., & Clayton, N. S. (2007). Planning for the future by western scrub-jays. *Nature*, 445(7130), 919-21.
101. イルカの計画行動の概要については以下を参照のこと：Kuczaj, S. A., II, Xitco, M. J., Jr., & Gory, J. D. (2010). Can dolphins plan their behavior? *International Journal of Comparative Psychology*, 23, 664-70. および Kuczaj, S. A., II, Gory, J. D., & Xitco, M. J., Jr. (2009). How intelligent are dolphins? A partial answer based on their ability to plan their behavior when confronted with novel problems. *Japanese Journal of Animal Psychology*, 59, 99-115.
102. Shettleworth, S. J. (2010). Clever animals and killjoy explanations in comparative psychology. *Trends in Cognitive Sciences*, 14(11), 477-81.
103. Connor, R. C., & Krützen, M. (2003). Levels and patterns in dolphin alliance formation. In F. de Waal, & P. L. Tyack (Eds.), *Animal Social Complexity* (pp. 115-20). Cambridge, MA: Harvard University Press.
104. Visser, I. N., Smith, T. G., Bullock, I. D., Green, G. D., Carlsson, O. G., & Imberti, S. (2008). Antartic peninsula killer whales (*Orcinus orca*) hunt seals and a penguin on floating ice. *Marine Mammmal Science*, 24, 225-34.
105. Smolker, R., Richards, A., Connor, R., Mann, J., & Berggren, P. (1997). Sponge carrying by dolphins (Delphinidae, *Tursiops* sp.): a foraging specialization involving tool use? *Ethology*, 103, 454-65.
106. Fertl, D., & Wilson, B. (1997). Bubble use during prey capture by a lone bottlenose dolphin (*Tursiops truncatus*). *Aquatic Mammals*, 23(2), 113-14.
107. Duffy-Echevarria, E. E., Connor, R. C., & Aubin, D. J. S. (2008). Observations of strand-feeding behavior by bottlenose dolphins (*Tursiops truncatus*) in Bull Creek, South Carolina. *Marine Mammal Science*, 24, 202-6.
108. Kuczaj, S. A., & Makecha, R. (2008). The role of play in the evolution and ontogeny of contextually flexible communication. In U. Griebel & K. Oller (Eds.), *Evolution of Communicative Flexibility: Complexity, Creativity, and Adaptability in Human and Animal Communication* (pp. 253-77). Cambridge, MA: MIT Press.
109. Kuczaj, S. A., II, Xitco, M. J., Jr., & Gory, J. D. (2010). Can dolphins plan their behavior? *International Journal of Comparative Psychology*, 23, 664-70.
110. Finn, J., Tregenza, T., & Norman, M. (2009). Preparing the perfect cuttlefish meal: complex prey handling by dolphins. *PLoS ONE* 4(1), e4217. doi:10.1371/journal.pone.0004217.
111. Kuczaj, S. A., II, & Walker, R. T. (2012). Dolphin problem solving. In T. Zentall & E. Wasserman (Eds.), *Handbook of Comparative Cognition*. Oxford: Oxford University Press.
112. Herman, L. M. (2006). Intelligence and rational behaviour in the bottlenosed dolphin. In S. Hurley & M. Nudds (Eds.), *Rational Animals?* (pp. 439-67). Oxford: Oxford University Press, 441.
113. Kuczaj, S. A., II, Gory, J. D., & Xitco, M. J., Jr. (2009). How intelligent are dolphins? A partial answer based on their ability to plan their behavior when confronted with novel problems. *Japanese Journal of Animal Psychology*, 59, 99-115.
114. Kuczaj, S. A., II, & Walker, R. T. (2012). Dolphin problem solving. In T. Zentall & E. Wasserman (Eds.), *Handbook of Comparative Cognition* (pp. 736-56). Oxford: Oxford University Press.
115. Kuczaj, S. A., II, Xitco, M. J., Jr., & Gory, J. D. (2010). Can dolphins plan their behavior? *International Journal of Comparative Psychology*, 23, 664-70. Pg. 668.
116. Foerder, P., Galloway, M., Barthel, T., Moore, D. E., & Reiss, D. (2011). Insightful problem solving in an Asian elephant. *PLoS ONE*, 6(8), 7.
117. Köhler, W. (1925). *The Mentality of Apes*. New York: Harcourt, Brace & Company.
118. Werdenich, D., & Huber, L. (2006). A case of quick problem solving in birds: string pulling in keas, *Nestor*

73. Collier-Baker, E., Davis, J. M., & Suddendorf, T. (2004). Do dogs (*Canis familiaris*) understand invisible displacement? *Journal of Comparative Psychology*, 118, 421-33.

74. Emery, N. J. (2006). Cognitive ornithology: the evolution of avian intelligence. *Philosophical Transactions of the Royal Society of London—Series B: Biological Sciences*, 361(1465), 23-43.

75. Light, K. R., Kolata, S., Wass, C., Denman-Brice, A., Zagalsky, R., & Matzel, L. D. (2010). Working memory training promotes general cognitive abilities in genetically heterogeneous mice. *Current Biology*, 20(8), 777-82.

76. Shipstead, Z., Redick, T. S., & Engle, R. W. (2012). Is working memory training effective? *Psychological Bulletin*, 138(4), 1-27.

77. Jaakkola, K. (2012). Cetacean cognitive specializations. In J. Vonk & T. Shackelford (Eds.), *Oxford Handbook of Comparative Evolutionary Psychology* (pp. 144-65). Oxford: Oxford University Press, 148. を参照。

78. Thompson, R. K. R., & Herman, L. M. (1977). Memory for lists of sounds by the bottlenosed dolphin: convergence of memory processes with humans? *Science*, 195, 501-3.

79. Merritt, D., Maclean, E. L., Jaffe, S., & Brannon, E. M. (2007). A comparative analysis of serial ordering in ring-tailed lemurs (*Lemur catta*). *Journal of Comparative Psychology*, 121(4), 363-71.

80. Herzing, D. L., & White, T. (1999). Dolphins and the question of personhood. *Etica Animali*, 9(98), 64-84. Pg. 75.

81. Fagot, J., & Cook, R. G. (2006). Evidence for large long-term memory capacities in baboons and pigeons and its implications for learning and the evolution of cognition. *Proceedings of the National Academy of Sciences of the United States of America*, 103(46), 17564-7.

82. Raby, C. R., & Clayton, N. S. (2012). Episodic memory and future planning. In J. Vonk & T. Shackelford (Eds.), *Oxford Handbook of Comparative Evolutionary Psychology* (pp. 217-35). Oxford: Oxford University Press, 217.

83. Tulving, E. (1983). *Elements of Episodic Memory*. Oxford: Clarendon Press.

84. Mercado, E., Murray, S. O., Uyeyama, R. K., Pack, A. A., & Herman, L. M. (1998). Memory for recent actions in the bottlenosed dolphin (*Tursiops truncatus*): repetition of arbitrary behaviors using an abstract rule. *Animal Learning Behavior*, 26(2), 210-18.

85. Zentall, T. R. (2008). Representing past and future events. In E. Dere, A. Easton, L. Nadel, & J. P. Huston (Eds.), *Handbook of Episodic Memory Research* (pp. 217-34). Oxford: Elsevier, 230.

86. Mercado, E., Uyeyama, R. K., Pack, A. A., & Herman, L. M. (1999). Memory for action events in the bottlenosed dolphin. *Animal Cognition*, 2, 17-25.

87. Raby, C. R., & Clayton, N. S. (2012). Episodic memory and future planning. In J. Vonk & T. Shackelford (Eds.), *Oxford Handbook of Comparative Evolutionary Psychology* (pp. 217-35). Oxford: Oxford University Press, 227-8.

88. Dally, J. M., Emery, N. J., & Clayton, N. S. (2006). Food-caching western scrub-jays keep track of who was watching when. *Science*, 312(5780), 1662-5.

89. Raby, C. R., & Clayton, N. S. (2012). Episodic memory and future planning. In J. Vonk & T. Shackelford (Eds.), *Oxford Handbook of Comparative Evolutionary Psychology* (pp. 217-35). Oxford: Oxford University Press, 227-8.

90. Suddendorf, T., & Corballis, M. C. (2007). The evolution of foresight: What is mental time travel and is it unique to humans? *Behavioral and Brain Sciences*, 30(3), 316-17.

91. Naqshbandi, M., & Roberts, W. A. (2006). Anticipation of future events in squirrel monkeys (*Saimiri sciureus*) and rats (*Rattus norvegicus*): tests of the Bischof-Kohler hypothesis. *Journal of Comparative Psychology*, 120(4), 345-57.

92. Köhler, W. (1925). *The Mentality of Apes*. New York: Harcourt, Brace & Company.

93. Osvath, M. (2009). Spontaneous planning for future stone throwing by a male chimpanzee. *Current Biology*, 19, R190-R191.

94. Osvath, M.. & Karvonen, E. (2012). Spontaneous innovation for future deception in a male chimpanzee. *PLoS ONE* 7(5): e36782. doi:10.1371/journal.pone.0036782.

95. Clayton, N. S., Bussey, T. J., & Dickinson, A. (2003). Can animals recall the past and plan for the future? *Nature Reviews Neuroscience*, 4(8), 685-191.

96. Mulcahy, N. J., & Call, J. (2006). Apes save tools for future use. *Science*, 312, 1038-40.

echolocation and vision. *Journal of the Acoustical Society of America,* 100(4), 2610.

49. Harley, H. E., Roitblat, H. L., & Nachtigall, P. E. (1996). Object representation in the bottlenose dolphin (*Tursiops truncatus*): integration of visual and echoic information. *Journal of Experimental Psychology: Animal Behavior Processes*, 22(2), 164-74.
50. Herman, L. M. (2011). Body and self in dolphins. *Consciousness and Cognition*, 21(1), 526-45.
51. White, T. (2007). *In Defense of Dolphins: The New Moral Frontier*. Malden, MA: Blackwell Publishing, 39-40.
52. Shimojo, S., & Shams, L. (2001). Sensory modalities are not separate modalities: plasticity and interactions. *Current Opinion in Neurobiology*, 11(4), 505-9.
53. Elliott, R. C. (1977). Cross-modal recognition in three primates. *Neuropsychologia*, 15(1), 183-6.
54. Taylor, A. M., Reby, D., & McComb, K. (2011). Cross modal perception of body size in domestic dogs (*Canis familiaris*). *PLoS ONE*, 6(2), 6.
55. Winters, B. D., & Reid, J. M. (2010). A distributed cortical representation underlies crossmodal object recognition in rats. *Journal of Neuroscience*, 30(18), 6253-61.
56. Benoit, M. M., Raji, T., Lin, F.-H., Jääskeläinen, I. P., & Stufflebeam, S. (2010). Primary and multisensory cortical activity is correlated with audiovisual percepts. *Human Brain Mapping*, 31(4), 526-38.
57. Ward, J., & Simner, J. (2003). Lexical-gustatory synaesthesia: linguistic and conceptual factors. *Cognition*, 89, 237-61.
58. Newell, F. N., Ernst, M. O., Tjan, B. S., & Bülthoff, H. H. (2001). Viewpoint dependence in visual and haptic object recognition. *Psychological Science*, 12(1), 37-42.
59. Abramson, J. Z., Hernández-Lloreda, V., Call, J., & Colmenares, F. (2011). Relative quantity judgments in South American sea lions (*Otaria flavescens*). *Animal Cognition*, 14(5), 695-706.
60. Irie-Sugimoto, N., Kobayashi, T., Sato, T., & Hasegawa, T. (2009). Relative quantity judgment by Asian elephants (*Elephas maximus*). *Animal Cognition*, 12(1), 193-9.
61. Vonk, J., & Beran, M. J. (2012). Bears "count" too: quantity estimation and comparison in black bears, *Ursus americanus*. *Animal Behaviour*, 84(1), 231-8.
62. Thomas, R. K., & Chase, L. (1980). Relative numerousness judgments by squirrel monkeys. *Bulletin of the Psychonomic Society,* 16(2), 79-82.
63. Agrillo, C., Piffer, L., & Bisazza, A. (2010). Large number discrimination by mosquitofish. (G. Chapouthier, Ed) *PLoS ONE*, 5(12), 10.
64. Uller, C., Jaeger, R., Guidry, G., & Martin, C. (2003). Salamanders (*Plethodon cinereus*) go for more: rudiments of number in an amphibian. *Animal Cognition*, 6(2), 105-12.
65. Dacke, M., & Srinivasan, M. V. (2008). Evidence for counting in insects. *Animal Cognition,* 11(4), 683-9.
66. Katz, J. S., & Wright, A. A. (2006). Same/different abstract-concept learning by pigeons. *Journal of Experimental Psychology: Animal Behavior Processes,* 32(1), 80-6.
67. Cook, R. G., & Brooks, D. I. (2009). Generalized auditory same-different discrimination by pigeons. *Journal of Experimental Psychology: Animal Behavior Processes,* 35(1), 108-15.
68. Bhatt, R. S., Wasserman, E. A., Reynolds, W. F., & Knauss, K. S. (1988). Conceptual behavior in pigeons: categorization of both familiar and novel examples from four classes of natural and artificial stimuli. *Journal of Experimental Psychology: Animal Behavior Processes,* 14, 219-34.
69. Watanabe, S. (2001). Van Gogh, Chagall and pigeons: picture discrimination in pigeons and humans. *Animal Cognition*, 4(3-4), 147-51.
70. Watanabe, S. (2010). Pigeons can discriminate "good" and "bad" paintings by children. *Animal Cognition*, 13(1), 75-85.
71. Jaakkola, K., Guarino, E., Rodriguez, M., Erb, L., & Trone, M. (2010). What do dolphins (*Tursiops truncatus*) understand about hidden objects? *Animal Cognition*, 13(1), 103-20.
72. Barth, J., & Call, J. (2006). Tracking the displacement of objects: a series of tasks with great apes (*Pan troglodytes, Pan paniscus, Gorilla gorilla*, and *Pongo pygmaeus*) and young children (*Homo sapiens*). *Journal of Experimental Psychology: Animal Behavior Processes*, 32(3), 239-52.

degraded video displays of an artificial gestural language. *Journal of Experimental Psychology: General*, 119(2), 215-30.
27. Savage-Rumbaugh, E. S. (1986). *Ape Language: From Conditioned Response to Symbol.* New York: Columbia University Press.
28. Herman, L. M. (2006). Intelligence and rational behaviour in the bottlenosed dolphin. In S. Hurley & M. Nudds (Eds.), *Rational Animals?* (pp. 439-67). Oxford: Oxford University Press, 448.
29. Herman, L. M. (2006). Intelligence and rational behaviour in the bottlenosed dolphin. In S. Hurley & M. Nudds (Eds.), *Rational Animals?* (pp. 439-67). Oxford: Oxford University Press, 449.
30. Jaakkola, K. (2012). Cetacean cognitive specializations. In J. Vonk & T. Shackelford (Eds.), *Oxford Handbook of Comparative Evolutionary Psychology* (pp. 144-65). Oxford: Oxford University Press, 155.
31. Menzel, E. W., Savage-Rumbaugh, E. S., & Lawson, J. (1985). Chimpanzee (*Pan troglodytes*) spatial problem solving with the use of mirrors and televised equivalents of mirrors. *Journal of Comparative Psychology*, 99(2), 211-17.
32. Keeling, L. J., & Hurnik, J. F. D. A. A. (1993). Chickens show socially facilitated feeding behaviour in response to a video image of a conspecific. *Applied Animal Behaviour Science*, 36, 223-31.
33. Clark, D. L., & Uetz, G. W. (1990). Video image recognition by the jumping spider, *Maevia inclemens* (Araneae: Salticidae). *Animal Behaviour*, 40(5), 884-90.
34. Herman, L. M., Uyeyama, R. K., & Pack, A. A. (2008). Bottelenose dolphins understand relationships between concepts. *Behavioral and Brain Sciences*, 31, 139-40.
35. Mercado, E., Killebrew, D., Pack, A., Mácha, I., & Herman, L. (2000). Generalization of "same-different" classification abilities in bottlenosed dolphins. *Behavioural Processes*, 50(2-3), 79-94.
36. Jaakkola, K., Fellner, W., Erb, L., Rodriguez, M., & Guarino, E. (2005). Understanding of the concept of numerically "less" by bottlenose dolphins (*Tursiops truncatus*). *Journal of Comparative Psychology*, 119(3), 296-303.
37. Kilian, A., Yaman, S., Von Fersen, L., & Güntürkün, O. (2003). A bottlenose dolphin discriminates visual stimuli differing in numerosity. *Learning Behavior: A Psychonomic Society Publication*, 31(2), 133-42.
38. Murayama, T., Usui, A., Takeda, E., Kato, K., & Maejima, K. (2012). Relative size discrimination and perception of the Ebbinghaus illusion in a bottlenose dolphin (*Tursiops truncatus*). *Aquatic Mammals*, 38(4), 333-42.
39. Herman, L. M., Pack, A. A., & Morrel-Samuels, P. (1993). Representational and conceptual skills of dolphins. In H. L. Roitblat, L. M. Herman, & P. E. Nachtigall (Eds.), *Language and Communication: Comparative Perspectives* (pp. 403-42). Mahwah, NJ: Lawrence Erlbaum Associates.
40. Ralston, J. V., & Herman, L. M. (1995). Perception and generalization of frequency contours by a bottlenose dolphin (*Tursiops truncatus*). *Journal of Comparative Psychology*, 109, 268-77.
41. Harley, H. (2008). Whistle discrimination and categorization by the Atlantic bottlenose dolphin (*Tursiops truncatus*): a review of the signature whistle framework and a perceptual test. *Behavioural Processes*, 77(2), 243-68.
42. Janik, V. M., Sayigh, L. S., & Wells, R. S. (2006). Signature whistle shape conveys identity information to bottlenose dolphins. *Proceedings of the National Academy of Sciences of the United States of America*, 103(21), 8293-7.
43. Jaakkola, K., Guarino, E., Rodriguez, M., Erb, L., & Trone, M. (2010). What do dolphins (*Tursiops truncatus*) understand about hidden objects? *Animal Cognition*, 13(1), 103-20.
44. Herman, L. M., Hovancik, J. R., Gory, J. D., & Bradshaw, G. L. (1989). Generalization of visual matching by a bottlenosed dolphin (*Tursiops truncatus*): evidence for invariance of cognitive performance with visual and auditory materials. *Journal of Experimental Psychology: Animal Behavior Processes*, 15(2), 124-36.
45. Harley, H. E., Putman, E. A., & Roitblat, H. L. (2003). Bottlenose dolphins perceive object features through echolocation. *Nature*, 424, 667-9.
46. Pack, A. A., Herman, L. M., Hoffmann-Kuhnt, M., & Branstetter, B. K. (2002). The object behind the echo: dolphins (*Tursiops truncatus*) perceive object shape globally through echolocation. *Behavioural Processes*, 58(1-2), 1-26.
47. Pack, A. A., & Herman, L. M. (1995). Sensory integration in the bottlenosed dolphin: immediate recognition of complex shapes across the senses of echolocation and vision. *Journal of the Acoustical Society of America*, 98, 722-33.
48. Pack, A. A., & Herman, L. M. (1996). Dolphins can immediately recognize complex shapes across the senses of

University Press.

3. Gardner, R. A., & Gardner, B. T. (1969). Teaching sign language to a chimpanzee. *Science*, 165(894), 664-72.
4. Herman, L. M., Richards, D. G., & Wolz, J. P. (1984). Comprehension of sentences by bottlenosed dolphins. *Cognition*, 16, 129-219.
5. Herman, L. M. (2009). Language learning and cognitive skills. In W. F. Perrin, B. Würsig, & H. C. M. Thewissen (Eds), *Encyclopedia of Marine Mammals, 2nd edn* (pp. 657-63). New York: Academic Press.
6. Fodor, J. A. (1975). *The Language of Thought*. Trowbridge, UK: Crowell Press.
7. Pinker, S. (1994). *The Language Instinct*. New York: William Morrow の第3章を参照。
8. Herman, L. M. (1986). Cognition and language competencies of bottlenosed dolphins. In R. J. Schusterman, J. Thomas, & F. G. Wood (Eds.), *Dolphin Cognition and Behavior: A Comparative Approach* (pp. 221-51). Hillsdale, NJ: Lawrence Erlbaum Associates.
9. Herman, L. M., Richards, D. G., & Wolz, J. P. (1984). Comprehension of sentences by bottlenosed dolphins. *Cognition*, 16, 129-219.
10. Herman, L. M., & Forestell, P. H. (1985). Reporting presence or absence of named objects by a language-trained dolphin. *Neuroscience and Behavioral Reviews*, 9, 667-91.
11. Herman, L. M., Kuczaj, S. A., II, & Holder, M. D. (1993). Responses to anomalous gestural sequences by a language-trained dolphin: evidence for processing of semantic relations and syntactic information. *Journal of Experimental Psychology: General*, 122, 184-94. Pg. 185.
12. Herman, L. M. (2006). Intelligence and rational behaviour in the bottlenosed dolphin. In S. Hurley & M. Nudds (Eds.), *Rational Animals?* (pp. 439-67). Oxford: Oxford University Press, 443.
13. Pack, A. A. (2010). The synergy of laboratory and field studies of dolphin behavior and cognition. *International Journal of Comparative Psychology*, 23, 538-65.
14. Herman, L. M., Richards, D. G., & Wolz, J. P. (1984). Comprehension of sentences by bottlenosed dolphins. *Cognition*, 16, 129-219.
15. Herman, L. M. (1987). Receptive competences of language-trained animals. In J. S. Rosenblatt, C. Beer, M. C. Busnel, & P. J. B. Slater (Eds.), *Advances in the Study of Behavior, Vol. 17* (pp. 1-60). Petaluma, CA: Academic Press.
16. Herman, L. M., Kuczaj, S. A., & Holder, M. D. (1993). Responses to anomalous gestural sequences by a language-trained dolphin: evidence for processing of semantic relations and syntactic information. *Journal of Experimental Psychology: General*, 122(2), 184-94.
17. Gallistel, C. R. (1998). Symbolic processes in the brain: the case of insect navigation. In D. Scarorough & S. Sternberg (Eds.), *Methods, Models and Conceptual Issues. Vol. 4: An Invitation to Cognitive Science, 2nd edn* (pp. 1-51). Cambridge, MA: MIT Press.
18. Cruse, H., & Wehner, R. (2011). No need for a cognitive map: decentralized memory for insect navigation. *PLoS Computational Biology*, 7(3), 10.
19. Herrnstein, R. J., & Loveland, D. H. (1964). Complex visual concept in the pigeon. *Science*, 146(3643), 549-50.
20. Savage-Rumbaugh, E. S., Rumbaugh, D. M., Smith, S. T., & Lawson, J. (1980). Reference: the linguistic essential. *Science*, 210(4472), 922-5.
21. Chittka, L., & Jensen, K. (2011). Animal cognition: concepts from apes to bees. *Current Biology*, 21, R116-R119.
22. Cook, R. G., Katz, J. S., & Cavoto, B. R. (1997). Pigeon same-different concept learning with multiple stimulus classes. *Journal of Experimental Psychology: Animal Behavior Processes*, 23(4), 417-33.
23. Blaisdell, A. P., & Cook, R. G. (2005). Two-item same-different concept learning in pigeons. *Learning Behavior: A Psychonomic Society Publication*, 33(1), 67-77.
24. Browne, D. (2004). Do dolphins know their own mind? *Biology and Philosophy* 19, 633-53.
25. Perner, J. (1991). *Understanding the Representational Mind: Learning Development and Conceptual Change*. Cambridge, MA: MIT Press.
26. Herman, L. M., Morrel-Samuels, P., & Pack, A. A. (1990). Bottlenosed dolphin and human recognition of veridical and

two different wild dolphin populations. *Behavioural Processes*, 80, 182-90.

201. Kuczaj, S., Tranel, K., Trone, M., & Hill, H. (2001). Are animals capable of deception or empathy? Implications for animal consciousness and animal welfare. *Animal Welfare*, 10(1), S161-S173.
202. de Waal, F. B. M. (2008). Putting the altruism back into altruism: the evolution of empathy. *Annual Review of Psychology*, 59(May 2007), 279-300.
203. Connor, R. C., & Norris, K. S. (1982). Are dolphins reciprocal altruists? *American Naturalist*, 119(3), 358-74.
204. Bartal, I. B. A., Decety, J., & Mason, P. (2011). Empathy and pro-social behavior in rats. *Science*, 334(6061), 1427-30.
205. Preston, S. D., & de Waal, F. B. M. (2002). Empathy: its ultimate and proximate bases. *Behavioral and Brain Sciences*, 25(1), 1-20.
206. PETA sues SeaWorld for violating orcas' constitutional rights (October 25, 2011). https://www.peta.org/blog/peta-sues-seaworld-violating-orcas-constitutional-rights/.
207. Preston, S. D., & de Waal, F. B. M. (2002). Empathy: its ultimate and proximate bases. *Behavioral and Brain Sciences*, 25(1), 1-20.
208. Schulte-Ruther, M., Markowitsch, H. J., Fink, G. R., & Piefke, M. (2007). Mirror neuron and theory of mind mechanisms involved in face-to-face interactions: a functional magnetic resonance imaging approach to empathy. *Journal of Cognitive Neuroscience*, 19(8), 1354-72.
209. Herzing, D. (2011). *Dolphins Diaries: My 20 years with Spotted Dolphins in the Bahamas*. New York: St. Martin's, Press, 270.
210. Hamilton, A. (2012). Reflection on the mirror neuron system in autism: a systematic review of current theories. *Developmental Cognitive Neuroscience*. http://dx.doi.org/10.1016/j.dcn.2012.09.008.
211. Kilmer, J. M. (2011). More than one pathway to action understanding. *Trends in Cognitive Sciences*, 15(8), 352-7.
212. Frohoff, T. (2011). Lessons from do dolphins. In P. Brakes & M. Simmonds (Eds.), *Whales and Dolphins: Cognition, Culture, Conservation and Human Perceptions* (pp. 125-8). London: Earthscan, 137.
213. Lori Marino は次のように発言している：「これらの細胞（フォン・エコノモ・ニューロン）の存在は，クジラ類が共感や，高次の思考および感情を持つという考えの神経学的な補強材料となる」。Whiting, C. C. (May 8, 2012). Humpback whales intervene in orca attack on gray whale calf. *Digital Journal Reports*. http://www.digitaljournal.com/article/324348.
214. Marino, L. (2004). Cetacean brain evolution: multiplication generates complexity. *International Journal of Comparative Psychology*, 17, 1-16.
215. Marino, L. (2011). Brain structure and intelligence in cetaceans. In P. Brakes & M. Simmonds (Eds.), *Whales and Dolphins: Cognition, Culture, Conservation and Human Perceptions* (pp. 113-28). London: Earthscan, 125.
216. Jerison, H. J. (1986). The perceptual worlds of dolphins. In R. J. Schusterman, J. Thomas, & F. G. Wood (Eds.), *Dolphin Cognition and Behavior: A Comparative Approach* (pp. 141-66). Hillsdale, NJ: Erlbaum.
217. Herzing, D. L., & White, T. (1999). Dolphins and the question of personhood. *Etica Animali*, 9(98), 64-84. Pg. 74.
218. White, T. (2007). *In Defense of Dolphins: The New Moral Frontier*. Malden, MA: Blackwell Publishing, 42.
218. Kuczaj, S., Tranel, K., Trone, M., & Hill, H. (2001). Are animals capable of deception or empathy? Implications for animal consciousness and animal welfare. *Animal Welfare*, 10(1), S161-S173.
219. Reiss, D. (2011). *The Dolphin in the Mirror: Exploring Dolphin Minds and Saving Dolphin Lives*. Boston, MA: Houghton Mifflin Harcourt, 246.
220. de Waal, F. (2009). *The Age of Empathy: Nature's for a Kinder Society*. New York: Crown Publishers.

第 4 章

1. Grimm, D. (2011). Are dolphins too smart for captivity? *Science*, 332 (6029), 526-9, Pg. 528 における Stan Kuczaj の引用。
2. Lyn, H. (2012). Apes and the evolution of language: taking stock of 40 years of research. In J. Vonk & T. Shackelford (Eds.), *Oxford Handbook of Comparative Evolutionary Psychology* (pp. 356-80). Oxford: Oxford

174. Frohoff, T. (2000). The dolphin's smile. In M. Bekoff (Ed.), *The Smile of a Dolphin: Remarkable Accounts of Animal Emotions* (pp. 78-9). London: Discovery Books.
175. このアプローチへの批判はたとえば下記：Dawkins, M. S. (2012). *Why Animals Matter: Animal Consciousness, Animal Welfare, and Human Well-Being*. Oxford: Oxford University Press.
176. このアプローチへの批判は下記にみられる：Sherwin, S. M. (2001). Can invertebrates suffer? Or, How robust is argument-by-analogy? *Animal Welfare*, 10(Suppl.1), S103-118.
177. このアプローチへの批判は下記にみられる：Elwood, R. W. (2011). Pain and suffering in invertebrates? *ILAR Journal National Research Council Institute of Laboratory Animal Resources*, 52(2), 175-84.
178. Chalmers, D. J. (1995). Facing up to the problem of consciousness. *Journal of Consciousness Studies*, 2(3), 1-27.
179. Dawkins, M. S. (2001). Who needs consciousness? *Animal Welfare*, 10, S19-29. Pg. S28.
180. Panksepp, J. (2011). Cross-species affective neuroscience decoding of the primal affective experiences of humans and related animals. *PLoS ONE* 6(9), e21236. doi:10.1371/journal.pone.0021236.
181. Panksepp, J. (1992). A critical role for "affective neuroscience" in resolving what is basic about basic emotions. *Psychological Review*, 99(3), 554-60.
182. Panksepp, J., & Burgdorf, J. (2000). 50k-Hz chirping (laughter?) in response to conditioned and unconditioned tickle-induced reward in rats: effects of social housing and genetic variables. *Behavioral Brain Research*, 115, 25-38.
183. Panksepp, J. (2005). Affective consciousness: core emotional feelings in animals and humans. *Consciousness and Cognition*, 14, 30-80.
184. Low, P. (July 7, 2012). The Cambridge Declaration on Consciousness in Non-Human Animals. Signed at the Francis Crick Memorial Conference on Consciousness in Human and Hon-Human Animals, at Churchill College, University of Cambridge.
185. Hauser, M. (2000). *Wild Minds: What Animals Really Think*. New York; Henry Holt and Company. Pg.xviii の知能の議論を参照。
186. Herzing, D. (2011). *Dolphins Diaries: My 20 Years with Spotted Dolphins in the Bahamas*. New York: St. Martin's Press, 106.
187. Herzing, D. L., & White, T. (1999). Dolphins and the question of personhood. *Etica Animali*, 9(98), 64-84.
188. Simmonds, M. (2006). Into the brains of whales. *Applied Animal Behaviour Science*, 100(1-2), 103-16.
189. Reiss, D. (2011). *The Dolphin in the Mirror: Exploring Dolphin Minds and Saving Dolphin Lives*. Boston, MA: Houghton Mifflin Harcourt, 202.
190. Kuczaj, S., Tranel, K., Trone, M., & Hill, H. (2001). Are animals capable of deception or empathy? Implications for animal consciousness and animal welfare. *Animal Welfare*, 10(1), S161-S173.
191. Wilson, E. O. (1975). *Sociobiology: The New Synthesis*. Cambridge, MA: Harvard University Press.
192. Dawkins, R. (1976). *The Selfish Gene*. New York: Oxford University Press.
193. Langford, D. J., Crager, S. E., Shehzad, Z., Smith, S. B., Sotocinal, S. G., Levenstadt, J. S., Chanda, M. L., et al. (2006). Social modulation of pain as evidence for empathy in mice. *Science*, 312(5782), 1967-70.
194. Edgar, J. L., Lowe, J. C., Paul, E. S., & Nicol, C. J. (2011). Avian maternal response to chick distress. *Proceedings of the Royal Society B: Biological Sciences*, 278(1721), 3129-34.
195. Singer, T., & Lamm, C. (2009). The social neuroscience of empathy. *Annals of the New York Academy of Sciences*, 1156(1), 81-96.
196. Preston, S. D., & de Waal, F. B. M. (2002). Empathy: its ultimate and proximate bases. *Behavioral and Brain Sciences*, 25(1), 1-20. Pg. 3.
197. Hatfield, E., Rapson, R. L., & Le, Y. L. (2007). Emotional contagion and empathy. In J. Decety and W. Ickes (Eds.), *The Social Neuroscience of Empathy*. Boston, MA: MIT Press.
198. Bartal, I. B. A., Decety, J., & Mason, P. (2011). Empathy and pro-social behavior in rats. *Science*, 334(6061), 1427-30.
199. Connor, R. C., & Norris, K. S. (1982). Are dolphins reciprocal altruists? *American Naturalist*, 119(3), 358-74.
200. Dudzinski, K. M., Gregg, J. D., Ribic, C. A., & Kuczaj, S. A. (2009). A comparison of pectoral fin contact between

149. Call, J., & Tomasello, M. (2008). Does the chimpanzee have a theory of mind? 30 years later. *Trends in Cognitive Sciences,* 12(5), 187-92.

150. Tschudin, A. (2006). Belief attribution tasks with dolphins: what social minds reveal about animal rationality. In S. Hurley & M. Nudds (Eds.), *Rational Animals?* (pp. 411-36). Oxford: Oxford University Press.

151. Lurz, R. (2011). *Mindreading Animals: The Debate over What Animals Know about Other Minds.* Cambridge, MA: MIT Press, 151.

152. Tomonaga, M., Uwano, Y., Ogura, S., & Saito, T. (2010). Bottlenose dolphins' (*Tursiops truncatus*) theory of mind as demonstrated by response to their trainers' attentional states. *International Journal of Comparative Psychology*, 23, 386-400.

153. Dally, J. M., Emery, N. J., & Clayton, N. S. (2004). Cache protection strategies by western scrub-jays (*Aphelocoma californica*): hiding food in the shade. *Proceedings of the Royal Society B: Biological Letters*, 271, 5387-90.

154. Clayton, N. S., Dally, J. M., & Emery, N. J. (2007). Social cognition by food-caching corvids: the western scrub-jay as a natural psychologist. *Philosophical Transactions of the Royal Society B: Biological Sciences*, 362(1480), 507-22.

155. Dally, J. M., Emery, N. J., & Clayton, N. S. (2006). Food-caching western scrub-jays keep track of who was watching when. *Science*, 312(5780), 1662-5.

156. Stulp, G., Emery, N. J., Verhulst, S., & Clayton, N. S. (2009). Western scrub-jays conceal auditory information when competitors can hear but cannot see. *Biology Letters*, 5(5), 583-5.

157. Lurz, R. (2011). *Mindreading Animals: The Debate over What Animals Know about Other Minds.* Cambridge, MA: MIT Press, 55 の議論を参照。

158. イルカの情動研究に関する概略は下記を参照：Kuczaj, S. A., II, Highfill, L. E., Makecha, R. N., Byerly, H. C. (2012). Why do dolphins smile? A comparative perspective on dolphin emotions and emotional expressions. In S. Watanabe and S. A. Kuczaj (Eds.), *Emotions of Animals and Humans: Comparative Perspectives (The Science of the Mind)* (pp. 63-80). London: Springer.

159. Skinner, B. F. (1965). *Science and Human Behavior.* New York: Macmillan, 195.

160. Ekman, P. (1992). An argument for basic emotions. *Cognition & Emotion*, 6(3), 169-200.

161. Panksepp, J. (1998). *Affective Neuroscience: The Foundations of Human and Animal Emotions.* New York: Oxford University Press, 26.

162. Panksepp, J. (2011). Cross-species affective neuroscience decoding of the primal affective experiences of humans and related animals. *PLoS ONE*, 6(9), 15.

163. Prinz, J. (2004). *Gut Reactions: A Perceptual Theory of Emotions.* Oxford: Oxford University Press.

164. Winkielman, P., & C Berridge, K. (2004). Unconscious emotion. *Current Directions in Psychological Science,* 13(3), 120-3.

165. Berridge, K. C., & Winkielman, P. (2003). What is an unconscious emotion: the case for unconscious "linking." *Cognition and Emotion*, 17, 181-211.

166. Shewmon, D. A., Holmes, G. L., & Byrne, P. A. (1999). Consciousness in congenitally decorticate children: developmental vegetative state as self-fulfilling prophecy. *Developmental Medicine and Child Neurology*, 41(6), 364-74.

167. Balcombe, J. (2006). *Pleasurable Kingdom: Animals and the Nature of Feeling Good.* New York: Palgrave Macmillan.

168. Bekoff, M. (2007). *The Emotional Lives of Animals: A Leading Scientist Explores Animal Joy, Sorrow, and Empathy and Why They Matter*. Novato, CA: New World Library.

169. たとえば下記参照：Dawkins, M. S. (2012). *Why Animals Matter: Animal Consciousness, Animal Welfare, and Human Well-Being.* Oxford: Oxford University Press.

170. Bekoff, M. (Ed.) (2000). *The Smile of a Dolphin: Remarkable Accounts of Animal Emotions.* London: Discovery Books.

171. Balcombe, J. (2006). *Pleasurable Kingdom: Animals and the Nature of Feeling Good.* New York: Palgrave Macmillan.

172. Herzing, D. A. (2000). Trail of grief. In M. Bekoff (Ed.), *The Smile of a Dolphin: Remarkable Accounts of Animal Emotions* (pp. 138-9). London: Discovery Books.

173. Rose, N. (2000). A death in the family. In M. Bekoff (Ed.), *The Smile of a Dolphin: Remarkable Accounts of Animal Emotions* (pp. 144-5). London: Discovery Books.

125. Herman, L. M., & Uyeyama, R. U. (1999). The dolphin's grammatical competency: comments on Kako. *Animal Learning and Behavior*, 27(1), 18-23.

126. Pack, A. A., & Herman, L. M. (2004). Bottlenosed dolphins (*Tursiops truncatus*) comprehend the referent of both static and dynamic human gazing and pointing in an object-choice task. *Journal of Comparative Psychology*, 118(2), 160-71.

127. Miklósi, Á., & Soproni, K. (2006). A comparative analysis of animal's understanding of the human pointing gesture. *Animal Cognition*, 9(2), 81-93.

128. Tschudin, A., Call, J., Dunbar, R. I., Harris, G., & van der Elst, C. (2001). Comprehension of signs by dolphins (*Tursiops truncatus*). *Journal of Comparative Psychology*, 115(1), 110-15.

129. Gregg, J. D., Dudzinski, K. M., & Smith, H. V. (2007). Do dolphins eavesdrop on the echolocation signals of conspecifics? *International journal of Comparative Psychology*, 20, 65-88.

130. Xitco, M. J., Gory, J. D., & Kucsaj, S. A. (2001). Spontaneous pointing by bottlenose dolphins (*Tusiops truncatus*). *Animal Cognition*, 4, 115-23.

131. Xitco, M. J., Jr., Gory, J. D., & Kuczaj, S. A., II (2004). Dolphin pointing is linked to the attentional behavior of a receiver. *Animal Cognition*, 8, 231-8.

132. Dudzinski, K. M., Sakai, M., Masaki, K., Kogi, K., Hishii, T., & Kurimonoto, M. (2003). Behavioural observations of bottlenose dolphins towards two dead conspecifics. *Aquatic Mammals*, 29(1), 108-16.

133. Leslie, A. M. (1994). ToMM, ToBY and agency: core architecture and domain specificity. In L. A. Hirschfeld & S. A. Gelman (Eds.), *Mapping the Mind: Domain Specificity in Cognition and Culture* (pp. 119-48). New York: Cambridge University Press.

134. Baron-Cohen, S., Ring, H., Moriarty, J., Schmitz, B., Costa, D., & Ell, P. (1995). Recognition of mental state terms: clinical findings in children with autism, and a functional imaging study of normal adults. *British Journal of Psychiatry*, 165, 640-9.

135. Britton, N. F., Franks, N. R., Pratt, S. C., & Seeley, T. D. (2002). Deciding on a new home: how do honeybees agree? *Proceedings of the Royal Society B: Biological Sciences*, 269(1498), 1383-8.

136. Baron-Cohen, S. (1995). *Mindblindness: An Essay on Autism and Theory of Mind*. Cambridge, MA: MIT Press.

137. たとえば：Butterfill, S., & Apperly, I. A. (In press). How to construct a minimal theory of mind. *Mind and Language*, 28.

138. Apperly, I. A. (2012). What is "theory of mind"? Concepts, cognitive processes and individual differences. *Quarterly Journal of Experimental Psychology*, 65(6), 37-41. のレビュー参照。

139. Butterfill, S., & Apperly, I. A. (In press). How to construct a minimal theory of mind. *Mind and Language*, 28.

140. Astington, J. W., & Baird, J. (2005). *Why Language Matters for Theory of Mind*. Oxford: Oxford University Press.

141. Butterfill, S., & Apperly, I. A. (In press). How to construct a minimal theory of mind. *Mind and Language*, 28.

142. Lurz, R. (2011). *Mindreading Animals: The Debate over What Animals Know about Other Minds*. Cambridge, MA: MIT Press, 143.

143. Butterfill, S., & Apperly, I. A. (In press). How to construct a minimal theory of mind. *Mind and Language*, 28.

144. Crockford, C., Wittig, R. M., Mundry, R., & Zuberbühler, K. (2011). Wild chimpanzees inform ignorant group members of danger. *Current Biology*, 22(2), 142-6. Pg. 145.

145. Call, J., & Tomasello, M. (2008). Does the chimpanzee have a theory of mind? 30 years later. *Trends in Cognitive Sciences*, 12(5), 187-92.

146. Hare, B., Call, J., & Tomasello, M. (2001). Do chimpanzees know what conspecifics know? *Animal behaviour*, 61(1), 139-51.

147. Cheney, D. L. (2011). Extent and limits of cooperation in animals. *Proceedings of the National Academy of Sciences of the United States of America*, 108(Suppl. 2), 10902-9.

148. Wimmer, H., & Perner, J. (1983). Beliefs about beliefs: representation and constraining function of wrong beliefs in young children's understanding of deception. *Cognition*, 13(1), 103-28.

given pointing and directional cues. *Journal of Comparative Psychology*, 117(4), 355-62.

105. Neiworth, J. J., Burman, M. A., Basile, B. M., & Lickteig, M. T. (2002). Use of experimenter-given cues in visual co-orienting and in an object-choice task by a New World monkey species, cotton top tamarins (*Saguinus oedipus*). *Journal of Comparative Psychology*, 116(1), 3-11.
106. Inoue, Y., Inoue, E., & Itakura, S. (2004). Use of experimenter-given directional cues by a young white-handed gibbon (*Hylobates lar*). *Japanese Psychological Research*, 46(3), 262-7.
107. Anderson, J. R., Sallaberry, P., & Barbier, H. (1995). Use of experimenter-given cues during object-choice tasks by capuchin monkeys. *Animal Behaviour*, 49(1), 201-8.
108. Anderson, J. R., Montant, M., & Schmitt, D. (1996). Rhesus monkeys fail to use gaze direction as an experimenter-given cue in an object-choice task. *Behavioural Processes*, 37, 47-55.
109. Itakura, S. (1996). An exploratory study of gaze monitoring in nonhuman primates. *Japanese Psychological Research*, 38, 174-80.
110. Miklósi, Á., & Soproni, K. (2006). A comparative analysis of animals' understanding of the human pointing gesture. *Animal Cognition*, 9(2), 81-93.
111. Call, J., & Tomasello, M. (1994). Production and comprehension of referential pointing by orangutans (*Pongo pygmaeus*). *Journal of Comparative Psychology*, 108(4), 307-17.
112. Povinelli, D. J., Bering, J. M., & Giambrone, S. (2000). Toward a science of other minds: escaping the argument by analogy. *Cognitive Science*, 24(3), 509-41.
113. Itakura, S., & Tanaka, M. (1998). Use of experimenter-given cues during object-choice tasks by chimpanzees (*Pan troglodytes*), an orangutan (*Pongo pygmaeus*), and human infants (*Homo sapiens*). *Journal of Comparative Psychology*, 112(2), 119-26.
114. Itakura, S., Agnetta, B., Hare, B., & Tomasello, M. (1999). Chimpanzee use of human and conspecific social cues to locate hidden food. *Developmental Science*, 2, 445-56.
115. Brauer, J., Kaminski, J., Riedel, J., Call, J., & Tomasello, M. (2006). Making inferences about the location of hidden food: social dog, causal ape. *Journal of Comparative Psychology*, 120(1), 38-47.
116. Hare, B., Brown, M., Williamson, C., & Tomasello, M. (2002). The domestication of social cognition in dogs. *Science*, 298(5598), 1634-6.
117. Miklósi, Á., Polgárdi, R., Topál, J., & Csányi, V. (1998). Use of experimenter-given cues in dogs. *Animal Cognition*, 1(2), 113-21.
118. Miklósi, Á., Pongracz, P., Lakatos, G., Topál, J., & Csányi, V. (2005). A comparative study of the use of visual communicative signals in interactions between dogs (*Canis familiaris*) and humans and cats (*Felis catus*) and humans. *Journal of Comparative Psychology*, 119(2), 179-86.
119. Soproni, K., Miklósi, Á., Topál, J., & Csányi, V. (2001). Comprehension of human communicative signs in pet dogs (*Canis familiaris*). *Journal of Comparative Psychology*, 115(2), 122-6.
120. Agnetta, B., Hare, B., & Tomasello, M. (2000). Cues to food location that domestic dogs (*Canis familiaris*) of different ages do and do not use. *Animal Cognition*, 3(2), 107-12.
121. Kaminski, J., Riedel, J., Call, J., & Tomasello, M. (2005). Domestic goats, *Capra hircus*, follow gaze direction and use social cues in an object choice task. *Animal Behaviour*, 69, 11-18.
122. McKinley, J., & Sambrook, T. D. (2000). Use of human-given cues by domestic dogs (*Canis familiaris*) and horses (*Equus caballus*). *Animal Cognition*, 3(1), 13-22.
123. Herman, L., Pack, A. A., & Morrel-Samuels, P. (1993). Representational and conceptual skills of dolphins. In H. L. Roitblat, L. M. Herman, & P. E. Nachtigall (Eds.), *Language and Communication: Comparative Perspectives* (pp. 403-42). Hillsdale, NJ: Lawrence Erlbaum Associates.
124. Herman, L. M., Abichandani, S. L., Elhajj, A. N., Herman, E. Y. K., Sanchez, J. L.. & Pack, A. A. (1999). Dolphins (*Tursiops truncatus*) comprehend the referential character of the human pointing gesture. *Journal of Comparative Psychology*, 113(4), 347-64.

80. Herzing, D. L., & White, T. (1999). Dolphins and the question of personhood. *Etica Animali* 9(98), 64-84.
81. Flavell, J. H. (1976). Metacognitive aspects of problem solving. In L. B. Resnick (Ed.), *The Nature of Intelligence* (pp. 231-5). Hillsdale, NJ: Lawrence Erlbaum Associates, 232.
82. Smith, J. D. (2012). Inaugurating the study of animal metacognition. *International Journal of Comparative Psychology,* 23(3), 401-13. Pg. 401.
83. Smith, J. D. (2012). Inaugurating the study of animal metacognition. *International Journal of Comparative Psychology,* 23(3), 401-13.
84. Smith, J. D., Schull, J., Strote, J., McGee, K., Egnor, R., & Erb, L. (1995). The uncertain response in the bottlenose dolphin (*Tursiops truncatus*). *Journal of Experimental Psychology*, 124, 391-408.
85. Carruthers, P. (2009). How we know our own minds: the relationship between mindreading and metacognition. *Behavioral and Brain Sciences*, 32(2), 121-38.
86. Smith, J. D., Coutinho, M. V. C., Boomer, J., & Beran, M. J. (2012). Metacognition across species. In J. Vonk & T. Shackelford (Eds.), *Oxford Handbook of Comparative Evolutionary Psychology* (pp. 271-96). Oxford: Oxford University Press, 285.
87. Browne, D. (2004). Do dolphins know their own minds? *Biology and Philosophy*, 19, 633-53.
88. Smith, J. D. (2012). Inaugurating the study of animal metacognition. *International Journal of Comparative Psychology,* 23(3), 401-13, pg. 408.
89. Browne, D. (2004). Do dolphins know their own minds? *Biology and Philosophy*, 19, 633-53での議論を参照。
90. Premack, D., & Woodruff, G. (1978). Does the chimpanzee have a theory of mind? *Behavioural and Brain Sciences*, 1, 515-26.
91. Herman, L. M. (2011). Body and self in dolphins. *Consciousness and Cognition*, 21(1), 526-45, Pg. 540.
92. Lurz, R. (2011). *Mindreading Animals: The Debate Over What Animals Know About Other Minds*. Cambridge, MA: MIT Press.
93. Pack, A. A., & Herman, L. M. (2004). Bottlenosed dolphins (*Tursiops Truncatus*) comprehend the referent of both static and dynamic human gazing and pointing in an object-choice task. *Journal of Comparative Psychology,* 118(2), 160-71.
94. Tschudin, A., Call, J., Dunbar, R. I. M., Harris, G., & van der Elst, C. (2001). Comprehension of signs by dolphins (*Tursiops truncatus*). *Journal of Comparative Psychology*, 115, 100-5.
95. Flombaum, J. I., & Santos, L. R. (2005). Rhesus monkeys attribute perceptions to others. *Current Biology*, 15(5), 447-52.
96. Hare, B., Call, J., & Tomasello, M. (1998). Communication of food location between human and dog (*Canis familiaris*). *Evolution of Communication*, 2, 137-59.
97. Soproni, K., Miklósi, Á., Topál, J., & Csányi, V. (2001). Comprehension of human communicative signs in pet dogs (*Canis familiaris*). *Journal of Comparative Psychology*, 115(2), 122-6.
98. Kaminski, J., Riedel, J., Call, J., & Tomasello, M. (2005). Domestic goats, *Capra hircus*, follow gaze direction and use social cues in an object choice task. *Animal Behaviour*, 69, 11-18.
99. Wilkinson, A., Mandl, I., Bugnyar, T., & Huber, L. (2010). Gaze following in the red-footed tortoise (*Geochelone carbonaria*). *Animal Cognition*, 13, 765-9.
100. Moore, C., & Corkum, V. (1994). Social understanding at the end of the first year of life. *Developmental Review,* 14, 349-72.
101. Bugnyar, T., Stowe, M., & Heinrich, B. (2004). Ravens, *Corvus corax,* follow gaze direction of humans around obstacles. *Proceedings of the Royal Society B: Biological Sciences,* 271(1546), 1331-6.
102. Brauer, J., Call, J., & Tomasello, M. (2005). All great ape species follow gaze to distinct locations and around barriers. *Journal of Comparative Psychology*, 119(2), 145-54.
103. Povinelli, D. J., & Vonk, J. (2004). We don't need a microscope to explore the chimpanzee's mind. *Mind and Language*, 19(1), 1-28.
104. Shapiro, A. D., Janik, V. M., & Slater, P. J. (2003). A gray seal's (*Halichoerus grypus*) responses to experimenter-

University Press.
56. Bekoff, M. (2001). Observations of scent-marking and discriminating self from others by a domestic dog (*Canis familiaris*): tales of displaced yellow snow. *Behavioural Processes*, 55(2), 75-9. doi:10.1016/S0376-6357(01)00142-5.
57. Lockwood, J. A., & Rentz, D. C. F. (1996). Nest construction and recognition in a gryllacridid: the discovery of pheromonally mediated autorecognition in an insect. *Australian Journal of Zoology*, 44, 129-41.
58. Lori Marino に感謝する。
59. Mitchell, R. W. (1993). Mental models of mirror self-recognition: two theories. *New Ideas in Psychology*, 11, 295-325.
60. Mitchell, R. W. (1997). Kinesthetic-visual matching and the self-concept as explanations of mirror-self-recognition. *Journal for the Theory of Social Behavior*, 27(1), 17-39.
61. Heyes, C. M. (1994). Reflections on self-recognition in primates. *Animal Behaviour*, 47, 909-19.
62. Rochat, P., & Zahavi, D. (2011). The uncanny mirror: a reframing of mirror self-experience. *Consciousness and Cognition*, 20, 204-13.
63. Morin, A. (2011). Self-recognition, theory-of-mind, and self-awareness: what side are you on? *Laterality*, 16(3), 367-83.
64. de Waal, F. B. M., Dindo, M., Freeman, C. A. & Hall, M. (2005). The monkey in the mirror: hardly a stranger. *Proceedings of the National Academy of Sciences*, 102, 11140-7.
65. Carruthers, P. (2009). How we know our own minds: the relationship between mindreading and metacognition. *Behavioral and Brain Sciences*, 32(2), 121-38.
66. Humphrey, N. (1976). The social function of intellect. In P. P. G. Bateson & R. A. Hinde (Eds.), *Growing Points in Ethology* (pp. 303-17). Cambridge University Press.
67. レビューは以下を参照：Rochat, P., & Zahavi, D. (2011). The uncanny mirror: a reframing of mirror self-experience. *Consciousness and Cognition*, 20, 204-13.
68. Reiss, D., & Marino, L. (2001). Mirror self-recognition in the bottlenose dolphin: a case of cognitive convergence. *Proceedings of the National Academy of Sciences of the United States of America*, 98(10), 5937-42.
69. Marino, L. (2011). Brain structure and intelligence in cetaceans. In P. Brakes & M. Simmonds (Eds.), *Whales and Dolphins: Cognition, Culture, Conservation and Human Perceptions* (pp. 113-28). London: Earthscan, 125.
70. Lori Marino, PhD, Neuroscience and Behavioral Biology Program, Emory University, Atlanta, Georgia to The House Committee on Natural Resources Subcommittee on Insular Affairs, Oceans and Wildlife regarding educational aspects of public display of marine mammals, April 27, 2010.
71. Reiss, D. (2011). *The Dolphin in the Mirror: Exploring Dolphin Minds and Saving Dolphin Lives*. Boston, MA: Houghton Mifflin Harcourt, 167.
72. White, T. (2007). *In Defense of Dolphins: The New Moral Frontier*. Malden, MA: Blackwell Publishing, 65.
73. White, T. (2011). What is it like to be a dolphin? In P. Brakes & M. Simmonds (Eds.), *Whales and Dolphins: Cognition, Culture, Conservation and Human Perceptions* (pp. 188-206). London: Earthscan, 190.
74. Lemieux, L. (2009). *Rekindling the Waters: The Truth about Swimming with Dolphins*. Leicester: Matador, 287.
75. Frohoff, T. (2011). Lessons from dolphins. In P. Brakes & M. Simmonds (Eds.), *Whales and Dolphins: Cognition, Culture, Conservation and Human Perceptions* (pp. 135-9). London: Earthscan, 137.
76. たとえば：self-coherence, self-identity, self-experience, conceptualized self-awareness, self-concept, cognitive self-consciousness, affective self-consciousness, auto-consciousness, situated consciousness, minimal phenomenal selfhood, reflective mind, sapience, perceptual consciousness, bi-directional consciousness, phenomenal consciousness, phenomenological consciousness, self-knowledge, psychological self-knowledge, private self-awareness, public self-awareness, meta self-awareness, 他。
77. Gallup, G. G., Jr. (1994). Self-recognition: research strategies and experimental design. In S. T. Parker, R. W. Mitchell, & M. L. Boccia (Eds.), *Self-Awareness in Animals and Humans: Developmental Perspectives* (pp. 35-50). Cambridge: Cambridge University Press.
78. Herman, L. M. (2011). Body and self in dolphins. *Consciousness and Cognition*, 21(1), 526-45.
79. White, T. (2007). *In Defense of Dolphins: The New Moral Frontier*. Malden, MA: Blackwell Publishing.

ASP Conference Series, 47, 393.

35. この種の行動の詳細については下記を参照：Sarko, D., Marino, L., & Reiss, D. (2003). A bottlenose dolphin's (*Tursiops truncatus*) responses to its mirror image: further analysis. *International Journal of Comparative Psychology*, 15, 69-76.
36. 以下の点を指摘してくれたLori Marinoに感謝する：パンとデルフィは皮膚に付けられた印を感知して明らかに興奮しており，鏡に向かって自らを点検するほど落ち着いた状態にはなかったと思われる。
37. Marten, K., & Psarakos, S. (1995). Evidence of self-awareness in the bottlenose dolphin (*Tursiops truncatus*). In S. T. Parker, R. Mitchell, & M. Boccia, *Self-Awareness in Animals and Humans: Developmental Perspective* (pp. 361-79). Cambridge: Cambridge University Press.
38. Sarko, D., Marino, L., & Reiss, D. (2003). A bottlenose dolphin's (*Tursiops truncatus*) responses to its mirror image: further analysis. *International Journal of Comparative Psychology*, 15, 69-76. Pg. 70.
39. Anderson, J. R. (1995). Self-recognition in dolphins: credible cetaceans, compromised criteria, controls, and conclusions. *Consciousness and Cognition*, 4, 239-43.
40. Mitchell, R. W. (1995). Evidence of dolphin self-recognition and the difficulties of interpretation. *Consciousness and Cognition*, 4(2), 229-34.
41. Hart, D., & Whitlow, J. W., Jr. (1995). The experience of self in the bottlenose dolphin. *Consciousness and Cognition*, 4(2), 244-7.
42. Delfour, F., & Marten, K. (2001). Mirror image processing in three marine mammal species: killer whales (*Orcinus orca*), false killer whales (*Pseudorca crassidens*) and California sea lions (*Zalophus californianus*). *Behavioural Processes*, 53, 181-90.
43. Reiss, D., & Marino, L. (2001). Mirror self-recognition in the bottlenose dolphin: a case of cognitive convergence. *Proceedings of the National Academy of Sciences of the United States of America*, 98(10), 5937-42.
44. Reiss, D. (2011). *The Dolphin in the Mirror: Exploring Dolphin Minds and Saving Dolphin Lives*. Boston, MA: Houghton Mifflin Harcourt.
45. Reiss, D., & Marino, L. (2001). Mirror self-recognition in the bottlenose dolphin: a case of cognitive convergence. *Proceedings of the National Academy of Sciences of the United States of America*, 98(10), 5937-42. Pg. 5942.
46. Reiss, D., & Marino, L. (2001). Mirror self-recognition in the bottlenose dolphin: a case of cognitive convergence. *Proceedings of the National Academy of Sciences of the United States of America*, 98(10), 5937-42. Pg. 5937.
47. de Waal, F. B. M., Dindo, M., Freeman, C. A. & Hall, M. (2005). The monkey in the mirror: hardly a stranger. *Proceedings of the National Academy of Sciences*, 102, 11140-7.
48. Rajala, A. Z., Reininger, K. R., Lancaster, K. M., & Populin, L. C. (2010). Rhesus monkeys (*Macaca mulatta*) do recognize themselves in the mirror: implications for the evolution of self-recognition. *PLoS ONE*, 5(9), 8.
49. この研究と他のMSRテストとの間の重要な違いとして，ハトは鏡を使うよう訓練を受けていたことに注意（自発的なものではなく）：Epstein, R., Lanza, R. P., & Skinner, B. F. (1981). "Self-awareness" in the pigeon. *Science*, 212, 695-6.
50. Ikeda, Y. (2009). A perspective on the study of cognition and sociality of cephalopod mollusks, a group of intelligence marine invertebrates. *Japanese Psychological Research*, 51(3), 146-53.
51. Delfour, F., & Herzing, D. (2009). Mirror exposure to free-ranging Atlantic spotted dolphins in the Bahamas. Presented at the 18th Biennial Conference on the Biology of Marine Mammmals, Quebec City, Canada, October 2009.
52. Broesch, T., Callaghan, T., Henrich, J., Murphy, C., & Rochat, P. (2010). Cultural variations in children's mirror self-recognition. *Journal of CrossCultural Psychology*, 42(6), 1018-29.
53. Ledbetter, D. H., & Basen, J. D. (1982). Failure to demonstrate self-recognition in gorillas. *American Journal of Primatology*, 2, 307-10.
54. Patterson, F., & Gordon, W. (1993). The case for the personhood of gorillas. In P. Cavalieri & P. Singer (Eds.), *The Great Ape Project* (pp. 58-77). New York: St. Martin's Griffin.
55. Patterson, F. G. P., & Cohn, R. H. (1994). Self-recognition and self-awareness in lowland gorillas. In S. T. Parker, R. W. Mitchell, & M. L. Boccia (Eds.), *Self-Awareness in Animals and Humans* (pp. 273-90). New York: Cambridge

11. Zentall, T. R. (2008). Representing past and future events. In E. Dere, A. Easton, L. Nadel, & J. P. Huston (Eds.), *Handbook of Episodic Memory Research* (pp. 217-34). Oxford: Elsevier, 230.

12. Abramson, J. Z., Hernandez-Lloreda. V., Call, J., & Colmenares, F. (2013). Experimental evidence for action imitation in killer whales (*Orcinus orca*). *Animal Cognition*, 16(1), 11-22.

13. Richards, D. G., Wolz, J. P., & Herman, L. M. (1984). Vocal mimicry of computer-generated sounds and vocal labeling of objects by a bottlenosed dolphin, *Tursiops truncatus*. *Journal of Comparative Psychology*, 1, 10-28.

14. Reiss, D., & McCowan, B. J. (1993). Spontaneous vocal mimicry and production by bottlenose dolphins (*Tursiops truncatus*): evidence for vocal learning. *Journal of Comparative Psychology*, 107(3), 301-12.

15. Janik, V. M. (2000). Whistle matching in wild bottlenose dolphins (*Tursiops truncatus*). *Science*, 289, 1355-57.

16. Ford, J. K. B. (1991). Vocal traditions among resident killer whales (*Orcinus orca*) in coastal waters of British Columbia. *Canadian Journal of Zoology/Revue Canadienne De Zoologie*, 69(6), 1454-83.

17. Foote, A. D., Griffin, R. M., Howitt, D., Larsson, L., Miller, P. J. O., & Rus Hoelzel, A. (2006). Killer whales are capable of vocal learning. *Biology Letters*, 2(4), 509-12.

18. Kremers, D., Jaramillo, M. B., Böye, M., Lemasson, A., & Hausberger, M. (2011). Do dolphins rehearse show-stimuli when at rest? Delayed matching of auditory memory. *Frontiers in Psychology*, 2(386) doi:10.3389/fpsyg.2011.00386.

19. May-Collado, L. J. (2010). Changes in whistle structure of two dolphin species during interspecific associations. *Ethology*, 116, 1065-74.

20. Herman, L. M., Morrel-Samuels, P., & Pack, A. A. (1990). Bottlenosed dolphin and human recognition of veridical and degraded video displays of an artificial gestural language. *Journal of Experimental Psychology: General*, 119(2), 215-30.

21. Bauer, G. B., & Johnson, C. M. (1994). Trained motor imitation by bottlenose dolphins (*Tursiops truncatus*). *Perceptual and Motor Skills*, 79, 1307-15.

22. Kuczaj, S. A., & Yeater, D. B. (2006). Dolphin imitation: who, what, when, and why? *Aquatic Mammals*, 32(4), 413-22.

23. Tomasello, M. (1996). Do apes ape? In C. M. Heyes & B. G. Galef, Jr. (Eds.), *Social Learning in Animals: The Roots of Culture* (pp. 319-46). New York: Academic Press.

24. Poole, J. H., Tyack, P. L., Stoeger-Horwath, A. S., & Watwood, S. (2005). Elephants are capable of vocal learning. *Nature*, 434, 455-6.

25. Briefer, E., & McElligott, A. G. (2012). Social effects on vocal ontogeny in an ungulate. the goat (*Capra hircus*). *Animal Behaviour* 83, 991-1000.

26. Knörnschild, M., Nagy, M., Metz, M., Mayer, F., & von Helversen, O. (2010). Complex vocal imitation during ontogeny in a bat. *Biology Letters*, 6, 156-9.

27. Schusterman, R. J. (2008). Vocal learning in mammals with special emphasis on pinnipeds. In D. K. Oller & U. Gribel (Eds.), *The Evolution of Communicative Flexibility: Complexity, Creativity, and Adaptability in Human and Animal Communication* (pp. 41-70). Cambridge, MA: MIT Press.

28. Haun, D. B. M., & Call, J. (2008). Imitation recognition in great apes. *Current Biology*, 18(7), R288-R290.

29. Subiaul, F. (2007). The imitation faculty in monkeys: evaluating its features, distribution and evolution. *Journal of Anthropological Sciences*, 85, 35-62.

30. Gallup, G. G., Jr. (1970). Chimpanzees: self recognition. *Science*, 167(3914), 86-7.

31. de Waal, F. B. M., Dindo, M., Freeman, C. A. & Hall, M. (2005). The monkey in the mirror: hardly a stranger. *Proceedings of the National Academy of Sciences*, 102, 11140-7.

32. Gallup, G. G., Jr. (1970). Chimpanzees: self recognition. *Science*, 167(3914), 86-7. Pg. 87.

33. 概観については以下を参照：Reiss, D. (2011). *The Dolphin in the Mirror: Exploring Dolphin Minds and Saving Dolphin Lives*. Boston, MA: Houghton Mifflin Harcourt.

34. Marino, L., Reiss, D., & Gallup, G. (1993). Self-recognition in the bottlenose dolphin: a methodological test case for the study of extraterrestrial intelligence. In G. S. Shostak (Ed.), *Third Decennial US-USSR Conference on SETI*.

of the Cambridge Philosophical Society, 83(4), 417-40.

109. Marino, L., Connor, R. C., Fordyce, R, Herman, L. M., Hof, P. R., Lefebvre, L., et al. (2007). Cetaceans have complex brains for complex cognition. *PLoS Biology*, 5, 966-72. doi:10.1371/journal.pbio.0050139. e139.
110. Maximino, C. (2009). A quantitative test of the thermogenesis hypothesis of cetacean brain evolution, using phylogenetic comparative methods. *Marine and Freshwater Behaviour and Physiology*, 42(1), 1-17.
111. Gregg, J. (September 5, 2006). The dim dolphin controversy. The dolphin pod. http://www.dolphincommunicationproject.org/index.php?option=com_content&task=view&id=1117&Itemid=285 での Manger の引用。
112. Marino, L., Butti, C., Connor, R. C., Fordyce, R. E., Herman, L. M., Hof, P. R., Lefebvre, L., et al. (2008). A claim in search of evidence: reply to Manger's thermogenesis hypothesis of cetacean brain structure. *Biological Reviews of the Cambridge Philosophical Society*, 83(4), 417-40.
113. Marino, L., Connor, R. C., Fordyce, R. E., Herman, L. M., Hof, P. R., Lefebvre, L., Lusseau, D., et al. (2007). Cetaceans have complex brains for complex cognition. *PLoS Biology*, 5(5), 7.
114. Manger の以下のような言葉を考えてみよう：「知的な行動によって測定される知能は，神経的な活動と処理の観察可能な表出でしかない。そしてもちろん，その処理装置が適切に組み込まれていなければ，私の論文や多くの先行研究に示されているように，知的な行動を生み出す実質的な能力はなくなるはずだ。適切な脳がなければ，知的な行動はない」。Gregg, J. (September 5, 2006). The dim dolphin controversy. The dolphin pod. http://www.dolphincommunicationproject.org/index.php?option=com_content&task=view&id=1117&Itemid=285.
115. Bonoguore, T. (March 17, 2009). Flipper no longer the head of the class? *Globe and Mail*. https://www.theglobeandmail.com/news/technology/science/article839604.ece.
116. Herman, L. M. (1980). Cognitive characteristics of dolphins. In L. M. Herman (Ed.), *Cetacean Behavior Mechanisms and Functions* (pp. 363-429). New York: Wiley Interscience, 363-4.

第３章

1. Conan, Doyle, A. (1948). *The Adventure of the Blue Carbuncle*. New Yok: Baker Street Irregulars, 25.
2. Connor, S. (February 21, 2012). Whales and dolphins are so intelligent they deserve same rights as humans, say experts. *The Independent*. https://www.independent.co.uk/environment/nature/whales-and-dolphins-are-so-intelligent-they-deserve-same-rights-as-humans-say-experts-7237448.html. の Thomas White の発言より。
3. White, T. (2007). *In Defense of Dolphins: The New Moral Frontier*. Malden, MA: Blackwell Publishing, 80.
4. これらのトピックについては Bekoff, M., & Allen, C. (1997). Cognitive ethology: slayers, skeptics, and proponents. In R. W. Mitchell, N. S. Thompson, & H. L. Miles (Eds.), *Anthropomorphism, Anecdotes, and Animals* (pp. 313-34). Albany: State University of New York Press を参照。
5. Longo, M .R., Schüür, F., Kammers, M. P. M., Tsakiris, M., & Haggard, P. (2008). What is embodiment? A psychometric approach. *Cognition*, 107, 978-98.
6. Herman, L. M., Matus, D. S., Herman, E. Y., Ivancic, M., & Pack, A. A. (2001). The bottlenosed dolphin's (*Tursiops truncatus*) understanding of gestures as symbol representations of its body parts. *Animal Learning & Behavior,* 29, 250-64.
7. Herman, L. M. (2011). Body and self in dolphins. *Consciousness and Cognition*, 21(1), 526-45. Pg. 535.
8. Savage-Rumbaugh, E. S., Murphy, J., Sevcik, R. A., Brakke, K. E., Williams, S. L., & Rumbaugh, D. M. (1993). Language comprehension in ape and child. *Monographs for the Society for Research in Child Development,* 58, 1-221[Serial No. 233].
9. Herman, L. M. (2002). Vocal, social, and self-imitation by bottlenosed dolphins. In K. Dautenhahn & C. Nehaniv (Eds.), *Imitation in Animals and Artifacts* (pp. 63-108). Cambridge, MA: MIT Press.
10. Mercado, E., Murray, S. O., Uyeyama, R. K., Pack, A. A., & Herman, L. M. (1998). Memory for recent actions in the bottlenosed dolphin (*Tursiops truncatus*): Repetition of arbitrary behaviors using an abstract rule. *Animal Learning Behavior,* 26(2), 210-18.

comparison with other aquatic and terrestrial species. *Annals of the New York Academy of Sciences*, 1225(1), 47-58.
88. Evrard, H. C., Forro, T., & Logothetis, N. K. (2012). Von Economo neurons in the anterior insula of the macaque monkey. *Neuron*, 74(3), 482-9.
89. Marino, L. (2002). Brain size evolution. In W. F. Perrin, B. Würsig, & J. G. M. Thewissen (Eds.), *Encyclopedia of Marine Mammals* (pp. 158-62). New York: Academic Press, 150.
90. O'Shea, T. J., & Reep, R. L. (1990). Encephalization quotients and life-history traits in the Sirenia. *Journal of Mammalogy*, 71, 534-43. Pg. 534.
91. Van Essen, D. (1997). A tension-based theory of morphogenesis and compact wiring in the central nervous system. *Nature*, 385, 313-18.
92. Sherwood, C. C., Bauernfeind, A. L., Bianchi, S., Raghanti, M. A., & Hof, P. R. (2012). Human brain evolution writ large and small. (M. Hofman & D. Falk, Eds.). *Progress in Brain Research*, 195, 237-54.
93. Hof., P. R., & Van Der Gucht, E. (2007). Structure of the cerebral cortex of the humpback whale, *Megaptera novaeangliae* (Cetacea, Mysticeti, Balaenopteridae). *The Anatomical Record Part A Discoveries in Molecular Cellular and Evolutionary Biology*, 31, 1-31.
94. Hakeem, A. Y., Sherwood, C. C., Bonar, C. J., Butti, C., Hof, P. R., & Allman, J. M. (2009). Von Economo neurons in the elephant brain. *Anatomical Record*, 292(2), 242-8.
95. たとえばBekoff, M. (May 8, 2012). Humpback whales protect a gray whale from killer whales. *Psychology Today*. https://www.psychologytoday.com/intl/blog/animal-emotions/201205/humpback-whales-protect-gray-whale-killer-whales での Lori Marino の意見を参照。
96. Marino, L., Butti, C., Connor, R. C., Fordyce, R. E., Herman, L. M., Hof, P. R., Lefebvre, L., et al. (2008). A claim in search of evidence: reply to Manger's thermogenesis hypothesis of cetacean brain structure. *Biological Reviews of the Cambridge Philosophical Society*, 83(4), 417-40. Pg. 426.
97. de Waal, F. B. M., & Tyack, P. L. (2003). *Animal Social Complexity: Intelligence, Culture, and Individualized Societies*. Cambridge, MA: Harvard University Press.
98. この洞察に関しては Patrick Hof 博士に感謝する。
99. この説明に関しては Patrick Hof 博士に感謝する。
100. Manger. P. R. (2006). An examination of cetacean brain structure with a novel hypothesis correlating thermogenesis to the evolution of a big brain. *Biological Reviews of the Cambridge Philosophical Society*, 81(2), 293-338.
101. Semendeferi, K., Armostrong, E., Schleicher, A., Zilles, K., & Van Hoesen, G. W. (2001). Prefrontal cortex in humans and apes: a comparative study of area 10. *American Journal of Physical Anthropology*, 114, 224-241.
102. Maguire, E. A., Gadian, D. G., Johnsrude, I. S., Good, C. D., Ashburner, J., Frackowiak, R. S. J., & Frith, C. D, (2000). Navigation-related structural change in the hippocampi of taxi drivers. *Proceedings of the National Academy of Sciences of the United States of America*, 97(8), 4398-403.
103. Tamada, T., Miyauchi, S., Imamizu, H., Yoshioka, T., & Kawato, M. (1999). Cerebro-cerebellar functional connectivity revealed by the laterality index in tool-use learning. *NeuroReport*, 10(2), 325-31.
104. Finn, J. K., Tregenza, T., & Norman, M. D. (2009). Defensive tool use in a coconut-carrying octopus. *Current Biology*, 19(23), R1069-70.
105. Iwaniuk, A. N., Lefebvre, L., & Wylie, D. R. (2009). The comparative approach and brain-behaviour relationships: a tool for understanding tool use. *Canadian Journal of Experimental Psychology/Revue canadienne de psychologie experimentale*, 63(2), 150-9.
106. Obayashi, S., Suhara, T., Kawabe, K., Okauchi, T., Maeda, J., Akine, Y., Onoe, H., & lriki, A. (2001). Functional brain mapping of monkey tool use. *Neuroimage*, 14, 853-61.
107. Manger. P. R. (2006). An examination of cetacean brain structure with a novel hypothesis correlating thermogenesis to the evolution of a big brain. *Biological Reviews of the Cambridge Philosophical Society*, 81(2), 293-338.
108. Marino, L., Butti, C., Connor, R. C., Fordyce, R. E., Herman, L. M., Hof, P. R., Lefebvre, L., et al. (2008). A claim in search of evidence: reply to Manger's thermogenesis hypothesis of cetacean brain structure. *Biological Reviews*

Astrocytes control breathing through pH-dependent release of ATP. *Science*, 329(5991), 571-5.

67. Marino, L., Butti, C., Connor, R. C., Fordyce, R. E., Herman, L. M., Hof, P. R., Lefebvre, L., et al. (2008). A claim in search of evidence: reply to Manger's thermogenesis hypothesis of cetacean brain structure. *Biological Reviews of the Cambridge Philosophical Society*, 83(4), 417-40.
68. Marino, L., Connor, R. C., Fordyce, R. E., Herman, L. M., Hof, P. R., Lefebvre, L., Lusseau, D., et al. (2007). Cetaceans have complex brains for complex cognition. *PLoS Biology*, 5(5), e139.
69. Manger. P. R. (2006). An examination of cetacean brain structure with a novel hypothesis correlating thermogenesis to the evolution of a big brain. *Biological Reviews of the Cambridge Philosophical Society*, 81(2), 293-338.
70. Brownlow, M., Kvale, I., & Schofield, A. (2011). *Ocean Giants, Deep Thinkers* [Motion picture]. Season 1, Episode 2.
71. Chen, I. (2009, June). Brain cells for socializing. *Smithsonian Magazine*.
72. Lamm, C., & Singer, T. (2010). The role of anterior insular cortex in social emotions. *Brain Structure & Function*, 241(5-6), 579-951.
73. Butti, C., Santos, M., Uppal, N., & Hof, P. R. (2011). Von Economo neurons: clinical and evolutionary perspectives. *Cortex*. doi:10.1016/j.cortex.2011.10.004.
74. Hof., P. R., & Van Der Gucht, E. (2007). Structure of the cerebral cortex of the humpback whale, *Megaptera novaeangliae* (Cetacea, Mysticeti, Balaenopteridae). *The Anatomical Record Part A Discoveries in Molecular Cellular and Evolutionary Biology*, 31, 1-31.
75. Nimchinsky, E. A., Gilisse, N. E., Allman, J. M., Perl, D. P., Erwin, J. M., & Hof, P. R. (1999). A neuronal morphologic type unique to humans and great apes. *Proceedings of the National Academy of Sciences of the United States of America*, 96(5), 268-73.
76. Hakeem, A. Y., Sherwood, C. C., Bonar, C. J., Butti, C., Hof, P. R., & Allman, J. M. (2009). Von Economo neurons in the elephant brain. *Anatomical Record*, 292(2), 242-8.
77. Hof., P. R., & Van Der Gucht, E. (2007). Structure of the cerebral cortex of the humpback whale, *Megaptera novaeangliae* (Cetacea, Mysticeti, Balaenopteridae). *The Anatomical Record Part A Discoveries in Molecular Cellular and Evolutionary Biology*, 31, 1-31.
78. Chen, I. (2009, June). Brain cells for socializing. *Smithsonian Magazine*.
79. Butti, C., Sherwood, C. C., Hakeem, A. Y., Allman, J. M., & Hof, P. R. (2009). Total number and volume of von Economo neurons in the cerebral cortex of cetaceans. *Journal of Comparative Neurology*, 515(2), 243-59.
80. Animals "can tell right from wrong" : scientists suggest it's not just humans who have morals (May 26, 2009). *Daily Mail*. www.dailymail.co.uk/sciencetech/article-1187047/Animals-tell-right-wrong-Scientists-suggest-just-humans-morals.html.
81. Butti, C., Santos, M., Uppal, N., & Hof, P. R. (2011). Von Economo neurons: clinical and evolutionary perspectives. *Cortex*. doi:10.1016/j.cortex.2011.10.004.
82. Seeley, W. W., Carlin, D. A., Allman, J. M., Macedo, M. N., Bush, C., Miller, B. L., & Dearmond, S. J. (2006). Early frontotemporal dementia targets neurons unique to apes and humans. *Annals of Neurology*, 60(6), 660-7.
83. Lori Marino は次のように発言している：「これらの細胞（フォン・エコノモ・ニューロン）の存在は，クジラ類が共感や，高次の思考および感情を持つという考えの神経学的な補強材料となる」。Whiting, C. C. (May 8, 2012). Humpback whales intervene in orca attack on gray whale calf. *Digital Journal Reports*. http://www.digitaljournal.com/article/324348.
84. Philippi, C. L., Feinstein, J. S., Khalsa, S. S., Damasio, A., Tranel, D., et al. (2012). Preserved self-awareness following extensive bilateral brain damage to the insula, anterior cingulate, and medial prefrontal cortices. *PLoS ONE*, 7(8), e38413. doi:10.1371/journal.pone.0038413.
85. Butti, C., Sherwood, C. C., Hakeem, A. Y., Allman, J. M., & Hof, P. R. (2009). Total number and volume of von Economo neurons in the cerebral cortex of cetaceans. *Journal of Comparative Neurology*, 515(2), 243-59.
86. Chen, I. (2009, June). Brain cells for socializing. *Smithsonian Magazine*.
87. Butti, C., Raghanti, M. A., Sherwood, C. C., & Hof, P. R. (2011). The neocortex of cetaceans: cytoarchitecture and

43. Ridgway, S. H. (1990). The central nervous system of the bottlenose dolphin. In S. Leatherwood & R. R. Reeves (Eds.), *The Bottlenose Dolphin* (pp. 69-97). New York: Academic Press, 75.

44. Oelschläger, H. H. A., & Oelschläger, J. S. (2009). Brain. In W. F. Perrin, B. Würsig, & J. G. M. Thewissen (Eds.), *Encyclopedia of Marine Mammals, 2nd edn* (pp. 134-49). New York: Academic Press.

45. たとえば Pearson, H. C., & Shelton, D. E. (2010). A large-brained social animal. In B. Würsig & M. Würsig (Eds.), *The Dusky Dolphin: Master Acrobat off Different Shores* (pp. 333-53). San Diego, CA: Elsevier, Inc., 337.

46. Byrne, R. W., & Corp, N. (2004). Neocortex size predicts deception rate in primates. *Proceedings of the Royal Society B: Biological Sciences*, 271(1549), 1693-1699.

47. Lefebvre, L., Reader, S. M., & Sol, D. (2004). Brains, innovations and evolution in birds and primates. *Brain, Behavior and Evolution*, 63, 233-46.

48. Dunbar, R. I. M. (1992). Neocortex size as a constraint on group size in primates. *Journal of Human Evolution*, 20 469-93. doi:10.1016/0047-2484(92)90081-J.

49. Lefebvre, L., & Sol, D. (2008). Brains, lifestyles and cognition: are there general trends? *Brain, Behavior and Evolution*, 72, 135-44.

50. Pearson, H. C., & Shelton, D. E. (2010). A large-brained social animal. In B. Würsig & M. Würsig (Eds.), *The Dusky Dolphin: Master Acrobat off Different Shores* (pp. 333-53). San Diego, CA: Elsevier, Inc. 参照。

51. Connor, R. C. (2007). Dolphin social intelligence: complex alliance relationships in bottlenose dolphins and a consideration of selective environments for extreme brain size evolution in mammals. *Philosophical Transactions of the Royal Society B Biological Sciences*, 362(1480), 587-602.

52. Finarelli, J. A., & Flynn, J. J. (2009). Brain-size evolution and sociality in Carnivora. *Brain*, 106(23), 9345-9.

53. Ridgway, S. H. (1990). The central nervous system of the bottlenose dolphin. In S. Leatherwood & R. R. Reeves (Eds.), *The Bottlenose Dolphin* (pp. 69-97). San Diego, CA: Academic Press; Ridgway, S. H., & Au, W. W. L. (1999). Hearing and echolocation: dolphin. In G. Adelman & B. Smith (Eds.), *Elsevier's Encyclopedia of Neuroscience* (pp. 858-62). New York: Elsevier Science.

54. Marino, L. (2007). Cetacean brains: how aquatic are they? *Anatomical Record*, 290(6), 694-700.

55. Krubitzer, L., & Campi, K. (2009). Neocortical organization in monotremes. In L. R. Squire (Ed.), *Encyclopedia of Neuroscience* (pp. 51-9). Oxford: Academic Press.

56. Baron, G., Stepham, H., & Frahm. H. D. (1996). *Comparative Neurobiology in Chiroptera*. Berlin: Birkhauser-Verlag.

57. Hutcheon, J. M., Kirsch, J. A. W., & Garland, T., Jr. (2002). A comparative analysis of brain size in relation to foraging ecology and phylogeny in the chiroptera. *Brain Behavior and Evolution*, 60, 165-80.

58. Herculano-Houzel, S., Mota, B., & Lent, R. (2006). Cellular scaling rules for rodent brains. *Proceedings of the National Academy of Sciences*, 103, 12138-43.

59. Azevedo, F. A. C., Carvalho, L. R. B., Grinberg, L. T., Farfel, J. M., Ferretti, R. E. L., Leite, R. E. P., Jacob, Filho, W., et al. (2009). Equal numbers of neuronal and nonneuronal cells make the human brain an isometrically scaled-up primate brain. *Journal of Comparative Neurology*, 513(5), 532-41.

60. Roth, G. (2000). The evolution and ontogeny of consciousness. In T. Metzinger (Ed.), *Neural Correlates of Consciousness: Empirical and Conceptual Questions* (pp. 77-97). Cambridge, MA: MIT Press.

61. Oelschläger, H. H. A., & Oelschläger, J. S. (2009). Brain. In W. F. Perrin, B. Würsig, & J. G. M. Thewissen (Eds.), *Encyclopedia of Marine Mammals, 2nd edn* (pp. 134-49). New York: Academic Press.

62. Huggenberger, S. (2008). The size and complexity of dolphin brains-a paradox? *Journal of the Marine Biological Association of the United Kingdom*, 88(06), 1103-8.

63. Roth, G., & Dicke, U. (2005). Evolution of the brain and intelligence. *Trends in Cognitive Science*, 9(5), 250-7.

64. Miklos, G. L. G. (1998). The evolution and modification of brains and sensory systems. *Daedalus*, 127, 197-216.

65. Oelschläger, H. H. A., & Oelschläger, J. S. (2009). Brain. In W. F. Perrin, B. Würsig, & J. G. M. Thewissen (Eds.), *Encyclopedia of Marine Mammals, 2nd edn* (pp. 134-49). New York: Academic Press.

66. Gourine, A. V., Kasymov, V., Marina, N., Tang, F., Figueiredo, M. F., Lane, S., Teschemacher, A. G., et al. (2010).

21. Clutton-Brock, T. H., & Harvey, P. H. (1980). Primates, brains and ecology. *Journal of Zoology*, 190(3), 309-23.
22. Deaner, R. O., Isler, K., Burkart, J., & Van Schaik, C. (2007). Overall brain size, and not encephalization quotient, best predicts cognitive ability across non-human primates. *Brain Behavior and Evolution*, 70(2), 115-24.
23. Gibson, K. R., Rumbaugh, D., & Beran, M. (2001). Bigger is better: primate brain size in relationship to cognition. In D. Falk & K. R. Gibson (Eds.), *Evolutionary Anatomy of the Primate Cerebral Cortex* (pp. 79-97). Cambridge: Cambridge University Press.
24. Marino, L. (1998). A comparison of encephalization between odontocete cetaceans and anthropoid primates. *Brain, Behavior and Evolution*, 51, 230-8.
25. Connor, R. C., Mann, J., Tyack, P. L., & Whitehead, H. (1998). Quantifying brain-behavior relations in cetaceans and primates—Reply. *Trends in Ecology & Evolution*, 13(10), 408.
26. Marino, L. (2004). Cetacean brain evolution: multiplication generates complexity. *International Journal of Comparative Psychology*, 17, 1-16.
27. Prior, H., Schwarz, A., & Güntürkün, O. (2008). Mirror-induced behavior in the magpie (*Pica pica*): evidence of self-recognition. *PLoS Biol* 6(8): e202. doi:10.1371/journal.pbio.0060202.
28. Pepperberg, I. M. (1998). Talking with Alex: logic and speech in parrots. *Scientific American*, 9(4), 60-5.
29. Shoshani, J., Kupsky, W. J., & Marchant, G. H. (2006). Elephant brain. Part I: Gross morphology functions, comparative anatomy, and evolution. *Brain Research Bulletin*, 70(2), 124-57.
30. Roth, G., & Dicke, U. (2005). Evolution of the brain and intelligence. *Trends in Cognitive Science*, 9(5), 250-7.
31. Plotnik, J. M., de Waal , F. B. M., Moore, D., & Reiss, D. (2010). Self-recognition in the Asian elephant and future directions for cognitive research with elephants in zoological settings. *Zoo Biology*, 29(2), 179-91.
32. Rajala, A. Z., Reininger, K. R., Lancaster, K. M., & Populin, L. C. (2010). Rhesus monkeys (*Macaca mulatta*) do recognize themselves in the mirror: implications for the evolution of self-recognition. (J. Lauwereyns, Ed.) *PLoS ONE*, 5(9), 8.
33. Anderson, J. R., & Gallup, G. G., Jr. (2011). Do rhesus monkeys recognize themselves in mirrors? *American Journal of Primatology*, 73, 603-6.
34. Martin, R. D. (1984). Body size, brain size and feeding strategies. In D. J. Chivers, B. Wood, & A. Bilsborough (Eds.), *Food Acquisition and Processing in Primates* (pp. 73-103). New York: Plenum Press.
35. Anderson, J. R. (1983). Responses to mirror image stimulation and assessment of self-recognition in mirror- and peer-reared stumptail macaques. *The Quarterly Journal of Experimental Psychology B: Comparative and Physiological Psychology*, 35(3), 201-12.
36. Jerison, H. J. (1973). *Evolution of the Brain and Intelligence*. New York: Academic Press.
37. Fragaszy, D. M., Visalberghi, E., & Fedigan, L. M. (2004). *The Complete Capuchin: The Biology of the Genus Cebus*. Cambridge: Cambridge University Press.
38. Boddy, A. M., McGowen, M. R., Sherwood, C. C., Grossman, L. I., Goodman, M., & Wildman, D. E. (2012). Comparative analysis of encephalization in mammals reveals relaxed constraints on anthropoid primate and cetacean brain scaling. *Journal of Evolutionary Biology*, 25, 981-94.
39. Herculano-Houzel, S. (2009). The human brain in numbers: a linearly scaled-up primate brain. *Frontiers in Human Neuroscience*, 3(November), 11. doi:10.3389/neuro.09.031.2009 の Brain and Body Scaling: The Traditional View の項目を参照。
40. Boddy, A. M., McGowen, M. R., Sherwood, C. C., Grossman, L. I., Goodman, M., & Wildman, D. E. (2012). Comparative analysis of encephalization in mammals reveals relaxed constraints on anthropoid primate and cetacean brain scaling. *Journal of Evolutionary Biology*, 25, 981-94.
41. Deaner, R. O., Isler, K., Burkart, J., & Van Schaik, C. (2007). Overall brain size, and not encephalization quotient, best predicts cognitive ability across non-human primates. *Brain Behavior and Evolution*, 70(2), 115-24.
42. Fichtelius, K. E., Sjölander, S. (1972). *Smarter than Man? Intelligence in Whales, Dolphins, and Humans*. New York: Pantheon Books のカバーより引用。

66. Pidd, H. (September 11, 2006). Who's the dummy? *The Guardian*. https://www.theguardian.com/science/2006/sep/11/g2 での Paul Manger の発言より引用。
67. de Waal, F. (October 9, 2006). Looking at Flipper, seeing ourselves. *New York Times*. http://www.nytimes.com/2006/10/09/opinion/09dewaal.html.
68. Herman, L. M. (1980). Cognitive characteristics of dolphins. In L. M. Herman (Ed.), *Cetacean Behavior: Mechanisms and Functions* (pp. 363-430). New York: Wiley Interscience.
69. Thorndike, E. L. (1911). *Animal Intelligence*. New York: Macmillan, 22.

第２章

1. Wise, S. M. (2002). *Drawing the Line: Science and the Case for Animal Rights*. Cambridge, MA: Perseus Publishing, 133.
2. リリーは少なくとも1983年までは「知能は脳の絶対的な大きさから得られる機能だと確信している」と言っている：Hooper, J. (1983, January). John Lilly: altered states. *Omni Magazine*。ここで私が概説した論題に関するリリーのオリジナルのアイデアを知りたい人は，下記文献を参照のこと：Lilly, J. C. (1962). *Man and Dolphin*. *London*: Victor Gollancz。
3. Marino, L. (2002). Brain size evolution. In W. F. Perrin, B. Würsig, & J. G. M. Thewissen (Eds.), *Encyclopedia of Marine Mammals* (pp. 158-62). New York: Academic Press, 150.
4. Nelson, G. E. (1982). *Fundamental Concepts of Biology*. New York: Wiley, 262.
5. Shoshani, J., Kupsky, W. J., & Marchant, G. H. (2006). Elephant brain. Part I: Gross morphology functions, comparative anatomy, and evolution. *Brain Research Bulletin*, 70, 124-57. Pg. 124.
6. Marino, L. (2002). Brain size evolution. In W. F. Perrin, B. Würsig, & J. G. M. Thewissen (Eds.), *Encyclopedia of Marine Mammals* (pp. 158-62). New York: Academic Press.
7. Klinowska, M. (1992). Brains, behaviour and intelligence in cetaceans (whales, dolphins and porpoises). In Ö. D. Jonsson (Ed.), *Whales and Ethics* (pp. 23-37). Reykjavik: Fisheries Research Institute, University of Iceland Press.
8. Tartarelli, G., & Bisconti, M. (2006). Trajectories and constraints in brain evolution in primates and cetaceans. *Human Evolution*, 21(3-4), 275-87.
9. McDaniel, M. A. (2005). Big-brained people are smarter: a meta-analysis of the relationship between in vivo brain volume and intelligence. *Intelligence*, 33, 337-46.
10. 概要に関しては下記参照：Herculano-Houzel, S. (2009). The human brain in numbers: a linearly scaled-up primate brain. *Frontiers in Human Neuroscience*, 3, 31.
11. Healy, S. D., & Rowe, C. (2007). A critique of comparative studies of brain size. *Proceedings of the Royal Society B Biological Sciences*, 274(1609), 453-64.
12. 昆虫の知能に関する概要は下記も参照：Chittka, L., & Niven, J. (2009). Are bigger brain better? *Current Biology*, 19(21), R995-R1008.
13. Jerison, H. J. (1977). The theory of encephalization. *Annals of the New York Academy of Sciences*, 299, 146-60.
14. Jerison, H. J. (1977). The theory of encephalization. *Annals of the New York Academy of Sciences*, 299, 146-60.
15. Viegas, J. (January 22, 2010). Dolphins: second-smartest animal? *Discovery News*. http://news.discovery.com/animals/dolphins-smartest-brain-function.html での Lori Marino の引用より。
16. Marino, L. (2002). Brain size evolution. In W. F. Perrin, B. Würsig, & J. G. M. Thewissen (Eds.), *Encyclopedia of Marine Mammals* (pp. 158-62). New York: Academic Press.
17. Marino, L. (2002). Convergence of complex cognitive abilities in cetaceans and primates. *Brain, Behavior and Evolution*, 59, 21-32.
18. White, T. (2007). *In Defense of Dolphins: The New Moral Frontier*. Malden, MA: Blackwell Publishing, 35.
19. Changizi, M. A. (2003). The relationship between number of muscles, behavioral repertoire size, and encephalization in mammals. *Journal of Theoretical Biology*, 220, 157-68.
20. Sol, D., Bacher, S., Reader, S. M., & Lefebvre, L. (2008). Brain size predicts the success of mammal species introduced into novel environments. *American Naturalist*, 172, S63-S71.

42. Rose, N. A., Parsons, E. C. M., & Garinato, R. (2009). The case against marine mammals in captivity (4th edn.). Washington, DC: The Humane Society of the United States and the World Society for the Protection of Animals.
43. Dolphins deserve same rights as humans, say scientists. (February 21, 2012). *BBC News*. https://www.bbc.co.uk/news/world-17116882.
44. Gould, S. J. (1981). *The Mismeasure of Man*. New York: W. W. Norton & Company.
45. Wasserman, E. A. (1993). Comparative cognition: beginning the second century of the study of animal intelligence. *Psychological Bulletin*, 113(2), 211-28. Pg. 212.
46. Hauser, M. (2000). *Wild Minds: What Animals Really Think*. New York: Henry Holt and Company. xviii および257頁の Hauser の知能の議論を参照のこと。
47. Lewis, S. K., & Levin, D. (January 20, 2011). What is intelligence? の Rodney Brooks の発言より引用。*PBS*. http://www.pbs.org/wgbh/nova/body/what-is-intelligence.html.
48. The "intelligent" side of sheep. (November 7, 2001). *BBC News*. http://news.bbc.co.uk/2/hi/uk_news/wales/1643842.stm.
49. Jacobellis v. Ohio 378 U.S. 184 (1964) の判決において，Potter Stewart 判事が補足意見の中で映画『*The Lover*』の猥褻さについて述べたもの。
50. Nakajima, S., Arimitsu, K., & Lattal K. M. (2002). Estimation of animal intelligence by university students in Japan and the United States. *Anthrozoos*, 15, 194-205.
51. Pinker, S. (1997). *How the Mind Works*. London: Penguin Books, 62.
52. Romanes, G. J. (1882). *Animal Intelligence*. London: Kegan Paul Trench & Co., 16.
53. Cook, R. G., & Wasserman, E. A. (2006). Relational discrimination learning in pigeons. In E. A. Wasserman & T. R. Zentall (Eds.), *Comparative Cognition* (pp. 307-24). New York: Oxford University Press, 307.
54. Herman, L. M. (2006). Intelligence and rational behaviour in the bottlenosed dolphin. In S. Hurley & M. Nudds (Eds.), *Rational Animals?* (pp. 4739-67). Oxford: Oxford University Press, 441.
55. Roth, G. & Dicke, U. (2005). Evolution of the brain and intelligence. *Trends in Cognitive Sciences*, 9(5), 250-7. Pg. 250.
56. Kennedy, J. S. (1992). *The New Anthropomorphism*. Cambridge: Cambridge University Press.
57. 下記文献の第３章を参照：Dawkins, M. S. (2012). *Why Animals Matter: Animal Consciousness, Animal Welfare, and Human Well-being*. Oxford: Oxford University Press.
58. Dennett, D. C. (1987). *The Intentional Stance*. Cambridge, MA: MIT Press.
59. Sheehan, M. J., & Tibbetts, E. A. (2011). Specialized face learning is associated with individual recognition in paper wasps. *Science*, 334, 1272-5.
60. The "intelligent" side of sheep. (November 7, 2001). *BBC News*. http://news.bbc.co.uk/2/hi/uk_news/wales/1643842.stm.
61. Wynne, C. D. L. (2006). What are animals? Why anthropomorphism is still not a scientific approach to behavior. *Comparative Cognition Behavior Reviews*, 2, 125-35.
62. Doring, T. D. & Chittka, L. (2011). How human are insects and dose it matter? *Formosan Entomologist*, 31, 85-99.
63. Burghardt, G. M. (2006). Critical Anthropomorphism, Uncritical Anthropocentrism, and Naïve Nominalism. *Comparative Cognition Behavior Reviews*, 2, 136-8.
64. Budiansky, S. (1998). *If a Lion Could Talk: Animal Intelligence and the Evolution of Consciousness*. London: The Free Press, 3.
65. P Brakes & M. P. Simmonds (Eds.) (2011). *Whales and Dolphins: Cognition, Culture, Conservation and Human Perceptions*. Oxford: Earthscan Publications での以下の記述を考えてみてほしい。108頁の文章:「動物を知能によってランク付けするのは間違いなく不可能である」と，２頁の文章：「動物の生活に関する新たな理解は，これらの動物が，我々も含めた霊長類といくつかの性質を共有していることを明らかにした。これは，彼らに特別な注意を払う必要があることをほぼ間違いなく示している」を比べてみよう。この議論では，霊長類に似た知能を持つこと（おそらく霊長類と似ていない知能を持つ場合より高い位置にランクされるのだろう）は，道徳的考慮の理由になるとされている。

American Journal of Psychiatry, 115(6), 498-504.
16. Ubell, E. (June 19, 1958). Dolphins have very complicated nervous systems: may even "talk." *The Tuscaloosa News*.
17. D. Graham Burnett が *The Sounding of the Whale* (p. 612) で述べているように，カール・セーガンとジョン・リリー（他の騎士団メンバーも）は，エイリアンからメッセージを受け取るとはどういうことかをシミュレートするために互いに暗号のようなメッセージを交換していた。
18. Lilly, J. C. (1962). *Man and Dolphin*. London: Victor Gollancz.
19. Margaret C. Tavolga と William N. Tavolga による *Man and Dolphin* のレビューより引用。記載は Burnett, D. G. (2012). *The Sounding of the Whale*. Chicago: University of Chicago Press, 590.
20. J. W. Atz による *Man and Dolphin* のレビューより引用。記載は Burnett, D. G. (2012). *The Sounding of the Whale*. Chicago: University of Chicago Press, 590.
21. Lilly, J. C. (1967). *The Mind of the Dolphin*. Garden City, NY: Doubleday 274-5 参照 .
22. Lilly, J. C. (1987). *Communication Between Man and Dolphin: The Possibilities of Talking with Other Species*. New York: Julian Press. Pg1.
23. Greenberg, P. (January 6, 2012). How scientists came to love the whale.[書籍 *The Sounding of the Whale* のレビュー]. *New York Times*. http://www.nytimes.com/2012/01/08/books/review/the-sounding-of-the-whale-by-d-graham-burnett-book-review.html?pagewanted=all.
24. Lilly J. C. (1962). *Man and Dolphin*. London: Victor Gollancz, 15.
25. Hooper, J. (1983, January). John Lilly: altered states. *Omni Magazine*.
26. Pryor, K., & Norris, K. S. (Eds.). (1991). *Dolphin Societies: Discoveries and Puzzles*. Berkeley: University of California Press, 19-225.
27. Fraser, J., Reiss, D., Boyle, P., Lemcke, K., Sickler, L., Elliot, E., Newman, B., & Gruber, S. (2006). Dolphins in popular literature and media. *Society and Animals* 14(4), 321-49. Pg. 327.
28. Fraser, J., Reiss, D., Boyle, P., Lemcke, K., Sickler, L., Elliot, E., Newman, B., & Gruber, S. (2006). Dolphins in popular literature and media. *Society and Animals* 14(4), 321-49. Pg. 327.
29. Marino, L. (2011). Cetaceans and primates: convergence in intelligence and self-awareness. *Journal of Cosmology*, 14, 1063-79.
30. Lilly J. C. (1962). *Man and Dolphin*. London: Victor Gollancz, 3.
31. Herzing, D. L., & White, T. (1999). Dolphins and the question of personhood. *Etica Animali* 9(98), 64-84, Pgs. 79-80.
32. Viegas, J. (January 22, 2010). Dolphins: second-smartest animal? *Discovery News*. http://news.discovery.com/animals/dolphins-smartest-brain-function.html.
33. Dye, L. (February 24, 2010). Are dolphins also persons? *ABC News*. http://abcnews.go.com/Technology/AmazingAnimals/dolphins-animal-closest-intelligence-humans/story?id=9921886.
34. Hoare, P. (February 24, 2012). After research reveals dolphins have extraordinary intellects and emotional IQs greater than ours, expert ask: should they be treated as humans? *Daily Mail*. http://www.dailymail.co.uk/news/article-2105703/Dolphin-expert-asks-Should-treated-humans.html#ixzz1nIhSE5aB.
35. Keim, B. (July 19, 2012). New science emboldens long shot bid for dolphin, whale rights. *Wired Science*. https://www.wired.com/2012/07/cetacean-rights/.
36. PETA sues SeaWorld for violating orcas' constitutional rights (October 25, 2011). https://www.peta.org/blog/peta-sues-seaworld-violating-orcas-constitutional-rights/.
37. ニュージーランドの Orca Research Trust の Ingrid Visser 博士も含む。
38. この訴訟は，合衆国憲法修正第一三条は人間のみに適用されるという裁定により，2012 年 2 月 8 日に却下された。
39. PETA sues SeaWorld for violating orcas' constitutional rights (October 25, 2011). https://www.peta.org/blog/peta-sues-seaworld-violating-orcas-constitutional-rights/.
40. Grimm, D. (2011). Are dolphins too smart for captivity? *Science*, 332 (6029), 526-9.
41. Two special issues on why research with captive marine mammals is important: *International Journal of Comparative Psychology*, 2010, 23(3) and 23(4).

後　注

はじめに

1. King, S. L., Harley, H. & Janik, V. M. (2014). The role of signature whistle matching in bottlenose dolphins (*Tursiops truncatus*). *Animal Behaviour*, 96, 79-86.
2. Kremers, D., López Marulanda, J., Hausberger, M., & Lemasson, A. (2014). Behavioural evidence of magnetoreception in dolphins: detection of experimental magnetic fields. *Naturwissenschaften*, [Epub ahead of print] DOI: 10.1007/s00114-014-1231-x
3. Bruck, J. N. (2013). Decades-long social memory in bottlenose dolphins. *Proceedings of the Royal Society B: Biological Sciences*, 280(1768).
4. Raghanti, M. A., Spurlock, L. B., Treichler, F. R., Weigel, S. E., Stimmelmayr, G. R., Butti, C., Thewissen J. G. M., Hof, P. R. (2014). An analysis of von Economo neurons in the cerebral cortex of cetaceans, artiodactyls, and perissodactyls. *Brain Structure and Function* [Epub a head of print] DOI: 10.1007/s00429-014-0792-y
5. Johnson, C. M., Sullivan, J., Buck, C. L., Trexel, J., & Scarpuzzi, M. (2014). Visible and invisible displacement with dynamic visual occlusion in bottlenose dolphins (*Tursiops* spp). *Animal Cognition* [Epub a head of print] DOI: 10.1007/s10071-014-0788-2

第 1 章

1. Ruseel, B. (1929). *Marriage and Morals*. George Allen and Unwin: London, 58.
2. D' Eath, R. B., & Keeling, L. J. (2003). Social discrimination and aggression by laying hens in large groups: from peck orders to social tolerance. *Applied Animal Behaviour Science*, 84(3), 197-212.
3. Sherwin, C. M., Heyes, C. M., & Nicol, C. J. (2002). Social learning influences the preferences of domestic hens for novel food. *Animal Behaviour* 63, 933-42.
4. Edgar, J. L., Lowe, J. C., Paul, E. S., & Nicol, C. J. (2011). Avian maternal response to chick distress. *Proceedings of the Royal Society B: Biological Sciences*, 278(1721), 3129-34.
5. Evans, C. S., & Evans, L. (1999). Chicken food calls are functionally referential. *Animal Behaviour*, 58, 307-19.
6. Evans, C. S., Evans, L., & Marler, P. (1993). On the meaning of alarm calls: functional reference in an avian vocal system. *Animal Behaviour*, 46, 23-38.
7. Abeyesinghe, S. M., Nicol, C. J., Hartnell, S. J., & Watges, C. M. (2005). Can domestic fowl, *Gallus gallus domesticus*, show self-control? *Animal Behaviour* 70, 1-11.
8. Finn, J. K., Tregenza, T., & Norman, M. D. (2009). Defensive tool use in a coconut-carrying octopus. *Current Biology*, 19(23), R1069-R1070.
9. イルカに関してよく使われるフレーズである。たとえば次の記事にもみられる：Morgan the orca arrives safely in Tenerife. (November 29, 2011). http://www.rnw.nl/english/bulletin/morgan-orca-arrives-safely-tenerife.
10. Goldacre, B. (2009). *Bad Science*. London: Harper Perennial, 100.
11. ハワイのコナでは，「イルカとテレポーテーションシンポジウム」が 2011 年 6 月 19 ～ 24 日に開催された。議題や活動の中には「火星への時間旅行」や，「イルカが人間を未来へとテレポーテーションさせる」といったものがあった。さらなる情報は下記参照：Ocean, J. (1997). *Dolphins into the Future*. Hawaii: Dolphin Connection, 174.
12. 多くの訴訟では，イルカは人間と同等の権利を持つべきだと主張されている。たとえば：SeaWorld sued over "enslaved" killer whales. (February 7, 2012). *BBC News*. https://www.bbc.com/news/world-us-canada-16920866.
13. ここで私が語ったことの多くは，リリーの仕事に関する素晴らしく詳細な以下の文献で見ることができる：Burnett, D. G. (2012). *The Sounding of the Whale*. Chicago: University of Chicago Press あるいは Burnett, D. G. (2010). A mind in the water. *Orion Magazine*.
14. Lilly, J. C., & Miller, A. M. (1962). Operant conditioning of the bottlenose dolphin with electrical stimulation of the brain. *Journal of Comparative and Physiological Psychology*, 55, 73-9.
15. Lilly, J. C. (1958). Some considerations regarding basic mechanisms of positive and negative types of motivations.

【著者略歴】

ジャスティン・グレッグ（Justin Gregg）

聖フランシスコ・ザビエル大学生物学部非常勤教授。イルカの行動やコミュニケーションを研究するDolphin Communication Project でSenior Research Associateを務める。専門はイルカの社会的認知の研究。本書以外の著作に『*Twenty-Two Fantastical Facts about Dolphins*』，『*Fancy Goat*』がある。

【訳者略歴】

芦屋雄高（あしや　ゆたか）

編集者・翻訳家。早稲田大学卒業後，生物学系・医学系の専門書（翻訳含む）の編集に携わる。退職後，フリーの編集者・翻訳家として活動中。

「イルカは特別な動物である」はどこまで本当か

動物の知能という難題

2018年9月30日　第1刷発行

著　者　ジャスティン・グレッグ

訳　者　芦屋　雄高

発行者　伊藤　武芳

発行所　株式会社　九夏社

〒171-0021　東京都豊島区西池袋4-6-13

TEL　03-5981-8144

FAX　03-5981-8204

印刷・製本：中央精版印刷株式会社

装丁：Two Fish　新昭彦

ISBN 978-4-909240-02-6　Printed in Japan